齿轮喷丸强化机理与应用

刘怀举　吴吉展　卢泽华　张博宇　张秀华　著

科学出版社

北京

内 容 简 介

本书主要围绕齿轮喷丸强化机理不明、应用效果不明显等问题，对齿轮喷丸强化机理、新型喷丸强化工艺、喷丸强化设备及检测设备、喷丸工艺对表面完整性的影响、喷丸强化对齿轮服役性能的影响、喷丸强化仿真方法、喷丸强化数据库等展开全面而详细的论述。全书共 7 章，主要内容包括喷丸强化原理及现状、喷丸强化工艺设备与表面完整性表征、喷丸工艺参数对齿轮表面完整性的影响、喷丸强化对齿轮服役性能的影响、喷丸强化仿真分析方法、齿轮喷丸工艺数据库与软件开发、其他零件的喷丸强化等。全书将齿轮喷丸强化机理、试验与相关分析实例相结合，使读者对齿轮喷丸强化机理与应用的相关知识有全面、直观的认识和理解。

本书可作为航空、航天、风电、舰船、高铁等领域从事齿轮抗疲劳设计制造与机械传动装备开发等相关研究方向的工作者 (高等院校教师、科研人员、企业研发设计人员) 的参考书。

图书在版编目 (CIP) 数据

齿轮喷丸强化机理与应用 / 刘怀举等著. -- 北京：科学出版社，2025. 1.
ISBN 978-7-03-080638-3

Ⅰ. TG668

中国国家版本馆 CIP 数据核字第 20241GV210 号

责任编辑：华宗琪　郝　聪 / 责任校对：高辰雷
责任印制：罗　科 / 封面设计：义和文创

科 学 出 版 社 出版

北京东黄城根北街16号
邮政编码：100717
http://www.sciencep.com

成都锦瑞印刷有限责任公司 印刷
科学出版社发行　各地新华书店经销

*

2025 年 1 月第　一　版　　开本：787×1092 1/16
2025 年 1 月第一次印刷　　印张：17 1/4
字数：409 000

定价：**159.00 元**

(如有印装质量问题，我社负责调换)

前　　言

齿轮是重要的工业基础件，其服役性能直接决定装备的可靠性。长期以来，我国重主机、轻部件，在齿轮的高可靠、长寿命、轻量化方面，与国外先进水平存在显著差距。高表面完整性是决定齿轮服役性能的重要保障。喷丸强化技术是一种机械冷加工方法，借助高速运动的弹丸流持续冲击材料表面，使材料表面发生塑性变形，材料表面组织得到细化，硬度和耐磨性显著提升。与此同时，喷丸还能在表面形成残余压应力层，提高齿轮抗疲劳性能和抗胶合性能。然而，由于对齿轮喷丸强化机理认识不明确，喷丸工艺参数与表面粗糙度、残余应力分布、材料微观组织等表面完整性参数的关联规律不明确，工艺参数选取严重依赖经验，喷丸强化工艺效果不佳，制约了喷丸在提高齿轮接触疲劳强度、弯曲疲劳强度、胶合承载能力等方面的推广。

本书紧密围绕齿轮喷丸强化机理与应用，循序渐进地介绍齿轮喷丸强化机理、工艺效果、工艺与齿轮承载能力之间的关联规律等内容，注重理论、试验及相关分析案例之间的紧密结合。叙述清晰，图文并茂，便于读者全面、直观地理解和掌握齿轮喷丸强化机理与应用的相关知识，旨在为工程实际中高性能齿轮设计制造及安全可靠服役提供一定的参考。

本书由重庆大学高端装备机械传动全国重点实验室主要研究人员共同撰写，刘怀举教授撰写了第1章喷丸强化原理及现状、第4章喷丸强化对齿轮服役性能的影响，吴吉展撰写了第2章喷丸强化工艺设备与表面完整性表征，张博宇撰写了第3章喷丸工艺参数对齿轮表面完整性的影响，张秀华撰写了第 5 章喷丸强化仿真分析方法，卢泽华撰写了第 6章喷丸工艺数据库与软件开发、第7章其他零件的喷丸强化。重庆大学魏沛堂教授、林勤杰、陈地发、陈泰民、贾晨帆、李嘉玮等参与了本书撰写过程中相关资料文献整理、案例分析、文字编辑等工作。

本书撰写过程中参考了大量国内外齿轮相关行业专家的著作、论文、专利，以及国家、行业相关标准等资料义献，在此一并向相关作者表示由衷的感谢。

由于作者水平有限，书中难免存在不足之处，恳请广大读者在阅读过程中批评指正。

目　　录

第1章　喷丸强化原理及现状

喷丸是一种广泛使用的材料表面冷加工方法，采用丸粒、水流、激光等能量流冲击材料表面，可用于改善金属构件的疲劳性能，能够达到材料表面清理、表面形貌加工、成形及机械强化等目的，具有操作便捷、效果显著、适应面广、能耗低等优点，在飞机、汽车和各种机械设备等领域发挥了重要的作用。

1.1　喷丸强化的原理

喷丸强化采用高速弹丸流冲击零件表面，从而达到强化效果。在此过程中，当弹丸高速撞击受喷工件表面时，工件表层材料产生塑性变形，撞击处因塑性变形而产生弹坑，弹坑附近的表层材料发生径向延伸，图 1-1 为单个弹丸撞击金属材料表面引起的塑性变形示意图。当越来越多的弹丸撞击工件表面时，发生塑性变形的区域逐步连接成片，使工件表面形成一层均匀的塑性变形层。此变形层具有不同于芯部的压应力状态和组织结构，且表层组织及晶粒更加细小，呈现出高残余压应力和高硬度的状态，改善了零件疲劳性能，以及提高了抗腐蚀、抗磨损性能。

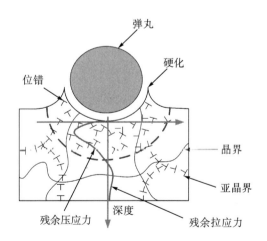

图 1-1　单个弹丸撞击金属材料表面引起的塑性变形

喷丸对金属材料的强化可以分为组织强化和应力强化[1]。喷丸组织强化的作用在于喷丸优化了变形层的组织结构，使晶块(晶粒、亚晶和位错胞)细化、位错密度和显微畸变增高，在某些情况下也可能发生相变[2]。这种组织结构的变化一方面使变形层内的晶体不易发生滑移，另一方面又能把内部金属发生的滑移阻止在变形强化层与内部的界面上。上述作用均会阻碍疲劳裂纹在材料表面上萌生，从而延长材料疲劳寿命[3]。应力强化机制归结于喷丸强化是在金属材料表面产生了残余压应力场[4]。通常情况下，材料表面应力状态为拉应力，疲劳裂纹易在表面萌生，而当材料表面应力状态为残余压应力时，疲劳裂纹将在材料的次表层萌生，即疲劳裂纹源向材料内部转移；同时产生疲劳裂纹所需的交变应力最小值也得到提高，提高了金属材料的疲劳寿命。当材料表面上有缺口或微裂纹时，残余压应力能够削减外力在缺口或微裂纹处引起的拉应力，提高材料疲劳性能。有研究表明，组织强化的主要作用是阻止裂纹的产生，而应力强化的主要作用是延缓裂纹自身的扩展，两者都能显著提高零件的疲劳强度[5]。但对此没有一致性的结论，喷丸强化的机理也待进一步探究。

1.2 喷丸强化发展历程

1.2.1 喷丸强化历史

在中国古代，锤击作为最原始的机械加工方法，广泛应用于金属部件的生产制造中，这也是喷丸工艺的早期雏形。1870 年，蒂尔曼发明了喷砂处理技术并在美国申请了专利，他利用空气压力、蒸汽以及水所产生的离心力使砂子撞击零件表面。

1870 年，第一台机械离心式喷丸机诞生。1908 年，喷丸技术在美国问世，金属弹丸的产生不仅加快了喷砂工艺发展的步伐，同时催生了金属表面喷丸强化技术。20 世纪 30 年代，美国科学家在弹簧表面进行喷丸强化，取得了较好的效果。40 年代初期，美国洛克希德·马丁公司的 Eckersey 等首先提出喷丸成形技术，使得喷丸技术不再局限于表面清理和强化领域[6]。40 年代末，美国制定了喷丸强化工艺规范。50 年代中期，喷丸成形技术成为民用/军用飞机机翼、机身等壁板类零件的主要成形手段。随后，美国要求军事产品中的重要承力件在进行电镀镍、铬处理之前要进行喷丸强化。到了 60 年代，喷丸逐渐应用在机械零件的强化处理中。1967 年，美国工程师学会汇编并出版了《喷丸手册》，其中规定强度大于 1400MPa 的钢锻件必须进行喷丸。70 年代，喷丸强化技术在汽车领域得到大范围推广，并取得了可观的经济效益。由于喷丸强化工艺具有操作简单、成本低廉、适应面广、低能耗、强化效果显著等特点，在 80 年代，喷丸已经应用于飞机制造、工程机械等很多行业[7]，喷丸强化的发展历史如图 1-2 所示。

1980 年国际喷丸学术委员会成立，由 6 个国家组成，我国西安交通大学何家文教授是此委员会发起人之一，与中国航发北京航空材料研究院王仁智研究员曾共同担任第一届学术委员。1981 年为了促进喷丸强化的发展和相关技术的交流，法国和美国相关的研究机构在巴黎召开了第一届国际喷丸会议，会议决定每隔三年召开一次。后分别于 1984 年在美国芝加哥、1987 年在德国加尔米施-帕滕基兴召开了第二次、第三次国际喷丸会议，会议聚集了从事喷丸行业的专业人才，对喷丸机理及工艺创新进行了深入交流，促进了喷丸强化工艺的发展。第十四届国际喷丸会议于 2022 年 9 月在意大利米兰顺利召开，米兰理工大学机械工程系 Guagliano 教授担任此次会议主席，重庆大学、上海交通大学等国内研究机构参加会议并作学术报告。除此之外，第一届国际激光喷丸会议于 2008 年在美国休斯敦举办，该会议是激光喷丸(激光冲击强化)方向专业性国际学术会议，旨在研讨交流激光喷丸及相关领域最新研究进展与应用成果。该会议已先后在日本大阪、西班牙马德里等地连续举办 8 届，第八届会议已于 2020 年 6 月在上海举办。这些国际会议的召开对加强技术交流、促进喷丸及其相关领域的发展起到关键性的作用。

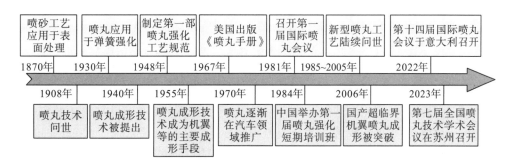

图 1-2　喷丸强化的发展历史

我国喷丸强化工艺研究和应用起步较晚，整体技术实力还比较落后。20 世纪 50 年代，我国的一些制造工厂参照苏联工艺，启用喷丸强化技术。由于相关技术资料匮乏，执行中没有严格的喷丸质量控制和检验手段，这一强化技术与表面清理混为一谈，强化过程仅仅流于表面形式，没有达到所要求的强化效果。从 60 年代起，我国有关部门开始对喷丸强化技术进行比较系统和有针对性的研究，并且逐渐制定了一些具有指导性作用的文件、手册和标准等。1976 年 11 月，国务院国防工业办公室在上海举办了"喷丸强化技术经验交流会"。80 年代初，关于喷丸强化及其他表面强化的学术讨论会在昆明召开。1983 年 4 月，在浙江瑞安举行了关于机械零件喷丸强化工艺指导性技术文件审定的会议。同年 12 月，喷丸设备的设计制造技术讨论会在中国航发北京航空材料研究院召开。1984 年 2 月，我国在上海举办了第一届喷丸强化短期培训班。在这些学术会议的推动下，喷丸强化工艺在各工业部门中蓬勃发展。90 年代，喷丸技术的作用已经被广泛认可，关于喷丸强化机理的研究也在逐步进行，如汽车齿轮表面喷丸强化[8]、超高强度钢管材的喷丸强化研究[9]、浅谈金属的喷丸强化[10]、喷丸强化对接触疲劳性能的影响[11]等。90 年代中期，国内开展了对超临界机翼整体壁板预应力喷丸成形的一系列相关技术研究，填补了国内在超临界机翼整体壁板预应力喷丸成形技术方面的空白。同时，在中国机械工程学会失效分析分会的支持下，中国喷丸技术专业委员会正式成立，于 2010 年 6 月 8 日至 11 日在江苏省盐城市大丰区召开学术交流会，即首届全国喷丸技术学术会议。该会议至今已召开 7 届，2023 年第七届全国喷丸技术学术会议在苏州召开，全国各院校、研究机构代表以及上百家企业代表参加学术会议，充分展示了我国喷丸事业的发展以及在后备人才培养上的能力。目前我国的喷丸技术发展日新月异,对喷丸强化的机理研究逐渐深入,逐步形成了包括喷丸设备、标准弹丸、Almen 试片、弧高仪等设备和喷丸技术指导性文件、监测标准、指南等技术资料,提高了"中国制造"的质量。

进入 21 世纪后,国内外喷丸技术发展迅速,以激光喷丸、超声喷丸及高压水射流喷丸为代表的新方法、新技术相继出现,使得喷丸技术的应用领域和范围更加广泛,不仅应用于传统工业制造上,更广泛地应用于现代航空、航天等高精尖制造领域。

1.2.2　喷丸强化研究现状

在推动喷丸强化技术应用的同时,各大高校和研究机构在喷丸强化机理、喷丸强化建模方法、工艺参数优化方法及新技术新设备研发等方面的研究也在不断推进。

喷丸强化的工艺参数主要包括弹丸材料、弹丸直径、喷丸速度、喷射流量、喷射角度、喷射距离、喷丸时间等。由于工艺参数较多,一般采用喷丸强度、喷丸覆盖率和弹丸类型这三个参数来保证喷丸强化工艺的有效性和可重复性。早期的喷丸强化研究主要集中在不同工艺参数对材料的表面粗糙度、残余应力和硬度层的影响。1998 年,Kobayashi 等[12]采用单一钢球对平板进行了动态冲击试验,认为喷丸产生的残余压应力是丸粒撞击产生的残余应力叠加的结果;Seki 等[13]通过试验研究发现表面粗糙度随着喷丸强度的增加而增大,同时喷丸处理提高了齿轮硬度和残余压应力;Llaneza 等[14]通过研究喷丸工艺参数对不同热处理下 AISI 4340 钢的残余应力、表面粗糙度、弹痕直径的影响,认为在全覆盖下,表面和最大残余应力仅取决于钢的力学性能,且表面粗糙度随着喷丸强度的增加而增大。随着电镜技术的发展,对喷丸强化的探究也逐渐深入微观层面。Jamalian 等[15]采用电子背散射衍射(electron backscattering diffraction,EBSD)表征高能喷丸后的 AZ31 镁合金的微结构,发现近表面形成具有低角度晶界的超细晶粒,次表面具有孪晶组合、细晶粒和粗晶粒,如图 1-3 所示;Feng 等[16]分析了双相不锈钢 S32205 在喷丸之后的微观组织结构,发现喷丸之后铁素体和奥氏体的晶粒都得到了细化,近表层的微应变、位错密度和复合断层概率等均显著增加。但两者的残余压应力分布不同,认为近表面奥氏体对残余应力和组织的影响超过铁素体;Li 等[17]研究了双相 U-2 Nb 合金喷丸处理后的组织变化和力学性能。喷丸后 U-2 Nb 合金表面产生了严重的塑性变形,并形成了纳米梯度结构,晶粒尺寸由表面的纳米晶结构变为基体的粗晶粒。

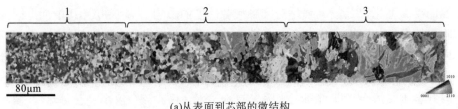

(a)从表面到芯部的微结构

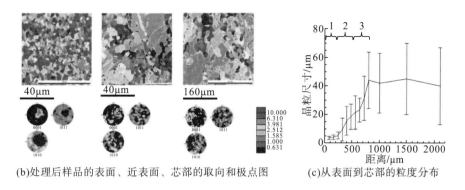

　　　　(b)处理后样品的表面、近表面、芯部的取向和极点图　　　　(c)从表面到芯部的粒度分布

图 1-3　喷丸后的 AZ31 镁合金的微结构[15]

　　喷丸等强化技术的最终目的是提高试件的抗疲劳性能和可靠性。Tekeli[18]研究了喷丸强化对 SAE9245 弹簧钢疲劳强度的影响，发现喷丸处理使其疲劳寿命相比于初始试件提高了 30%左右。Majzoobi 等[19]对比了喷丸强化和深轧对 Al7075-T6 微动疲劳寿命的影响，发现对于低周疲劳，喷丸强化优于深轧，使试件微动疲劳寿命提高 300%。Qin 等[20]综述了不同喷丸覆盖率对 7B50T7751 铝合金表面完整性和疲劳裂纹扩展性能的影响，发现喷丸处理降低了试件表面粗糙度，使试件的最大显微硬度提高了 28.1%，并诱导残余压应力达到 412MPa。其裂纹扩展试验结果表明，随着喷丸覆盖率从 100%增加到 1000%，裂纹扩展率先减小后增大。当表面喷丸覆盖率为 300%时，裂纹扩展率最低，疲劳裂纹扩展寿命最长。

　　工艺参数组合多，喷丸效果的评价指标多，需要综合评价以达到较好的强化效果。合适的喷丸工艺参数可以获得高质量的表面完整性，如果喷丸强度或覆盖率过大，则会导致试件表面产生损伤，如微裂纹、毛刺、微褶皱等，进而影响疲劳寿命。为了探究最优的工艺参数组合，相关学者进行了大量的研究。Maleki 等[21]通过正交试验评估喷丸工艺参数对表面完整性的影响重要度，发现在考虑影响层深的条件下，表面覆盖率是喷丸工艺最关键的参数。George 等[22]采用田口技术制定试验方案，确定识别的关键参数之间的重要度，并预测每个工艺参数的最优设置。Petit-Renaud[23]研究了工艺参数对渗碳 17CrNiMo6 钢喷丸后残余应力分布的影响，对试验结果回归分析后发现，喷丸气压、喷射流量、冲击角度和冲击时间是最显著的参数。

　　采用试验的方法探索喷丸强化工艺参数对表面完整性的影响已取得初步的成果，但是仍然面临着试验周期长、成本高的问题，难以大范围开展较为系统的研究。随着计算机仿真技术的发展，采用有限元建模方法研究喷丸强化机理、对不同喷丸工艺参数的影响进行单因素与多因素分析已成为一种有效的方法。1999 年，Schiffner 等[24]采用有限元方法（finite element method，FEM）预测了两个弹丸冲击过程后的残余应力状态。Miao 等[25]首次建立了随机多弹丸模型，能够较为真实地反映喷丸过程中大量弹丸随机冲击零件表面的过程，并提出基于等效塑性应变的喷丸覆盖率计算方法，讨论了弹丸个数与喷丸覆盖率、喷丸强度、表面粗糙度之间的关联规律。随着多弹丸模型被不断完善，Lin 等[26]建立了包含位错密度本构方程的随机多弹丸喷丸有限元模型，研究了喷丸速度、覆盖率及二次喷丸对表面残余应力、表面粗糙度和位错胞尺寸的影响,为喷丸仿真提供了一种新的模拟手段。由于以上模型均不能考虑喷丸设备参数对喷丸速度的影响,以及喷射过程中丸粒的运动轨迹和速度变化情况,喷丸气固两相流模型应运而生。Murugaratnam 等[27]开发了一种喷丸过程的数值模拟方法——离散元法(distinct element method,DEM)和 FEM 相结合的方法(DEM-FEM)。这种方法利用刚体动力学有效地模拟了喷枪、弹丸和靶体之间的相互作用以及整个喷枪运动过程,可以用于评估喷丸产生的残余应力场。但由于将丸粒假设为刚体,残余应力值偏大。为了进一步分析喷射过程中丸粒之间的相互撞击行为,可以采用光滑粒子流体动力学(smoothed particle hydrodynamics,SPH)耦合有限元模型。Wang 等[28]采用SPH 模型模拟喷射过程,靶体采用 FEM 模拟变形过程,分析了喷丸覆盖率和喷丸速度与残余压应力的关系,模拟结果与试验数据较吻合。

1.2.3　喷丸的研究现状

齿轮是航空航天传动系统最重要的结构件之一,决定了航空整机装备的质量、承载能力、干运转能力、可靠性等。其工作环境极其恶劣,常面临疲劳失效问题。航空、航天、风电、船舶等行业的不断更新发展,对齿轮承载能力和使用温度提出了更高的要求。航空渗碳淬火齿轮接触压力高达 2～3GPa,传统汽车行业的齿轮接触疲劳极限也有报道表明接近 1800MPa,形成典型的重载工况。在这种高承载能力、高服役寿命的双重要求下,齿轮疲劳的控制尤为重要。常采用齿面硬化、精加工、表面处理工艺等先进加工技术提高齿轮弯曲、接触疲劳性能和胶合承载能力。常用的齿轮表面处理工艺有常规喷丸、微粒喷丸、激光喷丸、滚磨光整等。

喷丸工艺常用于齿轮等重要金属零件的表面强化处理,以提高零件的疲劳强度。如图 1-4 所示,在弹丸冲击作用下,齿轮表层材料发生弹塑性变形。弹丸卸载后,材料的弹性变形得到恢复,从而在表层材料内部形成弹性残余压应力层。普遍认为,喷丸强化引入的残余压应力层是齿轮材料疲劳强度提升的主要原因。此外,经过喷丸后齿轮表层材料内部发生位错增殖,晶粒细化,最细小的晶粒通常出现在表面或次表面,并形成晶粒随深度增大逐渐减小的梯度结构[29]。

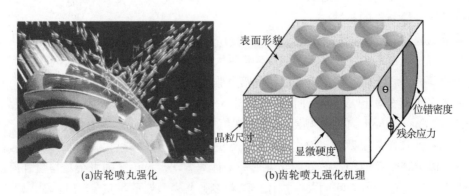

(a)齿轮喷丸强化　　　　　　(b)齿轮喷丸强化机理

图 1-4　喷丸强化对齿轮表面完整性的影响

　　弯曲疲劳强度是齿轮强度设计时需要考虑的一个基本指标。齿轮在服役过程中，齿根主要受由外施弯矩产生的脉动循环拉应力而发生破坏，齿根经过喷丸后，由于引入的残余压应力与正拉应力具有交互作用[30]，部分拉应力被抵消，齿根承载能力普遍得到提升。但是不同试验获取的提升效果差异明显，造成这些差异的原因主要有试验循环次数高低、喷丸前齿轮材料的强度差异、喷丸工艺对齿根表面完整性改善程度差异、试验与数据处理方法不同。Lambert 等[31]采用不同弹丸对齿根进行喷丸，发现喷丸后齿根弯曲疲劳强度均得到提升，其中钢丝切丸对弯曲疲劳极限的提升效果最为显著，齿根弯曲疲劳极限从398MPa 提升到 738MPa；Benedetti 等[32]应用多组喷丸工艺对齿根进行强化，发现齿根弯曲疲劳强度从425MPa 提升到575MPa，并发现喷丸后齿根次表面残余压应力值得到提升，且齿轮弯曲疲劳强度与次表面最大残余压应力间存在线性正相关的关系。Winkler 等[29]发现齿轮喷丸后的弯曲疲劳强度从 430MPa 提升到 550MPa，也指出在加载循环次数达到$6 \times 10^6 \sim 10 \times 10^6$高周疲劳条件下，次表面夹杂引起的裂纹源扩展为齿轮疲劳断裂的主要因素，此时喷丸对齿轮弯曲疲劳强度的提升效果不能被充分利用。徐科飞[33]针对 8 种不同喷丸工艺的齿轮进行弯曲疲劳试验，试验结果表明喷丸强化能有效提升齿轮弯曲疲劳强度，其中复合喷丸效果最好，喷丸后齿轮弯曲疲劳强度从 648MPa 提升到 778MPa；樊毅嵩[34]对喷丸前后齿轮弯曲疲劳寿命进行分布检验，在 99%可靠度下，弯曲疲劳极限从429MPa 提升到 528MPa。

　　近年来，齿面接触疲劳失效问题越发凸显，对于重载齿轮，齿面的微点蚀、点蚀、剥落等齿面失效形式更是成为制约齿轮承载能力的主要因素。针对喷丸强化对齿轮接触疲劳性能的影响，部分学者开展了相关的试验与理论研究。Townsend 等[35]在高速重载条件下开展了齿轮接触疲劳试验，对比喷丸前后齿面的接触疲劳寿命，发现喷丸后 90%可靠度下的点蚀疲劳寿命变为原来的 1.6 倍；并基于 X 射线应力检测法检测喷丸后的残余应力值，通过残余应力与最大剪应力之间的关系，计算残余应力对接触疲劳寿命的影响，计算值与试验值一致。Li 等[36]发现渗碳硬化的齿面喷丸后，齿面残余压应力达到980MPa，齿面硬度提升了 1HRC，并开展齿轮接触疲劳试验，探究多个载荷级下未喷丸与喷丸齿轮的承载能力，得到评估齿轮接触疲劳性能的 R-S-N 曲线，研究结果表明喷丸后齿面接触疲劳强度由 1580MPa 增长到 1810MPa，提升了 15%。齿轮接触疲劳强度受接触区的材料力学性能、应力场、表面粗糙度等因素的影响，因此齿面的失效机理与形式也较为复杂。Wang 等[37]采用有限元数值仿真分析方法，考虑齿轮硬度和残余应力梯度的影响，发现随着残余压应力峰值增大，齿面接触疲劳失效风险值呈线性下降；Liu 等[38]基于多轴疲劳准则，计算齿面接触过程中的临界面和等效应力，考虑了残余应力对接触疲劳萌生寿命的影响，结果表明残余压应力能够减小等效应力，对齿面的接触疲劳强度有显著的改善作用。He 等[39]采用连续损伤数值模型，分析了残余应力对应力响应和材料性能退化的影响，指出残余压应力对齿面接触疲劳强度有积极影响，但残余拉应力会严重降低齿面的接触寿命；Liu 等[40]基于赫兹接触应力计算方法和 Dang Van 多轴疲劳准则，分析了齿面硬度梯度对材料暴露值[41]的影响，结果表明增大材料表面显微硬度能够减小近表面处接触疲劳风险，使接触疲劳失效风险最大值向材料芯部转移。这些研究证明喷丸引入的残余压应力和增大齿面硬度能够改善齿面接触疲劳强度，但是也存在关于喷丸后齿面接触疲劳强度下降的案例。

Zammit 等[42]对球墨铸铁齿轮进行喷丸，发现喷丸在引入残余压应力和增大齿面硬度的同时，粗糙度大幅度上升，导致齿轮在运转时的磨损量远大于未喷丸齿轮；Zhang 等[43]基于棘轮损伤与多轴疲劳准则理论，发现增大齿面粗糙度会增加近表面处材料棘轮损伤与材料失效的风险。

喷丸强化对齿轮表面完整性及疲劳性能的改善是毋庸置疑的，但目前"工艺参数-表面完整性参数-疲劳寿命"的关联规律尚未探明。我国近年来已经充分意识到了零件强化的重要性，并推动了齿轮喷丸科研项目的进行。目前公布的国内外部分齿轮喷丸相关的科研项目如表 1-1 所示。

表 1-1　齿轮喷丸强化相关的部分公开科研项目

国别	项目类型	项目名称	牵头单位	研究时间	喷丸强化相关研究内容
国内	国家重点研发计划	高性能齿轮动态服役特性及基础试验	重庆大学	2019～2022 年	遵循锻造—热处理—磨削—表面强化的高性能齿轮制造全流程，开展齿轮制造流程表面完整性演变与性能调控研究，研究齿轮喷丸工艺与表面完整性关联规律
	国家重点研发计划	大型风电齿轮传动系统关键技术及工业试验平台	南京高速齿轮制造有限公司	2019～2022 年	对于风电齿轮采用高强度齿根、高能喷丸与光整加工后，齿根表面残余压应力≥1000MPa，弯曲承载能力提高≥20%
	国家自然科学基金	喷丸应变硬化梯度对材料低周疲劳行为的影响机制研究	西北工业大学	2020～2023 年	喷丸应变硬化梯度对材料低周疲劳行为的影响机制研究
	国家自然科学基金	正反驱性能驱动的重载车桥螺旋锥齿轮齿面分区复合高能喷丸方法研究	中南大学	2020～2023 年	重载车桥螺旋锥齿轮齿面分区复合高能喷丸方法研究
	国家自然科学基金	喷丸强化零件细观材料力学表征及多轴疲劳寿命预测	清华大学	2018～2021 年	建立喷丸工艺、细观材料力学性能和零件表面完整性分析方法，探索喷丸强化零件多轴疲劳寿命预测及其强度设计理论，建立高性能强化处理零件多轴低循环疲劳寿命评价方法
	国家自然科学基金	热应力高能喷丸强化齿轮钢微结构演变和疲劳机理研究	武汉理工大学	2014～2017 年	在常规喷丸设备中引入预应力装置和控温装置，完成热应力高能喷丸试验平台的搭建
	国家自然科学基金	金属构件受控激光喷丸强化的残余应力表征与控制	江苏大学	2007～2010 年	金属构件受控激光喷丸强化的残余应力表征与控制
	高端外国专家引进计划项目	高性能齿轮喷丸强化机理与应用	重庆大学	2022～2024 年	针对高性能齿轮喷丸强化机理不明确、工艺设计方法缺失和应用欠缺等问题，开展齿轮喷丸机理与应用研究
	陕西省齿轮传动重点实验室开放课题	强化喷丸过程仿真与工艺参数优化研究	重庆大学	2022～2024 年	齿轮喷丸强化仿真方法和工艺参数优化技术研究
	高端装备机械传动全国重点实验室课题	超高强度齿轮抗疲劳高效加工技术	重庆大学	2021～2023 年	超高强度齿轮的喷丸强化机理与工艺优化

续表

国别	项目类型	项目名称	牵头单位	研究时间	喷丸强化相关研究内容
国外	英国创新项目	Surface Nano-Crystallisation by shot peening using in-process monitoring and temperature control（NanoPeen）	英国 Sandwell 公司	2018～2019 年	基于过程监测和温度控制的喷丸表面纳米结晶技术
	加拿大	Mutli-scale modelling of shot peening and peen forming for the aerospace industry	加拿大 Polytechnique Montréal	2018 年	航空工业喷丸和喷丸成形的多尺度模拟
	加拿大自然科学与工程基金	Fatigue life improvement by vibro-peening and shot peening	加拿大 Polytechnique Montréal	2015 年	拟通过振动喷丸和喷丸强化提高疲劳寿命
	NASA 项目	Advanced gear alloys for ultra high strength applications	美国波音公司	2011 年	超高强度新型齿轮合金钢的喷丸强化处理
	NASA 项目	Improvement in surface fatigue life of hardened gears by high-intensity shot peening	NASA Lewis 研究中心	1992 年	高强喷丸对齿轮接触疲劳寿命的影响
	NASA 项目	Effect of shot peening on surface fatigue life of carburized and hardened AISI 9310 spur gears	NASA Lewis 研究中心	1982 年	喷丸对航空齿轮疲劳寿命的影响测试

注：NASA 指美国国家航空航天局。

1.3　新型喷丸工艺

随着现代工业的发展，喷丸强化已经成为国际上普遍关注的一种表面处理方法，并已开发了多种喷丸强化方式，如高能喷丸、激光喷丸、超声喷丸、微粒喷丸、二次喷丸等，每种新型喷丸工艺各有优劣之处。

1.3.1　高能喷丸

高能喷丸又叫强力喷丸，是近年来受到广泛重视的一种表面纳米化技术，如图 1-5 所示。其原理是，利用高压加载的弹丸粒子流以较大的质量和速度不断撞击金属表面，从而产生剧烈塑性变形，使晶粒不断细化得到纳米晶。目前该方法已成功实现纯铁、低碳钢、不锈钢，甚至高温合金以及纯钛等金属材料的表面纳米化。

高能喷丸强化技术在表面改性处理工艺中效果颇为显著，在金属材料表面引入的残余压应力场、硬度梯度以及形成的梯度晶粒细化结构能够大幅度改善其表面完整性和疲劳性能，以及抗应力腐蚀破裂和耐高温氧化性能等。Unal 等[44]研究了高能喷丸对 AISI 1070 钢的影响，发现高能喷丸后表面显微硬度为未经喷丸处理的 2 倍。Hou 等[45]采用高能喷丸在 AZ91D 镁合

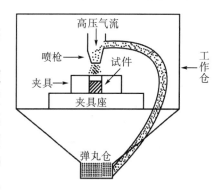

图 1-5　高能喷丸原理图

金表面制备了纳米结构的表面层，发现高能喷丸后形成了约 50μm 的变形层，平均晶粒尺寸由表层 40nm 左右逐渐增加到 200nm 左右（40μm 处），且纳米晶粒内部存在堆积断层和位错，表面显微硬度约为基体的 3 倍。Bagherifard 等[46]对经高能喷丸后的汽车轴用钢进行了弯曲疲劳试验，结果表明经高能喷丸后的疲劳寿命得到了显著提升。Dalaei 等[47]试验研究了高能喷丸后的汽车弹簧钢高周疲劳性能，试验结果证明了喷丸后的疲劳强度提升了约 45%，疲劳稳定性也得到了明显增强。Maleki 等[48]通过对 AISI 304 钢进行 42 种不同强度和覆盖率的喷丸处理，分析微观组织、晶粒尺寸、表面形貌、硬度和残余应力以及轴向疲劳行为等试验结果，并采用人工神经网络建模进行参数分析和优化，发现高能喷丸后的试件具有更好的疲劳性能，如图 1-6 所示。

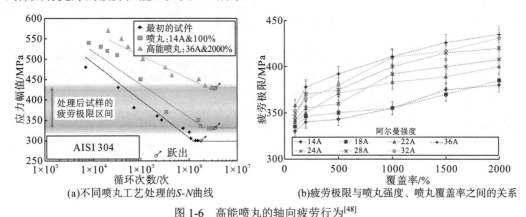

(a)不同喷丸工艺处理的 S-N 曲线　　　　(b)疲劳极限与喷丸强度、喷丸覆盖率之间的关系

图 1-6　高能喷丸的轴向疲劳行为[48]

在众多表面改性的机械加工方法中，高能喷丸不仅强化效果显著，而且对设备要求较低，便于机器设备的改良，且操作简单、实施快捷方便，具有较高的实用性。同时，高能喷丸强化处理对生产工艺的工序不产生影响，对前处理要求较低。因需求成本低廉、高处理效率等优点而备受工业界青睐。高能喷丸强化技术可以运用于各种金属乃至非金属材料的表面强化处理，不受材料本身的静强度、硬度等条件限制，能够便捷处理任意几何形状和尺寸的零件。但由于冲击的能量较大，强化后表面粗糙度较差，在精度要求较高的情况下需要后续加工。

1.3.2　激光喷丸

激光喷丸强化是一种新型的非接触式金属表面强化工艺，又被称为激光冲击强化（laser shock peening，LSP），利用激光产生的等离子体冲击力学效应进行材料表面处理，即当材料表面受到高功率（大于 1GW/cm²）、短脉冲（纳秒量级）的激光照射时，材料表面将迅速吸收激光能量并汽化，同时形成高温、高压背离材料向外喷射的等离子体，进而诱发一个向材料内部传播的高压冲击波。

在激光喷丸强化时，一般会采用带有约束层和吸收层的工艺，如图 1-7 所示。强化时，在材料表面涂一层吸收层（又称烧蚀层，一般为铝箔或黑漆等），然后在其上覆盖透明的约

束层(一般为水或石英玻璃等),在高功率密度的
激光照射下,吸收层吸收激光能量迅速汽化电离
形成等离子体并快速膨胀,由于约束层的约束作
用,快速膨胀的等离子体能在材料表面产生更加
显著的冲击压力,其幅值一般为数吉帕,持续时
间为纳秒级量级。瞬时作用的冲击压力形成在靶体
内部传播的冲击波,若该冲击波的压力足够大,
则材料将在短时间内发生应变率极高的变形与
动态屈服,产生冷塑性变形,形成残余应力场,
同时伴随位错、孪晶等晶体缺陷的产生,进而提
升材料的抗疲劳性能[49]。

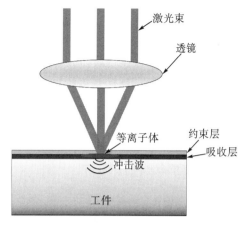

图 1-7　激光喷丸强化示意图

　　金属零件经激光喷丸强化处理后,材料的塑
性变形深度较大,所形成的残余压应力层深度也明显比其他处理方法所得的深度大,从而
大幅度改善了零件的疲劳性能、应力腐蚀抗力以及断裂韧性。但冷作硬化程度小于 1%,
仅为常规喷丸技术的 50%[50,51]。2014 年 Gujba 等[52]使用 Q-Switched 脉冲激光束进行表面
改性工艺研究,如图 1-8 所示。分析了 LSP 工艺参数对残余应力分布、材料特性和结构的
影响,认为表面微观和纳米硬度、弹性模量、拉伸屈服强度和微结构细化等改善了疲劳寿
命、微动疲劳寿命、耐应力腐蚀开裂和耐腐蚀性。2019 年 Prabhakaran 等[53]研究了激光冲
击喷丸对汽车和结构钢疲劳失效的影响,基于残余应力的评估优化了激光脉冲密度,认为
可通过调整激光脉冲密度实现对表面粗糙的控制。其高周疲劳试验展示出 15 倍的寿命提
升,展示出该工艺用于结构件修复的潜力。

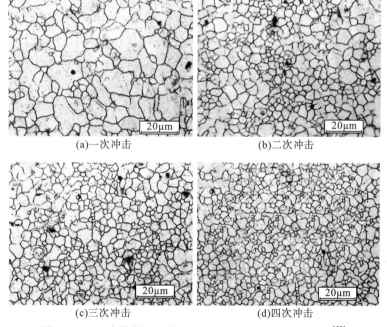

(a)一次冲击　　　　　　　　　　(b)二次冲击

(c)三次冲击　　　　　　　　　　(d)四次冲击

图 1-8　不同次数激光冲击强化后的 AZ31B 镁合金微结构[52]

激光喷丸技术作为一种利用激光诱导等离子体冲击波的力学效应对材料表面进行改性的新型技术，有着广阔的应用前景和发展潜力，与传统激光加工技术相比，几乎不对材料产生热效应；与传统表面改性技术相比，能在材料表面引入更深的残余压应力层、提高材料抗疲劳性能，具有强化效果好、适用性好、可控性强等技术优势。该技术在高端装备的制造和特殊零件处理过程中具有不可替代的作用。目前，激光喷丸技术在航空航天和军工领域应用比较普遍。随着社会需求的增加，激光喷丸技术的应用也会进一步扩大。在汽车制造工业、核工业、船舶制造业、石油化工行业、生物医疗、微系统等领域具有巨大的潜在应用市场。

1.3.3　超声喷丸

超声喷丸技术是最近十几年兴起的一种表面处理技术，采用高功率超声波撞针产生机械振动，从而驱动弹丸对工件进行喷丸处理[54]。超声喷丸能使金属表面产生更深的残余压应力，使金属零件的强度、耐腐蚀性和疲劳寿命得到明显提高。与常规喷丸工艺相比，超声喷丸具有更深的硬化层，材料表面粗糙度更低[55]，同时超声喷丸可以使材料表面产生厚度达几十微米的纳米层。超声喷丸设备相比于其他设备，体积更小，能耗更低[54]，工作环境污染小，弹丸可循环利用，工艺参数少且容易控制。超声喷丸也可以精确成形金属板材，并使成形表面具有抵抗疲劳的残余压应力。

超声喷丸装置如图 1-9 所示。超声喷丸系统主要由超声波发生器、换能器、变幅杆、工作端面(磁头)及撞针组成。超声波发生器将 220V 的交流电转换成 15~40kHz 的超声频电振荡信号，换能器将电振荡信号转换为高频机械振动，变幅杆与换能器连接，并将换能器输出端的振荡幅值放大后传给振动工具头，振动工具头输出端(即撞针)输出振动幅值。撞针在振动工具头的冲击下以一定的速度撞击工件，同时发生相互撞击，从而使工件表面获得均匀处理。处理过程与常规喷丸过程近似。

法国 SONATS 公司于 1996 年开始超声喷丸技术的研究，目前开发出一套超声喷丸设备及相应的超声喷丸工艺。Takeda 等[58]研究了超声喷丸对 TiNi 形状记忆合金疲劳寿命的影响，发现超声喷丸处理后材料的应变硬化和残余压应力可以显著提高疲劳寿命。Zhang 等[59]通过动电位极化和电化学阻抗谱研究了超声喷丸对 Ti-6Al-4V 合金腐蚀性能的影响，发现与未经处理的样品相比，超声喷丸处理的样品的自腐蚀电位增加。Yin 等[60]综述了美国普渡大学在超声喷丸强化方面的研究进展，包括对喷丸动力学建模、喷丸样品表面形貌预测以及在固体金属和合金上制备纳米晶粒等方面，发现超声喷丸强化能够实现固体金属表面纳米化

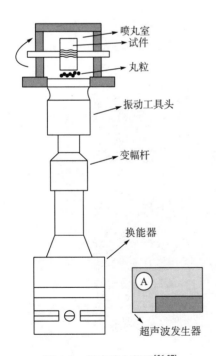

图 1-9　超声喷丸装置[56,57]

和晶粒细化，如图 1-10 所示。目前国内在超声喷丸设备及相关工艺技术研究方面均刚起步，中国航空制造技术研究院、西安飞机制造公司、南京航空航天大学、天津大学等单位已经开始超声喷丸技术研究工作。目前超声喷丸已经逐步应用至螺旋弹簧、板簧、扭杆、齿轮、传动元件、轴承、凸轮轴、曲轴、连杆等关键零件的强化处理以及航空机翼厚板的大曲率成形制造中。

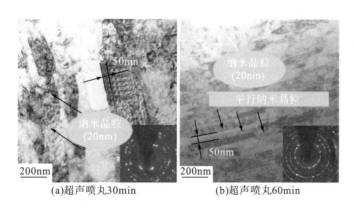

(a)超声喷丸30min　　　　　　(b)超声喷丸60min

图 1-10　超声喷丸强化后 AISI 1018 钢表面纳米化和晶粒细化

1.3.4　微粒喷丸

微粒喷丸最早于 2000 年由日本学者 Kagaya 提出[61]，该技术采用小直径的弹丸（< 0.1mm）以较高的喷丸速度不断撞击零件表面，如图 1-11 所示。微粒喷丸一般使用较硬的丸粒，其材料一般为高速钢、硬质合金、陶瓷和玻璃。由于对微粒弹丸的硬度及圆度的要求较高，目前尚依赖于进口。硬质合金弹丸和玻璃丸在材料表面产生的残余应力值和硬度较大，而玻璃丸产生的表面粗糙度最小，其次为陶瓷丸[62]。除此之外，相比于高速丸，陶瓷丸喷丸除提高材料表面强度外，还可形成具有润滑效果的表面。

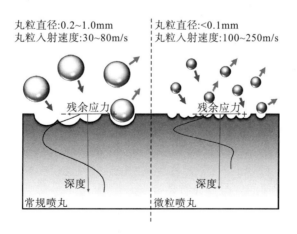

图 1-11　微粒喷丸与常规喷丸对比

相比于常规喷丸，由于微粒喷丸采用了较小的丸粒，喷丸速度有明显的提升。微粒喷丸所采用的弹丸尺寸约为常规喷丸的 1/10，冲击速度为常规喷丸的 2～3 倍[63]。Maeda 等[64]利用解析法推导了不同尺寸的微粒弹丸在不同气压的气流推动下从喷枪口射出后的速度变化过程，发现当丸粒直径为 50μm 时丸粒的稳定速度可达 170m/s；Ito 等[65]利用高速相机对微粒喷丸强化过程中的丸粒角度、速度等进行了检测，证明了微粒喷丸丸粒速度可以达到 120m/s。

工件经过微粒喷丸处理之后，机加工痕迹有所消失，如图 1-12 所示。相比于常规喷丸，微粒喷丸形成的表面形貌波动更为平缓，表面粗糙度也较小，这种表面形貌更适合于油膜的形成，延缓表面疲劳裂纹的产生；同时微粒喷丸形成的残余压应力幅值较大，可高达 2000MPa，但残余应力层深较浅，在距表层 0.07mm 深度处的残余应力即降至 0，远小于普通喷丸。Zhang 等[66]采用粒径为 600μm 和 50μm 的丸粒对 17CrNiMo6 齿轮钢分别进行常规喷丸和微粒喷丸试验，发现微粒喷丸处理后试件的残余压应力层深不到 0.1mm，最大残余应力出现在约为 10μm 处，但其最大残余压应力的值约为常规喷丸的 1.4 倍。微粒喷丸后表面显微硬度也将显著提高，表面显微硬度可达 860HV[66]，但硬化层深度较浅。Zhang 等[67]采用 DEM-FEM 方法模拟了谐波齿轮的微粒喷丸过程，对比了仿真结果与试验结果，建议柔轮等硬度较低的精密齿轮采用低气压的微粒喷丸，既能获得高残余压应力，又能降低表面粗糙度，有利于提高疲劳寿命。小丸粒的高速冲击使微粒喷丸技术能够在满足表面粗糙度要求的同时，也能够形成一定的残余应力层，细化表面晶粒并使表面组织纳米化。Takagi 等[68]探究了微粒喷丸对微观组织的影响，发现微粒喷丸后碳钢表面形成了厚度约为 0.5μm 的均匀而连续的纳米晶层，而软钢表面形成了折叠的、分层的、局部不连续的纳米晶。Kameyama 等[69]采用微粒喷丸处理 Ti-6Al-4V 合金试件，指出随着喷丸时间的增加，富铁区变得更深，形成了 Fe 浓度较高的层状组织。

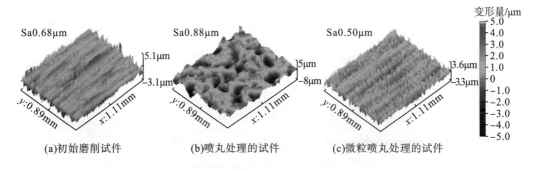

(a)初始磨削试件   (b)喷丸处理的试件   (c)微粒喷丸处理的试件

图 1-12   磨削、喷丸与微粒喷丸后试件的表面形貌对比

Sa 表示三维表面粗糙度参数

微粒喷丸技术对试件的疲劳寿命有显著提升作用。Inoue 等[70]对比了微粒喷丸和常规喷丸对 Al 7050-T7451 钢疲劳寿命的影响，发现微粒喷丸后试件的疲劳寿命是原始试件寿命的几十倍，是常规喷丸试件寿命的几倍。且微粒喷丸后试件的疲劳裂纹萌生于试件的次表层或内部，而常规喷丸试件或未喷丸试件的疲劳裂纹萌生于试件表面。Ramos 等[71]通

过微粒喷丸将 Al 7475-T7351 材料零件的疲劳强度提升 20%～30%；而 Zhang 等[72]证明了微粒喷丸能改善合金等试件的弯曲疲劳性能。除此之外，微粒喷丸技术也能显著提高耐腐蚀性能[73]。

微粒喷丸技术的优点是可以显著改善零件的表面显微硬度、表面粗糙度和耐磨性能，缺点是经微粒喷丸处理的工件所形成的硬化层较浅。该技术较为适合精密零件的表面强化，也可以用于复合喷丸的最后一道工序。

1.3.5　二次喷丸

二次喷丸又叫复合喷丸，原理图如图 1-13 所示。该技术首先采用高强度喷丸工艺获得一定深度的表面强化层，然后采用低强度喷丸工艺使材料表面残余应力得到提高，并改善表面粗糙度。

第二次喷丸的目的是在第一喷丸的基础上进一步提高表面残余压应力，减轻表面加工硬化，降低表层残余奥氏体含量，优化显微组织，提高表面显微硬度，如图 1-14 所示。同时，如果第二次喷丸工艺参数选取恰当，可以有效降低表面粗糙度。由于协同效应可结合两种或者多种技术的优点，获得更优异的强化效果。

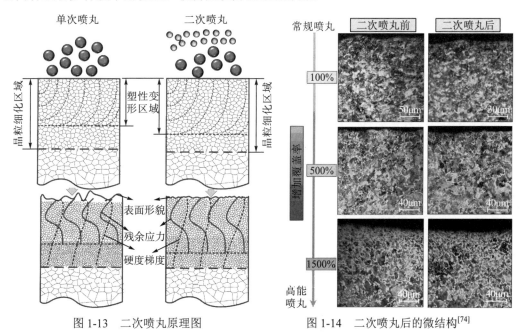

图 1-13　二次喷丸原理图　　　　　图 1-14　二次喷丸后的微结构[74]

国外研究的二次喷丸技术已在工业上得到大力发展，然而国内对喷丸技术的研究明显不足，二次喷丸技术还未在我国工业上广泛应用。Maleki 等[74]研究增加表面覆盖率对 AISI 1045 二次喷丸前和后处理试件性能的影响，发现高覆盖率的强喷丸工艺是获得纳米结构表面层和优良力学性能的有效工艺，且二次喷丸对降低表面粗糙度有重要作用。王成[75]发现二次喷丸能够增大零件的表面残余压应力和最大残余压应力，并可以有效降低零件的表面粗糙度,但对残余压应力场深度影响很小。Lee 等[76]研究了室温和高温二次喷丸处理对初始喷丸 Ti-6Al-4V 材料微动疲劳寿命/强度和残余应力的影响,发现二次喷丸处理能够将松弛的残余应力恢复到初始喷丸处理后的水平,且二次喷丸后的微动疲劳寿命与喷丸前的微动疲劳寿命非常接近,认为二次喷丸处理消除了初始喷丸处理后微动疲劳损伤的影响。陈天运等[77]通过试验研究了二次喷丸对 300M 钢圆筒零件疲劳性能的影响,结果表明二次喷丸可以有效提高圆筒零件的疲劳极限和降低零件的表面粗糙度,二次喷丸后零件的疲劳极限比喷丸前提高了 1.37 倍,表面加工刀痕得到抑制。

随着国际竞争的加剧和对齿轮寿命要求的不断提高,二次喷丸强化技术将广泛应用于齿轮零件。对于显微硬度高于 600HV 的渗碳淬火齿轮,普通喷丸难以使其达到较高的压应力状态,二次喷丸技术可以保证其良好的残余压应力,从而提高渗碳齿轮的疲劳性能。

1.3.6 空化喷丸

空化喷丸(cavitation shot peening,CSP)技术利用浸没式高速高压水射流空化形成大量微空泡。当材料表面的微空泡溃灭时,可以产生高达几吉帕的冲击波压力,可以用来强化材料表面。与其他喷丸强化技术一样,可以在金属零件表面附近形成残余压应力层,从而提高零件的疲劳寿命,该技术还可以通过微空泡冲击材料表面使得表面产生类似于加工硬化的现象,并提高材料的表面强度。图 1-15 为空化喷丸机理示意图。国内对空化行为的基本理论和过程中残余压应力形成机理的研究相对薄弱,在很大程度上阻碍了这一技术的进一步发展和完善。图 1-16 为空化水喷丸设备结构图[78],图中贮水罐用来贮藏工作过程中所需要的水。在空化水喷丸开始之前,工件被固定在充满水的环境之中,由高压柱塞泵加压后的水流通过喷嘴喷射到工件表面进行喷丸强化。当喷丸效果不理想时,可以通过气泵向喷嘴注入一定量的空气来提升空化效果,增加喷丸的强度。

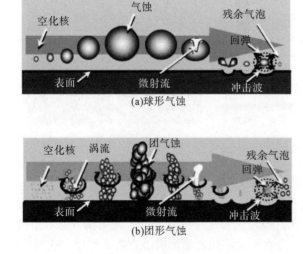

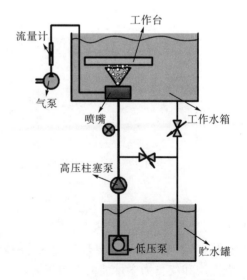

图 1-15 空化喷丸机理示意图[79]   图 1-16 空化水喷丸设备结构图[78]

1985 年，Yanaida 等[80]在水下喷射器工作时发现了空化现象，并首次提出了空化水射流的概念。1995 年，Soyama 等[81]发现这种空化现象可以用来加强材料的表面，人们开始正式研究空化喷丸技术。2003 年，Odhiambo 等[82]通过试验证明，空化喷丸技术可以在材料表面形成残余应力层，从而增加材料的疲劳寿命。随后 Soyama[83]改善了空化喷丸设备，研制出一套非淹没式的空化喷丸设备。在强化过程中，高压水与低压水在喷嘴口处相遇，产生空泡，空泡伴随着水流冲击工件表面，完成强化作用。Soyama 等[84]发现空化喷丸后直齿轮的疲劳强度有所提高，与未硬化的齿轮相比，齿轮的疲劳强度提高了约 60%。Zhang 等[85]用 Abaqus 模拟了不同几何特征和不同高斯曲面半径的水射流喷丸，理论结果与数值模拟结果和已发表的试验结果一致，能够预测水射流喷丸后齿轮根部、轴肩和应力集中区域的残余应力。Soyama 等[86]对由渗碳铬钼钢制成的齿轮进行空化喷丸和常规喷丸处理。在所采用的工况条件下，齿轮寿命受到齿根断裂的限制。与非喷丸齿轮相比，气穴喷丸齿轮的疲劳强度提高了 24%，而常规喷丸齿轮的疲劳强度提高了 12%。空化喷丸可以提高齿轮的疲劳强度，而无需使用丸粒。2021 年，Soyama 等[87]对不锈钢 SUS316L 试件进行了喷丸强化和空化强化处理，并利用位移控制平面弯曲疲劳试验对试件的疲劳性能进行了评价，发现当弯曲应力 $\sigma_a > 450\text{MPa}$ 时，喷丸强化试件的疲劳寿命长于空化强化试件，但空化强化试件的疲劳强度略大于喷丸强化试件的疲劳强度。在疲劳试验期间，两种喷丸方法引入的残余压应力都降低(松弛)了。喷丸强化试件的残余压应力下降幅度大于空化强化试件，在疲劳试验后，喷丸强化试件的残余压应力大于空化强化试件。2021 年，Kumagai 等[88]比较了通过气蚀喷丸、喷丸和激光喷丸处理到相同强度水平的 316L 奥氏体不锈钢的残余应力和显微组织特性随深度的变化情况。在所有情况下，受塑性影响的深度都相似(约 400μm)，喷丸试件显示出最显著的近表面塑性变形、孪生变形、位错密度和残余压应力。而激光喷丸和气蚀喷丸的残余压应力层更厚，通过衍射线轮廓分析确定喷丸标本的表面位错密度($4.9 \times 10^{15}\text{m}^{-2}$)约为气蚀喷丸和激光喷丸标本($2.0 \times 10^{15}\text{m}^{-2}$ 和 $2.1 \times 10^{15}\text{m}^{-2}$)的 2.5 倍。EBSD 结果表明，喷丸过程中的弹丸对表面进行的大量做功在零件表面附近产生了平面缺陷。由硬度估计的屈服应力的增加与衍射线轮廓分析获得的位错密度的增加相对应。

相比于常规喷丸，空化喷丸的优点是表面粗糙度的增加较小，可以用于精密零件的加工制造。

1.3.7 高压水射流喷丸

高压水射流喷丸强化是运用高压水射流技术而兴起的一种更为环保的湿法喷丸强化新技术。利用超高压增压泵将普通介质水增压，然后通过喷嘴喷出，从而形成具有高能、高速、高穿透力的水束。自 19 世纪中期开始，人们就逐步运用水射流技术进行工业生产。开始主要运用低压大流量水射流进行矿石的清洗，后来运用高压小流量水射流进行煤矿的开采，之后又逐步提高水射流的射流压力，从而用于岩石的破碎等情况。我国水射流技术的研究起步较晚，但发展较快，经过我国科研人员多年来坚持不懈地研究与实践，目前已取得了很大的进展。在近 20 年内，各种相关的新型水射流技术相继诞生，包括纯水射流、前(后)混合水射流、低温水射流等,并已广泛应用于工业清洗、物料切割和材料表面强化处理等领域。

水射流的工作介质主要是水溶液或者是混合喷射丸粒的液固两相溶液,通过改变喷嘴的尺寸,调整加工距离和喷射压力,运用水射流发生装置将工作介质溶液转变为携带一定能量的射流束,然后该射流束不停地喷射到零件表面上,通过射流束对金属零件的高频冲击和磨削作用,零件表面发生塑性变形,内部产生理想的组织结构和残余应力分布,从而提高金属零件的抗疲劳性能,原理如图 1-17 所示。

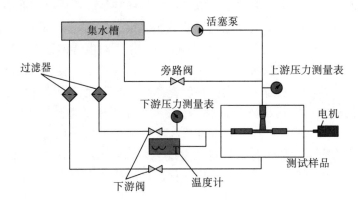

图 1-17　高压水射流喷丸强化原理

水射流喷丸一般可以分为纯水射流喷丸、前混合水射流喷丸和后混合水射流喷丸。纯水射流喷丸强化采用高压水射流通过喷嘴喷出直接冲击零件表面产生剧烈的塑性变形,从而达到表面强化的效果。Ramulu 等[89]采用出口带圆柱段的圆锥收敛型喷嘴和扇形喷嘴对 7075-T6 铝合金进行纯水射流喷丸强化试验,发现在相同条件下圆锥收敛型喷嘴比扇形喷嘴产生残余压应力的作用效果好,但表面粗糙度值大。张在玉等[90]采用超高压数控水射流设备对 20CrMnTi 钢表面进行水射流喷丸处理,发现经高压水射流喷丸处理后的 20CrMnTi 试件,其表面粗糙度值增加不明显,表面残余应力和硬度有很大提高,能有效改善材料的表面性能。前混合水射流喷丸强化也称前混合磨料水射流强化,是将携带巨大能量的高压水与弹丸粒子经预先混合的方式,通过高压管输送到喷丸喷嘴中,在喷丸喷嘴内发生能量交换,最后经喷丸喷嘴出口喷出,形成弹丸射流并喷射到金属靶体表面上,使金属靶体表层材料产生塑性变形[91],呈现理想的组织结构和残余应力分布,从而达到提高金属靶体周期疲劳强度和抗应力腐蚀能力的目的,对碳钢、合金钢、铝合金、钛合金等材料疲劳寿命的提高有显著效果。董星等[92]研究前混合水射流喷丸对 2A11 铝合金和 45 钢的表面显微硬度、表面残余压应力和疲劳寿命的影响,发现喷丸试件疲劳寿命比未喷丸试件疲劳寿命分别提高 25.31 倍和 18.56 倍,且未喷丸试件疲劳裂纹萌生于试件表面,喷丸试件疲劳裂纹有的萌生于试件表面,有的萌生于试件内部。后混合水射流喷丸是在纯水射流喷丸的基础上,利用纯水射流形成的高速水箭在喷嘴混合室内引起的负压,将固体颗粒混合进去,然后在混合室内与高速水箭发生随机碰撞,最后一起混合进入喷嘴砂管内部,从而形成具有固液两相介质的射流。邹雄等[93]采用后混合水射流喷丸对经渗碳风冷后的 GDL-1 钢进行表面强化与改性，分析不同压力水射流喷丸后试件表面粗糙度、组织、硬度和残余应力等的变化规律，发现随着水压的增加，表面粗糙度增大、残余奥氏体转变量增多、硬度提高幅度变大，水射流喷丸后，晶粒和组织得到明显细化，并且在表层形成一定深度的残余压应力场。

与传统的机械喷丸相比，水射流喷丸更加环保、噪声低、无尘、无毒、无味、安全、卫生；且不需要考虑喷射方向与工件表面之间的角度，可以更好地对一些存在狭窄部位、深凹槽部位的零件表面及微小零件等复杂的工件表面进行喷丸处理；同时，水射流喷丸形成的表面粗糙度较小，也不会给工件表面带来杂质元素，并且由于水具有良好的导热性，在加工过程中能够降低工件变形发热对材料性能的影响；喷头体积小，反作用力小，移动方便，易于实现光控、数控及机械手控制，能够提高喷丸强化质量。整套喷丸装置体积小，可以装在机动车上进行远距离操作和外场作业。

1.3.8　振动喷丸

振动光饰是一种在航空、舰船等领域广泛使用的提高零件表面质量的工艺，一定形状的容器装在弹簧上，振动电机使容器内的抛光介质产生一定频率和幅值的运动，可以用于零件抛光等，显著降低表面粗糙度。而振动喷丸是一种在振动光饰基础上进一步改进的工艺，通过固定零件、改变介质（一般选用钢丸）或者介质与零件之间的相对运动速度等来达到对加工零件的更大冲击力，在显著降低表面粗糙度的同时，引入更大程度的残余应力、硬度梯度。图 1-18 为振动喷丸原理示意图，振动运动由安装在腔室下方的振动电机提供，电机频率由变频器调节，腔室位于提供振荡和高精度控制的弹簧上，丸粒被填充在腔室中，而加工试件固定在夹具下方并浸入丸粒中，在丸粒的振动下完成零件的加工。

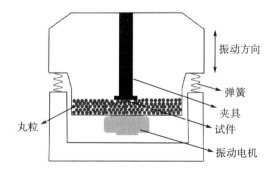

图 1-18　振动喷丸原理示意图[94]

振动喷丸与振动光饰相比，加工试件与介质之间的相对运动速度显著增加，从而促使介质对加工试件产生更高的冲击速度，由此产生表面塑性变形对试件引入较深的残余应力层，从而提升零件性能[95]。Sangid 等[96]研究发现振动喷丸后 7050-T7451 铝板试件最大残余压应力可达 290MPa，残余压应力层深度约为 300μm，显著提升了疲劳寿命。

一般情况下，振动喷丸比常规喷丸有更大的表面残余压应力与最大残余压应力，而引入的残余应力深度更深[97]。此外，振动喷丸与常规喷丸相似，表层材料的塑性变形导致塑性硬化从而显著提高硬度梯度。而振动喷丸与常规喷丸最大的区别是振动喷丸能产生明显优化的表面粗糙度[97]。图 1-19 为常规喷丸与振动喷丸对表面粗糙度与残余应力的影响[97]。Canals 等[98]对钛合金 Ti-6Al-4V 和渗碳钢 E-16NiCrMo13 进行振动喷丸，发现振动喷丸能产生良好的表面粗糙度，平均粗糙度值为 0.3～0.4μm，而产生的残余应力分布与常规喷丸相当，对硬度影响深度约为 70μm。Das 等[94]研究了振动喷丸对 AISI 1020 低碳钢的显微组织与摩擦性能的影响，发现与未经处理的试件相比，显微硬度平均增大了48%。硬度影响深度约为 900μm，而磨损试验显示磨损体积显著减少。Kumar 等[99]采用常规喷丸与振动喷丸对镍基高温合金加工，发现与同强度常规喷丸相比，残余压应力层更深且应力松弛不明显，表面显微硬度增加了 25.2%～30%。

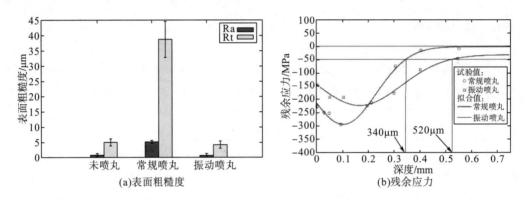

图 1-19　常规喷丸与振动喷丸对表面粗糙度与残余应力的影响[97]

Ra、Rt 为粗糙度参数

　　常规喷丸常用喷丸强度与覆盖率两个工艺参数来评价工艺，而振动喷丸由于介质对零件表面的高速冲击作用与常规喷丸相似，也可采用喷丸强度对工艺进行评价。振动喷丸强度一般受零件安装位置、振动频率及介质的影响[100]，一般为 0.12～0.25mmA。由于振动喷丸比常规喷丸加工时间长，且加工表面较为光滑难以识别弹坑，一般采用加工时间代替覆盖率来评价工艺。Sangid 等[95]通过数值模拟铝合金 AA7075-T6 的振动喷丸工艺发现，对于 32Hz 的频率，达到 95%覆盖率的加工时间为 40min，而达到 99%覆盖率的加工时间为 60min。此外，影响振动喷丸的工艺参数还包括振幅、频率、介质大小及类型等。

1.3.9　喷丸成形

　　喷丸成形技术是一种在喷丸强化工艺基础上发展而来的成形技术，借助高速飞行的硬质弹丸撞击金属板材，使塑性变形在被撞击金属表层产生，引入残余应力，通过对板材夹持约束的释放引起受喷板材表层面积增大而带动内层材料变形，从而使板材逐渐达到所需要的曲率外形的方法，如图 1-20 所示。喷丸成形可以强化零件，成形后残余应力层将出现在工件最容易萌生裂纹的上下两个表面层上。在工件使用过程中，这种残余压应力在工件表面内与外部载荷引起的张应力相抵消，延缓金属裂纹的生长甚至迫使裂纹闭合，而由于凹坑形式的不均匀，塑性变形同样也会导致大量错位与孪晶的生成，促使工件表面发生加工硬化现象，对于承受周期性循环载荷的工件将显著延缓疲劳破坏的出现，较大程度上提升其疲劳寿命，达到表面强化的结果。喷丸成形技术已成功应用到飞机整体壁板的成形。美国首先在"星座号"飞机上运用喷丸成形技术制造机翼整体壁板，进入 20 世纪 80 年代，超临界机翼成为飞机先进性的重要标志，组成机翼的整体壁板出现了复杂马鞍形和扭转特点，而且带筋结构明显增多。对于此类零件，常规喷丸成形很难满足其所需变形量，为此预应力喷丸成形技术得到重视。

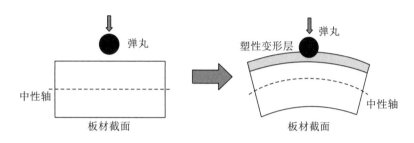

图 1-20　喷丸成形工艺原理示意图

薛俊好[101]在对飞机壁板成形的研究中利用 ANSYS 有限元软件建立弹丸冲击力学模型，分析了其中残余应力的形成机理；Astaraee 等[102]借助弹丸撞击模型分析了喷丸冲击对表面硬化钢的表面完整性参数的影响过程；Han 等[103]提出了一种 DEM-FEM 显隐式混合模型，利用显示动力学求解喷丸成形弹丸撞击生成残余应力的过程，而对回弹过程则采用隐式静力学方法进行分析，并且借助 DEM 成功模拟喷丸成形中弹丸之间的相互关系；胡凯征等[104]基于温度场载荷实现了对喷丸成形工艺的数值模拟，李清等[105]借助 Abaqus 中的 VDLOAD 子程序实现了对激光喷丸成形的等效载荷模拟，并借助试验进行了验证。在试验方面，Vanluchene 等[106]探究驱使回弹变形发生的诱导应力变化机理，建立铝材机翼蒙皮成形过程的诱导应力模型，并验证得到的喷丸强度、材料性能与变形诱导之间的经验关系；高国强等[107]借助对试件喷丸数据并结合理论分析，得到了喷丸成形曲率模型与工艺参数的理论模型，并总结出成形曲率半径与板料厚度、材料弹性模量以及弹坑直径成正比，而与喷丸覆盖率成反比。而关于成形效果预测的直接方法，关艳英等[108]通过对 2024 铝合金板的成形试验所得到的数据，建立多元回归模型对成形后的弧高值进行预测并成功得到验证，发现成形弧高度随撞针尺寸和速度以及受喷区域面积增大而增大，但随喷丸轨迹的间距增大而减小；王旭等[109]则通过设计一种不承载紧固标准疲劳试验件，以对比试验的方式分析了喷丸成形和强化后 2024HDT-T351 板材疲劳性能的变化，并发现试验中板材在喷丸成形后再进行喷丸强化能够使其疲劳寿命提升达 20%以上。另外，也有对成形试验的间接法研究，即通过对 Almen 试片进行喷丸试验。斯坦福大学指出[110]，目前 Almen 强度测试已在世界范围内应用了数十年，但在强度定义方面仍有可完善的地方，例如，同一试片弧高度可以由不同工艺参数得到，在一定程度上也是喷丸成形过程工艺参数的选取尚无统一标准的因素之一。Wang 等[111]实现了对 Almen 试片大量弹丸情形的直接模拟，得到了 Almen 强度与喷丸速度等工艺参数之间的函数关系，如图 1-21 所示；Yang 等[112]则通过建立对 Ti-6Al-4V 材质试片的喷丸模型，探究得到了不同厚度试片所能达到的成形极限，并且成功地在数值模型中得到了过高喷丸强度引起下凹变形的现象。

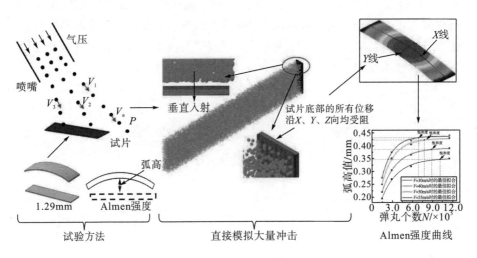

图 1-21   喷丸成形工艺参数影响研究[111]

国内喷丸成形研究相对于发达国家起步较晚，始于 20 世纪 60 年代末，相关研究工作主要以北京某研究所、几大主机厂和相关高校为主。90 年代中期，航空工业与空中客车合作开展空中客车某项目研究，为解决超临界机翼喷丸技术难题，国内开展了对超临界机翼整体壁板预应力喷丸成形的一系列相关技术研究，解决了国内预应力喷丸成形技术的诸多技术难题，填补了国内在超临界机翼整体壁板预应力喷丸成形技术方面的空白。目前喷丸成形工艺已在航空制造工业中得到了广泛应用，从目前 B737-787、A330-380 等民用飞机到 J10、J11 和 F15 等军用飞机乃至 Ariana5 等运载火箭的各种壁板结构零件，甚至被用于 ARJ21 飞机相当复杂的超临界机翼生产过程中，是现代飞机生产制造的重要工艺环节。

虽然国内对喷丸成形工艺的理论研究取得了一定进展，但对喷丸成形工艺参数系统控制的模拟研究比较薄弱，关键设备的研制投入较少，且自动化控制无法满足工业应用要求，因此与国外还存在较大差距。

1.4 本 章 小 结

每种新型喷丸工艺均有其各自的特点和优势，总结如表 1-2 所示。针对特定的应用场景，发挥技术特色，将获得最佳效果。

表 1-2　新型喷丸工艺优缺点总结

喷丸工艺	强化介质	优点	缺点
常规喷丸	钢丸、玻璃丸、陶瓷丸等	操作便捷、效果显著、适应面广、能耗低	可能引起表面粗糙度的增大
高能喷丸	钢丸、玻璃丸、陶瓷丸等	残余压应力层深、金属材料表面纳米化	容易造成表面初始裂纹、表面粗糙度增大
激光喷丸	激光脉冲	残余压应力层深、适用性好、可控性强	设备昂贵，加工效率低
超声喷丸	弹丸	硬化层深，表面粗糙度低，材料表面可产生纳米层；设备体积小、能耗低，工作环境污染小	残余压应力层较浅，对于复杂曲面加工效果难以保障
微粒喷丸	高速钢、硬质合金、陶瓷和玻璃	显著改善零件的表面显微硬度、粗糙度和耐磨性能	硬化层较浅
二次喷丸	钢丸、玻璃丸、陶瓷丸等	硬化层深、表面粗糙度低、残余压应力层深度大、表层残余压应力高	喷丸工序较复杂
空化喷丸	微空泡	表面粗糙度的增加较小	易造成金属材料表面腐蚀
高压水射流喷丸	水溶液	污染小、成本低	易造成金属材料表面腐蚀
振动喷丸	钢丸	表面粗糙度好、残余应力层深	表面残余应力较小
喷丸成形	硬化喷丸球	无需成形模具、装备简单；零件长度不受设备大小限制；延长材料疲劳寿命和耐腐蚀性能	仅适用于薄壁零件

参 考 文 献

[1] 王仁智. 金属材料的喷丸强化原理及其强化机理综述[J]. 中国表面工程, 2012, 25(6): 1-9.

[2] 张强, 张喜燕, 李聪, 等. Zr-4 合金的表面晶粒细化研究[J]. 核动力工程, 2009, 30(1): 64-67.

[3] 虞忠良, 李守新, 刘羽寅, 等. 表面处理对 Ti-6-22-22 合金高温疲劳寿命的影响[J]. 材料研究学报, 2004, 18(5): 471-476.

[4] Benedetti M, Bortolamedi T, Fontanari V, et al. Bending fatigue behaviour of differently shot peened Al 6082 T5 alloy[J]. International Journal of Fatigue, 2004, 26(8): 889-897.

[5] 李东, 陈怀宁, 刘刚, 等. SS400 钢对接接头表面纳米化及其对疲劳强度的影响[J]. 焊接学报, 2002, 23(2): 18-21, 3.

[6] Eckersey J S, Champaigne J. Shot peening: Theory and applications[J]. NASA STI/Recon Technical Report A, 1991, 92: 40400.

[7] 张新华. 喷丸强化技术及其应用与发展[J]. 航空制造技术, 2007, 50(Z1): 454-459.

[8] 兰卫国, 汤宏智, 杨振强. 汽车齿轮表面喷丸强化[J]. 铸锻热, 1998, 13(1): 25-29.

[9] 李向斌, 王仁智, 汝继来, 等. 超高强度钢管材的喷丸强化研究[J]. 材料工程, 1994, 22(12): 25-29.

[10] 魏继武. 浅谈金属的喷丸强化[J]. 机械科学与技术, 1990, 19(3): 29-34.

[11] 刘云秋, 洪鹤, 赵忠俭, 等. 喷丸强化对接触疲劳性能的影响[J]. 铸造, 1999, 48(12): 28-31.

[12] Kobayashi M, Matsui T, Murakami Y. Mechanism of creation of compressive residual stress by shot peening[J]. International Journal of Fatigue, 1998, 20(5): 351-357.

[13] Seki M, Yoshida A, Ohue Y, et al. Influence of shot peening on surface durability of case-hardened steel gears (influences of shot velocity and shot diameter)[J]. Journal of Advanced Mechanical Design, Systems, and Manufacturing, 2007, 1(4): 518-529.

[14] Llaneza V, Belzunce F J. Study of the effects produced by shot peening on the surface of quenched and tempered steels: Roughness, residual stresses and work hardening[J]. Applied Surface Science, 2015, 356: 475-485.

[15] Jamalian M, Field D P. Effects of shot peening parameters on gradient microstructure and mechanical properties of TRC AZ31[J]. Materials Characterization, 2019, 148: 9-16.

[16] Feng Q, Jiang C H, Xu Z, et al. Effect of shot peening on the residual stress and microstructure of duplex stainless steel[J]. Surface and Coatings Technology, 2013, 226: 140-144.

[17] Li F F, Zhao Y W, Chen X L, et al. Microstructure changes and mechanical properties of U-2Nb alloy induced by shot peening treatment[J]. Journal of Alloys and Compounds, 2022, 896: 162977.

[18] Tekeli S. Enhancement of fatigue strength of SAE 9245 steel by shot peening[J]. Materials Letters, 2002, 57(3): 604-608.

[19] Majzoobi G H, Azadikhah K, Nemati J. The effects of deep rolling and shot peening on fretting fatigue resistance of Aluminum-7075-T6[J]. Materials Science and Engineering: A, 2009, 516(1-2): 235-247.

[20] Qin Z, Li B, Zhang H, et al. Effects of shot peening with different coverage on surface integrity and fatigue crack growth properties of 7B50-T7751 aluminum alloy[J]. Engineering Failure Analysis, 2022, 133: 106010.

[21] Maleki E, Unal O, Reza Kashyzadeh K. Efficiency analysis of shot peening parameters on variations of hardness, grain size and residual stress via Taguchi approach[J]. Metals and Materials International, 2019, 25(6): 1436-1447.

[22] George P M, Pillai N, Shah N. Optimization of shot peening parameters using Taguchi technique[J]. Journal of Materials Processing Technology, 2004, 153: 925-930.

[23] Petit-Renaud F. Optimization of the shot peening parameters[C]. 8th ICSP Peenings, Weinheim, 2003: 119-129.

[24] Schiffner K, Helling C D G. Simulation of residual stresses by shot peening[J]. Computers & Structures, 1999, 72(1-3): 329-340.

[25] Miao H Y, Larose S, Perron C, et al. On the potential applications of a 3D random finite element model for the simulation of shot peening[J]. Advances in Engineering Software, 2009, 40(10): 1023-1038.

[26] Lin Q J, Liu H J, Zhu C C, et al. Effects of different shot peening parameters on residual stress, surface roughness and cell size[J]. Surface and Coatings Technology, 2020, 398: 126054.

[27] Murugaratnam K, Utili S, Petrinic N. A combined DEM-FEM numerical method for shot peening parameter optimisation[J]. Advances in Engineering Software, 2015, 79: 13-26.

[28] Wang J M, Liu F H, Yu F, et al. Shot peening simulation based on SPH method[J]. The International Journal of Advanced Manufacturing Technology, 2011, 56(5): 571-578.

[29] Winkler K J, Schurer S, Tobie T, et al. Investigations on the tooth root bending strength and the fatigue fracture characteristics of case-carburized and shot-peened gears of different sizes[J]. Proceedings of the Institution of Mechanical Engineers, Part C: Journal of Mechanical Engineering Science, 2019, 233(21-22): 7338-7349.

[30] 王仁智, 汝继来. 喷丸强化的基本原理与调控正/切断裂模式的疲劳断裂抗力机制图[J]. 中国表面工程, 2016, 29(4): 1-9.

[31] Lambert R D, Aylott C J, Shaw B A. Evaluation of bending fatigue strength in automotive gear steel subjected to shot peening techniques[J]. Procedia Structural Integrity, 2018, 13: 1855-1860.

[32] Benedetti M, Fontanari V, Höhn B R, et al. Influence of shot peening on bending tooth fatigue limit of case hardened gears[J]. International Journal of Fatigue, 2002, 24(11): 1127-1136.

[33] 徐科飞. 喷丸工艺对 18CrNiMo7-6 齿轮弯曲疲劳强度的影响研究[D]. 郑州: 郑州大学, 2016.

[34] 樊毅嵩. 齿轮弯曲疲劳强度影响因素分析及试验研究[D]. 重庆: 重庆大学, 2014.

[35] Townsend D P, Zaretsky E V. Effect of shot peening on surface fatigue life of carburized and hardened AISI 9310 spur gears[R]. Cleveland: NASA Technical Note, 1982.

[36] Li W, Liu B S. Experimental investigation on the effect of shot peening on contact fatigue strength for carburized and quenched gears[J]. International Journal of Fatigue, 2018, 106: 103-113.

[37] Wang W, Liu H J, Zhu C C, et al. Evaluation of rolling contact fatigue of a carburized wind turbine gear considering the residual stress and hardness gradient[J]. Journal of Tribology, 2018, 140(6): 061401.

[38] Liu H L, Liu H J, Zhu C C, et al. Evaluation of contact fatigue life of a wind turbine gear pair considering residual stress[J]. Journal of Tribology, 2018, 140(4): 041102.

[39] He H F, Liu H J, Zhu C C, et al. Study on the gear fatigue behavior considering the effect of residual stress based on the continuum damage approach[J]. Engineering Failure Analysis, 2019, 104: 531-544.

[40] Liu H L, Liu H J, Bocher P, et al. Effects of case hardening properties on the contact fatigue of a wind turbine gear pair[J]. International Journal of Mechanical Sciences, 2018, 141: 520-527.

[41] Witzig J. Flankenbruch-eine grenze der zahnradtragfähigkeit in der werkstofftiefe[D]. München: Technische Universität München, 2012.

[42] Zammit A, Bonnici M, Mhaede M, et al. Shot peening of austempered ductile iron gears[J]. Surface Engineering, 2017, 33(9): 679-686.

[43] Zhang B Y, Liu H J, Bai H Y, et al. Ratchetting-multiaxial fatigue damage analysis in gear rolling contact considering tooth surface roughness[J]. Wear, 2019, 428: 137-146.

[44] Unal O, Varol R. Almen intensity effect on microstructure and mechanical properties of low carbon steel subjected to severe shot peening[J]. Applied Surface Science, 2014, 290: 40-47.

[45] Hou L F, Wei Y H, Liu B S, et al. Microstructure evolution of AZ91D induced by high energy shot peening[J]. Transactions of Nonferrous Metals Society of China, 2008, 18(5): 1053-1057.

[46] Bagherifard S, Fernández Pariente I, Ghelichi R, et al. Fatigue properties of nanocrystallized surfaces obtained by high energy shot peening[J]. Procedia Engineering, 2010, 2(1): 1683-1690.

[47] Dalaei K, Karlsson B. Influence of shot peening on fatigue durability of normalized steel subjected to variable amplitude loading[J]. International Journal of Fatigue, 2012, 38: 75-83.

[48] Maleki E, Unal O. Fatigue limit prediction and analysis of nano-structured AISI 304 steel by severe shot peening via ANN[J]. Engineering with Computers, 2021, 37(4): 2663-2678.

[49] 胡永祥. 激光冲击处理工艺过程数值建模与冲击效应研究[D]. 上海: 上海交通大学, 2008.

[50] Dai K, Shaw L. Comparison between shot peening and surface nanocrystallization and hardening processes[J]. Materials Science and Engineering: A, 2007, 463(1-2): 46-53.

[51] Liu G, Lu J, Lu K. Surface nanocrystallization of 316L stainless steel induced by ultrasonic shot peening[J]. Materials Science and Engineering: A, 2000, 286(1): 91-95.

[52] Gujba A K, Medraj M. Laser peening process and its impact on materials properties in comparison with shot peening and ultrasonic impact peening[J]. Materials, 2014, 7(12): 7925-7974.

[53] Prabhakaran S, Kalainathan S, Shukla P, et al. Residual stress, phase, microstructure and mechanical property studies of ultrafine bainitic steel through laser shock peening[J]. Optics & Laser Technology, 2019, 115: 447-458.

[54] Duchazeaubeneix J M. Stressonic shot peening(ultrasonic process)[C]. Proceedings of the ICSP-7 Conference, Warsaw, 1999.

[55] Xing Y M, Lu J. An experimental study of residual stress induced by ultrasonic shot peening[J]. Journal of Materials Processing Technology, 2004, 152(1): 56-61.

[56] Tao N R, Sui M L, Lu J, et al. Surface nanocrystallization of iron induced by ultrasonic shot peening[J]. Nanostructured Materials, 1999, 11(4): 433-440.

[57] 闫林林. 超声喷丸技术的理论与实验研究[D]. 南京: 南京航空航天大学, 2010.

[58] Takeda K, Matsui R, Tobushi H, et al. Enhancement of fatigue life in TiNi shape memory alloy by ultrasonic shot peening[J]. Materials Transactions, 2015, 56(4): 513-518.

[59] Zhang C H, Song W, Li F B, et al. Microstructure and corrosion properties of Ti-6Al-4V alloy by ultrasonic shot peening[J]. International Journal of Electrochemical Science, 2015, 10(11): 9167-9178.

[60] Yin F, Rakita M, Hu S, et al. Overview of ultrasonic shot peening[J]. Surface Engineering, 2017, 33(9): 651-666.

[61] Kagaya C. Improvement of tool life by fine particle bombarding[J]. Journal of the Surface Finishing Society of Japan, 2000, 51(4): 348-353.

[62] 张继旺, 鲁连涛, 张卫华. 微粒子喷丸中碳钢疲劳性能分析[J]. 金属学报, 2009, 45(11): 1378-1383.

[63] 张随. 由微粒子高速冲击进行表面改性[J]. 汽车工艺与材料, 2011, (3): 23-27.

[64] Maeda H, Egami N, Kagaya C, et al. Analysis of particle velocity and temperature distribution of struck surface in fine particle peening[J]. Transactions of the Japan Society of Mechanical Engineers Series C, 2001, 67(660): 2700-2706.

[65] Ito T, Kikuchi S, Hirota Y O, et al. Analysis of pneumatic fine particle peening process by using a high-speed-camera[J]. International Journal of Modern Physics B, 2010, 24(15-16): 3047-3052.

[66] Zhang J W, Li W, Wang H Q, et al. A comparison of the effects of traditional shot peening and micro-shot peening on the scuffing resistance of carburized and quenched gear steel[J]. Wear, 2016, 368-369: 253-257.

[67] Zhang B Y, Wei P T, Liu H J, et al. Effect of fine particle peening on surface integrity of flexspline in harmonic drive[J]. Surface and Coatings Technology, 2022, 433: 128133.

[68] Takagi S I, Kumagai M, Ito Y, et al. Surface nonocrystallization of carburized steel JIS-SCr420 by fine particle peening[J]. Tetsu-to-Hagane, 2006, 92(5): 318-326.

[69] Kameyama Y, Komotori J. Effect of micro ploughing during fine particle peening process on the microstructure of metallic materials[J]. Journal of Materials Processing Technology, 2009, 209(20): 6146-6155.

[70] Inoue A, Sekigawa T, Oguri K, et al. Mechanism of fatigue life improvement due to fine particle shot peening in high strength aluminum alloy[J]. Journal of the Japan Institute of Metals, 2010, 74(6): 370-377.

[71] Ramos R, Ferreira N, Ferreira J A M, et al. Improvement in fatigue life of Al 7475-T7351 alloy specimens by applying ultrasonic and microshot peening[J]. International Journal of Fatigue, 2016, 92: 87-95.

[72] Zhang J W, Li X, Yang B, et al. Effect of micro-shot peening on fatigue properties of precipitate strengthened Cu-Ni-Si alloy in air and in salt atmosphere[J]. Surface and Coatings Technology, 2019, 359: 16-23.

[73] Ahmed A A, Mhaede M, Wollmann M, et al. Effect of micro shot peening on the mechanical properties and corrosion behavior of two microstructure Ti-6Al-4V alloy[J]. Applied Surface Science, 2016, 363: 50-58.

[74] Maleki E, Unal O. Roles of surface coverage increase and re-peening on properties of AISI 1045 carbon steel in conventional and severe shot peening processes[J]. Surfaces and Interfaces, 2018, 11: 82-90.

[75] 王成. 喷丸强化过程的数值模拟与疲劳裂纹扩展行为研究[D]. 杭州: 浙江工业大学, 2016.

[76] Lee H, Mall S, Sathish S. Investigation into effects of re-shot-peening on fretting fatigue behavior of Ti-6Al-4V[J]. Materials Science and Engineering: A, 2005, 390(1-2): 227-232.

[77] 陈天运, 盛伟. 复合喷丸对300M钢圆筒零件疲劳性能的影响[J]. 金属热处理, 2019, 44(7): 183-185.

[78] 赵轶群. 空化水喷丸强化 20Cr 齿轮的数值模拟及实验研究[D]. 鞍山: 辽宁科技大学, 2019.

[79] Soyama H. Key factors and applications of cavitation peening[J]. International Journal of Peening Science and Technology, 2018, 1(1): 3-60.

[80] Yanaida K, Nakaya M, Eda K, et al. Water jet cavitation performance of submerged horn shaped nozzles[C]. Proceedings of the 3rd American Water Jet Conference, Pittsburyg, 1985: 266-278.

[81] Soyama H, Yamauchi Y, Adachi Y, et al. High-speed observations of the cavitation cloud around a high-speed submerged water jet[J]. JSME International Journal Series B Fluids and Thermal Engineering, 1995, 38(2): 245-251.

[82] Odhiambo D, Soyama H. Cavitation shotless peening for improvement of fatigue strength of carbonized steel[J]. International Journal of Fatigue, 2003, 25(9-11): 1217-1222.

[83] Soyama H. Comparison between the improvements made to the fatigue strength of stainless steel by cavitation peening, water jet peening, shot peening and laser peening[J]. Journal of Materials Processing Technology, 2019, 269: 65-78.

[84] Soyama H, Macodiyo D O. Fatigue strength improvement of gears using cavitation shotless peening[J]. Tribology Letters, 2005, 18(2): 181-184.

[85] Zhang M, He Z S, Zhang Y X, et al. Theoretical and finite element analysis of residual stress field for different geometrical features after abrasive waterjet peening[J]. Journal of Pressure Vessel Technology, 2019, 141(1): 011401.

[86] Soyama H, Sekine Y. Sustainable surface modification using cavitation impact for enhancing fatigue strength demonstrated by a power circulating-type gear tester[J]. International Journal of Sustainable Engineering, 2010, 3(1): 25-32.

[87] Soyama H, Chighizola C R, Hill M R. Effect of compressive residual stress introduced by cavitation peening and shot peening on the improvement of fatigue strength of stainless steel[J]. Journal of Materials Processing Technology, 2021, 288: 116877.

[88] Kumagai M, Curd M E, Soyama H, et al. Depth-profiling of residual stress and microstructure for austenitic stainless steel surface treated by cavitation, shot and laser peening[J]. Materials Science and Engineering: A, 2021, 813: 141037.

[89] Ramulu M, Jenkins M, Kunaporn S, et al. Fatigue performance of waterjet peened aluminum alloy: Preliminary results[C]. Proceedings of the International Symposium on New Applications of Water Jet Technology, Isinomaki, 2002: 118-123.

[90] 张在玉, 梁益龙, 袁顺金, 等. 水射流喷丸处理对 20CrMnTi 钢表面性能的影响[J]. 金属热处理, 2018, 43(7): 174-179.

[91] 王瑞红, 贾环环, 宋胜伟. 前混合水射流喷丸强化表面粗糙度预测[J]. 实验室研究与探索, 2011, 30(9): 21-23, 27.

[92] 董星, 郭睿智, 段雄. 前混合水射流喷丸强化表面力学特性及疲劳寿命试验[J]. 机械工程学报, 2011, 47(14): 164-170.

[93] 邹雄, 梁益龙, 吴泽丽, 等. 磨料水射流喷丸对渗碳 GDL-1 钢表面性能及残余应力场热松弛行为研究[J]. 机械工程学报, 2017, 53(22): 43-49.

[94] Das T, Erdogan A, Kursuncu B, et al. Effect of severe vibratory peening on microstructural and tribological properties of hot rolled AISI 1020 mild steel[J]. Surface and Coatings Technology, 2020, 403: 126383.

[95] Sangid M D, Stori J A, Ferriera P M. Process characterization of vibrostrengthening and application to fatigue enhancement of aluminum aerospace components—part II: Process visualization and modeling[J]. The International Journal of Advanced Manufacturing Technology, 2011, 53(5-8): 561-575.

[96] Sangid M D, Stori J A, Ferriera P M. Process characterization of vibrostrengthening and application to fatigue enhancement of aluminum aerospace components—part I: Experimental study of process parameters[J]. The International Journal of Advanced Manufacturing Technology, 2011, 53(5,8): 545-560.

[97] Miao H, Canals L, McGillivray B, et al. Comparison between vibratory peening and shot peening processes[C]. International Conference on Shot Peening, Montreal, 2017: 521-526.

[98] Canals L, Badreddine J, McGillivray B, et al. Effect of vibratory peening on the sub-surface layer of aerospace materials Ti-6Al-4V and E-16NiCrMo13[J]. Journal of Materials Processing Technology, 2019, 264: 91-106.

[99] Kumar D, Idapalapati S, Wang W. Influence of residual stress distribution and microstructural characteristics on fatigue failure mechanism in Ni-based superalloy[J]. Fatigue & Fracture of Engineering Materials & Structures, 2021, 44(6): 1583-1601.

[100] Ciampini D, Papini M, Spelt J K. Characterization of vibratory finishing using the Almen system[J]. Wear, 2008, 264(7-8): 671-678.

[101] 薛俊好. 飞机壁板喷丸成形的仿真[D]. 沈阳: 沈阳航空航天大学, 2012.

[102] Astaraee A H, Bagherifard S, Bradanini A, et al. Application of shot peening to case-hardened steel gears: The effect of gradient material properties and component geometry[J]. Surface and Coatings Technology, 2020, 398: 126084.

[103] Han K, Owen D R J, Peric D. Combined finite/discrete element and explicit/implicit simulations of peen forming process[J]. Engineering Computations, 2002, 19(1): 92-118.

[104] 胡凯征, 吴建军, 王涛, 等. 基于温度场的喷丸成形数值模拟及参数优化[J]. 中国机械工程, 2007, 18(3): 292-295.

[105] 李清, 万敏, 李卫东, 等. 预应力激光冲击喷丸成形有限元模拟[J]. 塑性工程学报, 2018, 25(6): 21-26.

[106] Vanluchene R D, Johnson J, Carpenter R G. Induced stress relationships for wing skin forming by shot peening[J]. Journal of Materials Engineering and Performance, 1995, 4(3): 283-290.

[107] 高国强, 王永军, 张万瑜, 等. 喷丸成形工艺参数对成形曲率半径的影响分析[J]. 锻压技术, 2014, 39(9): 53-57.

[108] 关艳英, 王治业, 鲁世红, 等. 基于正交试验的超声波喷丸成形工艺参数分析及弧高值预测[J]. 宇航材料工艺, 2018, 48(2): 7-12.

[109] 王旭, 沈培良, 高玉魁, 等. 喷丸成形及强化对2024HDT-T351板材疲劳特性的影响[J]. 表面技术, 2017, 46(8): 165-169.

[110] Fuchs H. Defects and virtues of the Almen intensity scale[C]. Proceedings of the 2nd International Conference of Shot Peening ICSP, Chicago, 1984: 74-78.

[111] Wang C Y, Li W G, Jiang J J, et al. An improved approach to direct simulation of an actual almen shot peening intensity test with a large number of shots[J]. Materials, 2020, 13(22): 5088.

[112] Yang F, Gao Y K. Predicting the peen forming effectiveness of Ti-6Al-4V strips with different thicknesses using realistic finite element simulations[J]. Journal of Engineering Materials and Technology, 2016, 138(1): 011004.

第2章 喷丸强化工艺设备与表面完整性表征

在实际喷丸过程中，喷丸的效果往往取决于喷丸覆盖率、喷丸强度、弹丸类型等工艺参数。本章通过对喷丸强化设备、喷丸工艺参数及喷丸后表面完整性检测等内容进行详细介绍，使读者对喷丸强化工艺、设备及表面完整性检测建立初步认识。喷丸强化工艺、设备与表面完整性表征流程图如图 2-1 所示。

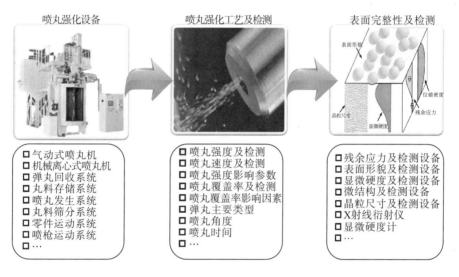

图 2-1 喷丸强化工艺、设备与表面完整性表征流程图

2.1 喷丸强化装备

按驱动方式，喷丸机可以分为气动式喷丸机和机械离心式喷丸机。其中，气动式喷丸机的弹丸以压缩空气作为动力，机械离心式喷丸机的弹丸以高速旋转的离心轮作为驱动力。气动式喷丸机灵活性较好，可以根据零件的形状、尺寸和喷丸强度改变喷嘴的数量和位置，但喷丸产量低，同时必须备有现成的公用压缩空气站，否则无法运作。

2.1.1 喷丸机的组成

由于喷丸强化技术在我国的应用时间较短，在概念上不能准确认识喷丸强化技术还是较为普遍的现象，其中最容易发生混淆的是喷丸与抛丸。如图 2-2(a)所示，抛丸机的工作原理是弹丸在飞速旋转叶轮的带动作用下做加速离心运动，最终被抛射出来，撞击零件的表面，起到清理或强化表面的效果。如图 2-2(b) 所示，喷丸机的工作原理则是弹丸在压缩空气的带动下做加速运动，从喷管中喷射出来，撞击零件的表面，起到强化表面的效果。抛丸机与喷丸机具有各自的优点与使用范围，抛丸机的弹丸散射面积较大，喷丸速度较低，因此适用于高效清理大型或批量零件的表面氧化皮、毛刺。如果增大喷丸速度或弹丸直径，抛丸机亦可用于零件的表面强化处理，但受限于抛头不能移动，其工艺稳定性与一致性较低。相对抛丸机，喷丸机的弹丸散射面积较小，喷丸速度更高，弹丸流密度更大，因此更适用于零件的表面强化处理。喷丸机可以准确调节喷枪的运动路径、喷枪数量、喷射距离等参数，具有精度高、柔性强、工艺稳定的特点，而常被用于航空叶片、齿轮等具有复杂外形，同时对工艺一致性要求较高的零件表面强化。

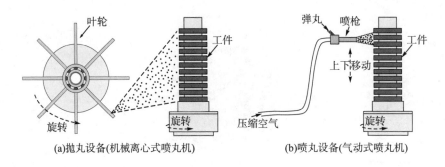

图 2-2　抛丸和喷丸设备

　　喷丸强化通过引入良好的残余压应力、细化晶粒等"补齐"了零件的表面完整性。典型喷丸强化试验台主要由喷枪运动系统、零件运动系统、喷丸发生系统、丸料回收系统、丸料筛分系统、丸料存储系统、除尘器等构成，典型喷丸强化试验台结构示意图如图 2-3 所示。

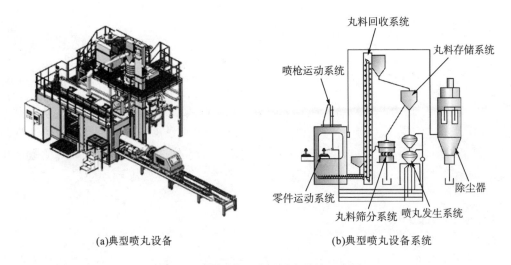

图 2-3　典型喷丸强化试验台结构示意图

1. 丸料回收系统

料仓中的钢丸通过压力罐加压后，喷射到工件表面，钢丸击打工件表面以达到强化效果，钢丸掉落至喷丸室底部，利用推料螺旋和提升机将丸料回收，从而将钢丸回收至振动筛中，筛分后合格的进入料仓。当压力罐缺料时，料仓将对压力罐进行加料，以此循环。

2. 丸料存储系统

丸料存储系统主要是对丸料进行存储的地方，实现丸料的即时存放，形状一般设置为漏斗形或者立方体形。

3. 丸料筛分系统

喷丸设备常采用振动筛分器和螺旋筛分器对弹丸进行分选，其中振动筛分器用来进行弹丸尺寸的分选，而螺旋筛分器进行弹丸形状分离，排除畸形弹丸。

振动筛分器内部装有两层(最高有四层)筛网，最上层的筛网可把较大的杂质筛分出来并输送至废料桶，底层筛网可把低于尺寸标准的不合格弹丸筛分出来并输送至废料桶，这样碎裂的丸料可以被清除掉，防止其再次使用而损伤工件表面。中间筛网上是尺寸合格的弹丸(若采用四层筛网，第二层和第三层能对两种规格的弹丸进行分离)，合格弹丸被输送至储料斗继续循环使用，储料斗通过气动控制的放料阀与喷丸设备相连接。

螺旋筛分器包含内圈转动和外圈转动，其原理是根据圆形弹丸和破损弹丸不同的滚动速度对其进行区分。弹丸通过提升装置或者管路输送至螺旋筛分器顶部的圆锥内，并下落，沿螺旋筛分器的内圈螺旋线滚动。圆形弹丸会获得足够速度，在离心力作用下能逃离到外圈，这些分流到外圈的圆形弹丸是可重复使用的合格喷丸弹丸，而破碎的尺寸不合格弹丸会滞留在内圈，直到分离结束后，将其清除掉。

4. 喷枪运动系统

喷枪运动系统是指喷枪机械系统的驱动装置，根据动力源的不同，驱动系统可以分为电力驱动、气力驱动、液力驱动以及把这三种方式结合起来共同应用的系统。驱动系统可以直接与机械系统相连接，也能通过带传动、链条传动、齿轮传动等装置与机械系统连接。

1) 电力驱动系统

电力驱动系统具有调速范围宽、运动输出稳定、输出位移精度高、负载能力强、动态响应速度快、启动频率高等特点。通过对电机的转矩、转速和转角的控制，将电能转换为机械能，从而实现机械的运动要求。电力驱动设备在数控机床进给伺服系统中，根据电机的类型可分为步进电机驱动、直流电机驱动、交流电机驱动和直线电机驱动等。

2) 气力驱动系统

气力驱动系统通过利用压缩空气来驱动执行机构，具备空气来源方便、成本低、控制简单、动作迅速等优点。同时，由于空气具有可压缩性，其工作稳定性较差，定位精度较差，此外，空气驱动出力小，噪声大。

3) 液力驱动系统

液力驱动设备具有传动平稳，动作灵活，可实现对连续轨迹的控制，定位精度高，结构简单、紧凑等优点，但由于其油路系统对密封要求较高，不适宜在高、低温或者特殊等场合工作，其电液伺服阀要求制造精度高，且油液过滤要求严格，制造成本高，常使用于驱动对定位精度要求较高的中、大功率机器设备。

5. 零件运动系统

零件运动方式主要有平移方式、垂直方式、回转方式。目前常采用数控回转工作台，在喷丸过程中装载、固定工件。为了便于工件、夹具在数控回转工作台上的安装以及定位，可在其台面上设计长条状装夹槽、中心孔等。

6. 喷丸发生系统

喷丸发生系统通常由两个压力罐组成，采用桃形设计，增加丸料的流动性。其具备自动换压，可实现连续不间断喷丸的功能，带有喷枪流量自动报警系统，当喷丸过程中无丸料喷射时，系统自动报警并停机，提醒工作人员检查故障。

7. 除尘器

除尘设备采用沉流式除尘器，其主要用于悬浮的粉尘和微粒的收集，是用于空气污染控制、能确保高效连续在线粉尘收集的装置。其工作原理是当含尘气体进入除尘器后，由于气流断面突然扩大及在气流分布板作用下，气流中一部分粗大颗粒在惯性作用下沉降在灰斗中。粒度细、密度小的颗粒进入滤尘室后，粉尘沉积在滤筒表面上，过滤后的清洁空气经滤芯中心进入清洁空气室，通过风机排出。

2.1.2　气动式喷丸机

典型喷丸设备为气动式喷丸机，其喷丸介质由压缩空气驱动而获得足够高的运动速度。按弹丸的运动方式，又可将其分为三种类型，即吸入式、重力式和直接加压式气动喷丸机。

1. 吸入式气动喷丸机

吸入式气动喷丸机的原理是进入喷嘴的压缩空气使与喷嘴相连接的导丸管内产生负压，把弹丸仓内的弹丸吸入喷嘴，随压缩空气从喷嘴处喷出，如图 2-4 所示[1]。通过大功率的空气压缩机将压缩空气注入，通过管道进入喷嘴，此时喷嘴内的负压将弹丸吸入并随压缩空气从喷嘴处喷出，形成弹丸流喷射到零件表面。当无规则运动的高速弹丸撞击齿轮表面后，落进喷丸机底部的弹丸仓里，从而对弹丸进行回收。

2. 重力式气动喷丸机

通过喷丸机中的提升机构将弹丸提升到一定高度后,借助弹丸的自重使其自动流入喷嘴,随高压空气由喷嘴喷射出击打零件表面,其工作原理如图 2-5 所示[1]。重力式气动喷丸机目前也是最常见的喷丸机,被广泛应用于齿轮、轴承、叶片等零件的喷丸。其工作原理是通过将弹丸提升到 3~5m 的高度,弹丸靠自重流入弹丸筛分器。当流量调节阀开启时,合格弹丸流经导丸管进入喷嘴,然后随着高压气体喷出,对工件表面进行冲击。

3. 直接加压式气动喷丸机

直接加压式气动喷丸机通过对弹丸和压缩空气进行混合,由导丸管输送至喷嘴,最后直接将高速运动的弹丸从喷嘴处喷出,如图 2-6 所示[1]。弹丸进入含有高压空气的混合室,混合后从喷嘴处喷出在零件表面。

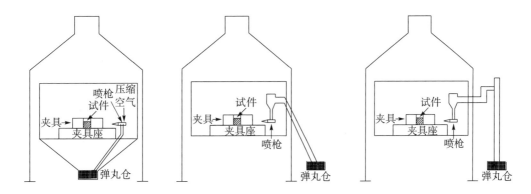

图 2-4 吸入式气动喷丸机结构 图 2-5 重力式气动喷丸机结构 图 2-6 直接加压式气动喷丸机结构

2.1.3 机械离心式喷丸机

机械离心式喷丸机也称抛丸机,具备产量高、适用于大尺寸且形状简单的零件的特点。典型的机械离心式喷丸机如图 2-7 所示,弹丸介质依靠高速旋转的离心轮抛出而获得足够高的运动速度,叶轮直径一般为 300~400mm,叶轮转速为 1500~3000r/min,弹丸离开叶轮的切向速度一般为 45~75m/s。

抛丸系统主要由抛丸电机、抛丸器、抛丸室及反弹室等组成,其中抛丸器是抛丸系统甚至是整个抛丸系统的核心器件之一,其质量和耐磨性直接决定了预处理表面的抛丸质量和成本。按弹丸进给类型,抛丸器可以分为重力打击式、机械进丸式、自吸进丸式抛丸器等,其中机械进丸式抛丸器应用最为广泛。

机械进丸式抛丸器主要由分丸轮、定向套、叶片和叶轮等组成,如图 2-7(a)所示,其中叶片是磨损失效严重的结构件之一,其寿命直接影响抛丸效率和成本。由于抛丸流量是限制移动式抛丸机效率的主要因素,现有抛丸机的抛丸器均采用直叶片,通过提高抛丸器转速来提高抛丸效率。抛丸器工作原理如图 2-7(b)所示,电机输出轴、分丸轮、定向套与叶轮同轴同心，在电机的带动下，电机、分丸轮和叶轮以相同的角速度转动。弹丸通过进丸管进入分丸轮内部，由于离心力的作用，将会通过分丸轮窗口向外抛射进入定向套窗口，直到从定向套窗口飞出。对于一部分速度不足的弹丸，将会在分丸轮与定向套的间隙中继续被加速，直到速度达到要求，随其他弹丸从定向套窗口飞出并被叶片承接，在离心力的作用下继续被旋转的叶片加速，直到飞离叶片。此时，喷丸速度达到最大值，抛射向待清理或强化的工件。

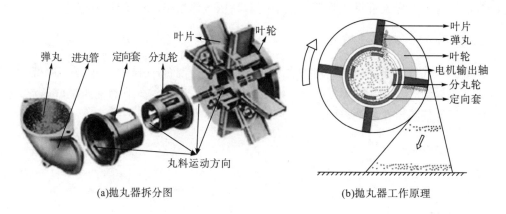

(a)抛丸器拆分图   (b)抛丸器工作原理

图 2-7　机械离心式喷丸机结构简图

抛丸器、分离器等是抛丸机的核心零件，其质量和性能直接决定抛丸机的抛丸质量和效率。抛丸器中叶片、分丸轮和定向套等结构件的材料选择、设计与优化、加工装配等技术关系到抛丸器的寿命、性能以及工作噪声等。例如，叶片和分丸轮的材料选择与设计直接决定抛丸器的使用寿命和抛丸速度；定向套的安装方向与弹丸的抛出方向密切相关；抛丸器的支撑方式、安装精度在一定程度上决定了抛丸机的运行稳定性和噪声。分离器是实现弹丸、杂质回收和分离的重要元件，其结构布置形式和分离方式决定了弹丸的回收和杂质的分离效果。弹丸的回收和杂质的分离是一对相互制约的矛盾，采用改进挡板的方式提高弹丸回收效率必定会造成分离器压力的损失，进而影响弹丸回收效果。现有分离器设计和优化的目的是在不影响弹丸回收效果的前提下，通过改进分离器结构来改善粉尘分离的效果。

2.2　喷丸工艺参数

高性能齿轮等重要零件的制造过程已面向精细化的方向发展，在生产过程中一般采用喷丸机来代替抛丸机作为齿轮表面强化的主要装备[2]。

喷丸影响参数众多，按照表征级别可以分为一级参数、二级参数、三级参数等，如图 2-8 所示。一级参数指喷丸工艺参数，能够在工程技术指标或者加工图纸中直接体现，主要有喷丸覆盖率[3]、喷丸强度[4]、弹丸类型[5]等。其中，喷丸覆盖率指的是被喷零件表面上的弹痕面积与零件总面积的比值,喷丸覆盖率的控制将直接影响喷丸工艺的质量,喷丸覆盖率的检测方式有目测法、蓝墨水法、荧光剂法等[3]。喷丸强度是计量弹丸冲击金属表面剧烈程度的一项指标,在实际工程中通常采用标准化的 Almen 试片变形后的弧高值来衡量喷丸强度,用达到饱和时间的弧高值表示饱和喷丸强度[6]。此外,常用的弹丸材料有铸铁丸、铸钢丸、钢丝切丸、玻璃丸和陶瓷丸等[4]。二级参数主要是指喷丸过程参数,有喷丸速度、喷射角度、喷丸时间等,这些参数直接影响喷丸强度及覆盖率。三级参数指的是喷丸机参数,主要有喷射气压、喷射流量、喷射距离等,这些参数综合影响喷丸速度,导致喷丸强度及覆盖率受到影响。

对于常见的二级参数如喷射速度及喷射角度等难以直接测量,往往直接被提及的是一级参数,其中弹丸类型的影响明显,Voorwald 等[7]通过铸钢丸对 AISI 4340 钢进行喷丸,发现可以显著提高其抗腐蚀能力和疲劳寿命,Inoue 等[8]发现使用 Fe-Co-Ni-Mo-B-Si 玻璃丸可以显著增强喷丸效果,并且玻璃丸的使用寿命更长。弹丸的选择与零件材料相关,若弹丸的硬度太高则易破碎,若弹丸的硬度太低则不利于冲击能量的传递,因此需要选用合适的弹丸。总的来说,弹丸的硬度一般控制在 40～57HRC 及大于 64.5HRC 能够满足清砂、除锈、强化的工况要求[9]。

喷丸覆盖率受三级参数的影响,但是只要合理地控制时间,就能使喷丸覆盖率得以控制。喷丸覆盖率影响着喷丸的均匀程度,通常情况下,喷丸强化零件表面覆盖率应达到100%,但是为改善疲劳性能和抗应力腐蚀性能,稍高的喷丸覆盖率可能会达到更为显著的效果。Cammett[10]发现当喷丸覆盖率达到 30%时,疲劳强度显著增加,但是当喷丸覆盖率超过 80%时,疲劳强度的增加速度减慢。Lin 等[11]研究了喷丸覆盖率对表面完整性的影响,研究发现在 100%～400%的喷丸覆盖率下,随着喷丸覆盖率的增加,残余应力逐渐增大,表面粗糙度在一定程度上发生了变化。Maleki 等[12]发现,随着喷丸覆盖率的不断增加,残余应力和表面粗糙度趋于稳定,但是晶粒会大大细化并引起裂纹。

对于喷丸强度,它是喷射流量、喷射距离、喷射气压、弹丸类型和喷丸时间等工艺参数的综合体现。Vielma 等[13]通过对经不同喷丸强度处理的回火中碳钢进行了研究,发现表面粗糙度和硬度随着喷丸强度的增加而呈现出逐渐增加的趋势,而高喷丸强度条件下表现出较差的疲劳行为。Liu 等[14]发现,在较小的疲劳载荷下,高喷丸强度试件的裂纹萌生寿命要比低喷丸强度的试件长,而当疲劳载荷足够大时,出现相反的现象,因此对于喷丸强度的选择也需要谨慎。

对于常见的二级参数,由于其测试过程复杂,难以直接进行观测及测量,使用 FEM 研究其对表面完整性参数的影响更为方便。华怡等[15]通过使用 Abaqus 建立单弹丸撞击靶材的三维有限元模型,探究喷射角度的影响,研究发现随着喷射角度不断增大,靶材表层的残余压应力、最大残余压应力、残余压应力的分布深度不断变大。Marini 等[16]发现喷射角度对撞击面积及喷丸强度有重要影响,为保证喷丸效率和效果,尽量使喷射角度接近90°。Nordin 等[17]发现喷丸速度与喷丸强度几乎呈线性关系,在一定程度上,喷丸强度是喷丸速度的具体体现,而喷丸时间直接影响着喷丸覆盖率,从而对表面完整性参数造成间接影响。

　　而对于三级参数，其是喷丸机上直接能进行设定的参数，通过设定其参数，从而影响二级参数，进而对喷丸强度及覆盖率造成一定影响。Nordin 等[17]通过引入非激光速度传感器发现，随着喷射流量的增加，喷丸强度逐渐减小。Teo 等[18]通过压力传感器测量发现，随着喷射气压的增加，喷丸强度呈现出逐渐增加的趋势。此外，George 等[19]使用田口方法对喷丸参数进行优化，发现随着喷射距离的增加，喷丸强度会发生改变，表明要合理地调整工艺参数，使得在工程实际中合理地进行实施。

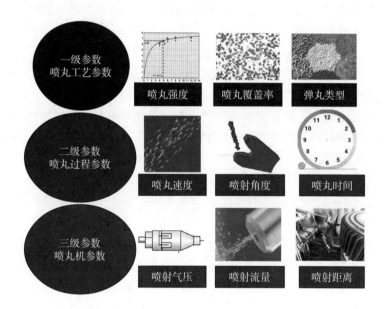

图 2-8　喷丸工艺参数分类[20]

2.2.1　丸料参数

　　喷丸强化常用的弹丸有以下几种：铸铁丸、铸钢丸、钢丝切丸、不锈钢丸、陶瓷丸、玻璃丸等，如图 2-9 所示。其中，铸铁丸的硬度为 57～66HRC，质地很脆，使用年限短，因此很少被使用；铸钢丸的硬度为 41～51HRC，也可以提高到 58～63HRC，其韧性比较好且使用的年限长，已被广泛使用；玻璃丸一般用于质地较软的合金或者对表面光洁度要求较高的工件。

　　喷丸工艺所使用的弹丸尺寸一般用粒度表示，粒度通常为 5～49 目。喷丸强度随弹丸粒度的增高而提高，但粒度越大喷丸处理后的零件表面越粗糙。因此，如果对表面粗糙度或光洁度要求比较高，应当选用粒度较小的弹丸。喷丸处理零件的形状决定着弹丸尺寸，通常弹丸直径应小于构件沟槽内圆半径。随着弹丸尺寸的增大，冲击能量和喷丸强度随之增大，但喷丸覆盖率随着弹丸尺寸的增大而降低。因此，在保证需要的喷丸强度的同时应尽量减小弹丸尺寸。

　　弹丸本身需要很高的硬度，同时也要具有一定的冲击韧性，一般情况下弹丸硬度要比受喷零件硬度大。弹丸在喷丸过程中会有损耗，其硬度值会随着喷丸时间的增加而降低，只有当弹丸的硬度比零件的硬度大的时候，喷丸强度才不受弹丸硬度值变化的影响。弹丸在具备一定冲击韧性的条件下，硬度越高越利于喷丸强化。在喷丸过程中如果弹丸破碎，不仅会使喷丸强度降低，同时也会在喷丸过程中对试件表面造成划伤，因此用于喷丸处理的弹丸必须呈圆形，切忌带尖棱角。这些棱角在喷丸强化过程中，在冲击工件表面时会在零件表面留下尖锐的凹陷，凹陷处产生的应力集中将会严重影响工件的使用寿命。弹丸碎片可能会使工件表面发生电化学腐蚀，从而影响工件的表面性能。因此，在喷丸过程中，破碎的弹丸需要被及时清理掉，要保证弹丸的破碎量不高于 15%。喷丸强化的本质是高速运动的弹丸持续撞击靶体表面，弹丸的材料、形状、硬度和尺寸等参数将直接影响到喷丸强化的效果。

(a)铸钢丸　　　　　(b)钢丝切丸　　　　　(c)陶瓷丸　　　　　(d)玻璃丸

图 2-9　不同类型的弹丸

　　铸钢丸常用的制备方法是离心雾化法，通过高速旋转转盘的离心力分离钢液，钢液从转盘飞出后迅速冷却，随后凝固成形。铸钢丸具有生产成本低的特点，在国内有广泛应用，但铸钢丸的寿命较低，在喷丸过程中很容易破碎，限制了其使用。

　　钢丝切丸一般使用优质碳素结构钢进行生产，经过拉丝、切割、钝化、选圆和包装等多道工序加工完成。相比于铸钢丸，钢丝切丸的工艺成本较高，但钢丝切丸的使用寿命长，能减少更换丸料的次数，节约工艺成本，有逐步取代铸钢丸的趋势。

　　陶瓷丸的主要成分为 ZrO_2 和 SiO_2，一般用于表面不允许存在铁质污染物或硬度较高的零件。陶瓷丸的密度较小，是铸钢丸的一半左右，因此陶瓷丸的喷丸强度较低，喷丸后产生的残余应力也小于铸钢丸。但由于陶瓷丸的化学惰性，陶瓷丸的适用材料范围十分广泛，尤其是铝合金、钛合金等不允许铁质污染的材料，被广泛应用在飞机起落架、航空叶片等零件的喷丸强化中。

　　玻璃丸的主要成分是 SiO_2，与陶瓷丸类似，玻璃丸同样具有较高的化学惰性，因此可以用于表面不允许存在铁质污染物的零件喷丸。相对于其他弹丸，玻璃丸的尺寸较小，密度和硬度也低，可用于对喷丸强度要求非常低的零件或喷丸区域较小的窄槽等区域。

　　不同类型的弹丸都有各自的特点和使用范围，在喷丸强化时，必须根据受喷零件的性能和喷丸工艺的要求决定，否则不但不能获得理想的强化效果，还会增加设备运行成本。表 2-1 总结了常见弹丸的参数和适用范围。

表 2-1　常见弹丸的参数和适用范围

弹丸类型	硬度/HRC	尺寸/mm	适用范围
常规硬度铸钢丸	45～52	0.18～2.36	硬度不大于 50HRC 的零件
高硬度铸钢丸	55～62	0.18～2.36	硬度大于 50HRC 的零件
常规硬度钢丝切丸	45～52	0.51～2.95	硬度不大于 50HRC 的零件
高硬度钢丝切丸	55～62	0.51～2.95	硬度大于 50HRC 的零件
不锈钢钢丝切丸	≥45	0.51～2.95	表面不允许有铁质污染物的零件
陶瓷丸	58～63	0.10～1.18	硬度大于 60HRC 或表面不允许有铁质污染物的零件
玻璃丸	48～52	0.06～2.00	狭窄处以及低喷丸强度区域或表面不允许有铁质污染物的零件

由于不同弹丸产生的残余压应力峰值及材料表面形态等存在不同，不同硬度、形状的弹丸喷丸效果可能存在极大差异。因此，对弹丸进行硬度及形状检测是十分必要的。弹丸的形状也将直接影响零件的表面质量，因此喷丸强化标准 SAE AMS2431D（Peening Media General Requirements）中也规定了弹丸使用前和长时间使用后都必须对弹丸进行抽样检测。在被抽样的弹丸完全铺满规定面积后，在 10～30 倍放大镜下使用目测的方法进行评估，检查指定视场面积内可接受的形状、临界形状和不可接受的形状各自的比例，判断弹丸是否符合继续使用的标准。

2.2.2　喷丸强度

在强化过程中，喷丸强度和覆盖率是控制喷丸工艺过程和检验零件质量的两个重要指标。为了精确控制各个工艺参数，在实际生产中通常采用弧高度法来衡量喷丸强度。弧高度法采用标准化的 Almen 试片（试片材料一般采用 1070 弹簧钢，长宽规格为 19mm×76mm），根据厚度将试片分为 N、A、C 三种，厚度分别为 0.79mm、1.3mm 和 2.4mm，分别适用于低等、中等和高等喷丸强度范围。当喷丸强度为 0.15～0.60mmA 时，采用 A 型试片检查喷丸强度；当喷丸强度为 0.15～0.46mmN 时，则采用 N 型试片检查喷丸强度，将试片紧固在夹具上进行喷丸，弹丸冲击试片使之发生塑性变形，导致试片向喷丸面呈球面状弯曲。取一平面作为基准面切入变形球面内，则将该基准面至球面最高点之间的距离作为弧高度。

目前应用最广泛的美国机动车工程师学会喷丸标准中采用 Almen 提出的喷丸强化检验法——弧高度法，并由 SAE J422A《用于喷丸处理的测试条、支架和量具》和 SAE 443《喷丸加工测试条使用规程》规定的测量方法，其要点是用一定规格的弹簧钢试片通过检测喷丸强化后的形状变化来反映喷丸效果。对薄板试片进行单面喷丸。测量弧高值是通过将 Almen 试片固定在专用夹具上，经喷丸后，再取下试片，然后用 Almen 量规测量试片经单面喷丸产生的残余拉伸形变量（即弧高值）。若用试片测得的弧高值为 0.35mm，则记为 0.35mmA。

弧高值随喷丸时间的变化曲线如图 2-10 所示，当经过一段时间 T 的喷丸后，弧高值趋向于饱和，若将喷丸时间延长至 $2T$，且弧高值增大不超过 10%，饱和点对应的弧高值即为喷丸强度。喷丸强度与喷丸时间无关，仅与弹丸的直径、硬度、速度和喷射角度等参数有关，往往需要喷打数个 Almen 试片才能得到弧高值随时间的变化曲线，从而计算得到喷丸强度，因此采用 Almen 试片法调整喷丸强度需要通过反复地调整喷丸工艺参数和测量试片的弧高值，对工作人员的经验要求较高，检测过程复杂烦琐，存在较大的累积误差。此外，喷丸强度作为一个间接参数，在喷丸过程中也不能够被实时检测。相对于喷丸强度，喷丸速度的大小能更直接体现弹丸的能量和冲击力度。部分研究人员开展了检测喷丸速度的相关试验。Sherratt 等[21]通过高速摄像机测量弹丸的速度，得到不同直径弹丸随喷丸气压增大的变化规律，并计算每一时刻弹丸流的总动能；Ito 等[22]采用高速摄像机测量 0.063mm 直径的微粒弹丸与 0.8mm 直径的常规弹丸的速度。研究发现，在 0.6MPa 的喷丸气压下，微粒弹丸的喷丸速度可以达到 120m/s，而常规弹丸的喷丸速度仅为 60m/s；Gariépy 等[23]采用高速摄像机实时监测弹丸流的分布，并且得到了弹丸运动过程的可视化图像。在工业产品方面，美国 Progressive Surface 公司开发了名为 Shot Meter G3 的工业速度传感器，用于检测弹丸的喷丸速度，该装备具有部件量少、组装简单的特点。Teo 等[18]分别采用高速摄像机和 Shot Meter G3 检测不同参数设置下的喷丸速度，发现二者的检测结果基本一致，并通过在喷管的入口与出口处布置压力传感器，发现随着喷丸气压升高，喷丸速度逐渐增大，然而随着喷射流量提升，喷丸速度减小。通过试验的方法检测喷丸速度已经取得的初步成果，根据在线实时检测得到的喷丸速度来调节喷丸设备参数将成为喷丸强化装备智能化发展的趋势。

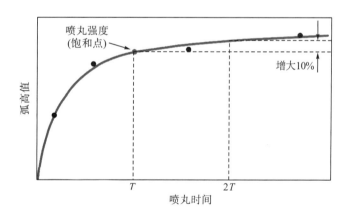

图 2-10 基于 Almen 试片的弧高值随喷丸时间变化曲线[2]

1. 喷丸设备参数对喷丸强度的影响

对于喷射流量、喷射气压、喷射距离等三级参数的选取一直存在着一定的困难。然而，喷丸机参数(三级参数)与喷丸强度之间的关系仍然不清楚，并且每个三级参数对喷丸强度影响的权重还没有被完全阐明，其喷丸强化参数的选择在很大程度上取决于经验，导致喷丸强化过程效果不理想，这限制了喷丸强化在齿轮等零件疲劳强度改善中的应用。

如图 2-11 所示，分别绘制了不同弹丸情况下的喷射压力、喷射流量及喷射距离的饱和强度曲线，拟合曲线是分析得到的每种情况下的饱和强度曲线。接下来将说明获得这些拟合曲线的过程。图 2-11 中给出的数据使用式(2-1)进行曲线拟合，以确定饱和时间和喷丸强度。通过式(2-1)将 Almen 弧高值(h)与喷丸时间(t)联系起来。

$$h = a(1 - e^{-bt}) \tag{2-1}$$

式中，a、b 均为拟合曲线的常数。

$$h_s = 0.9a \tag{2-2}$$

式中，h_s 为饱和喷丸强度。

$$T_s = \frac{2.303}{b} \tag{2-3}$$

式中，T_s 为饱和时间。通过从上述程序及计算式获得的喷丸强度-时间曲线在图 2-10 中绘制为一条连续的喷丸弧高值-时间变化实线，以及每个喷丸条件下的饱和点及其饱和喷丸强度。

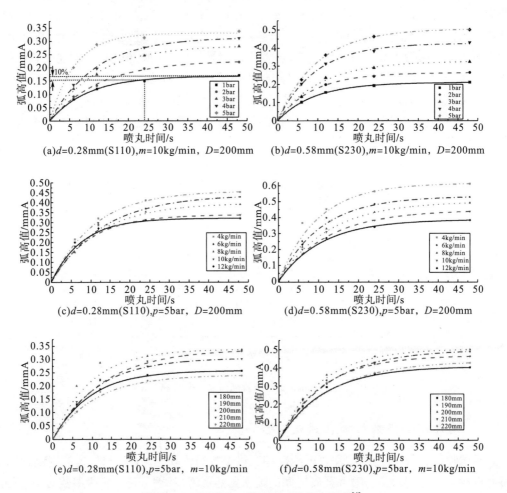

图 2-11 不同喷丸工艺参数下的饱和强度[4]

d-弹丸直径；*m*-喷射流量；*D*-喷射距离；*p*-喷射气压

从图 2-11(a)～(f)中可以看出,对于所有试验组,Almen 试片几乎都在 24s 左右达到饱和点,随后增加一倍的时间进行喷丸,弧高值增加都在 10%左右,达到喷丸强度的最大值。若将 24s 视为饱和时间,则相对应的弧高值被视为饱和喷丸强度。由图 2-11 可知,当弹丸选用 S110(弹丸直径为 0.28mm)、喷射气压为 1bar(1bar=100kPa)、喷射流量为 10kg/min、喷射距离为 200mm 时,可以发现其在 6s 时弧高值为 0.07mmA,随后随着喷丸时间的增加,其弧高值逐渐增加,分别达到 0.12mmA、0.15mmA、0.18mmA。其在 24s 时弧高值大约为在 48s 时弧高值的 90%,因此将 0.15mmA 视为饱和喷丸强度。对比其他工艺条件下的喷丸强度曲线,可以发现在采用相同的弹丸进行喷丸时,随着喷射气压增加,饱和弧高值逐渐增加;此外,随着喷射流量增加,饱和弧高值减小;随着喷射距离增加,饱和弧高值先增加后减小。

为探究喷丸工艺参数与喷丸强度的关系,将喷丸强度与喷射气压、喷射流量和喷射距离绘制相关的函数曲线,如图 2-12 所示。由图可知,当使用 S110 弹丸时,1bar 气压时弧高值为 0.15mmA,随着气压的增加,弧高值呈线性增加,结果与参考文献变化趋势一致[18,24]。当喷射气压达到 5bar 时,强度增加到 0.31mmA,如图 2-12(a)所示。当使用 S230 弹丸时,1bar 气压时强度为 0.19mmA,随着气压的增加,喷丸强度同样呈线性增加,随着喷射气压增加到 5bar 时,强度增加到 0.46mmA。

当 Almen 试片及试件被夹具固定受喷时,受到弹丸冲击可假设为均布载荷下的梁单元,其发生的弯曲出现在梁的中间,其中变形扰度 h 的计算如式(2-4)所示:

$$h = \frac{5QI^4}{384EI} \tag{2-4}$$

式中,Q 为均布载荷;I 为 Almen 试片的界面惯矩,为常数;E 为 Almen 试片的弹性模量。其中均布载荷与喷射气压和尺寸的关系如式(2-5)所示:

$$Q = \frac{pS}{L} \tag{2-5}$$

式中,p 为喷射气压;L 为 A 型 Almen 试片的长度;S 为弹丸流冲击试片所产生的面积,当喷射流量及喷射距离一定时,S 为常数。因此,弧高值(扰度 h)可以和喷射气压定性地联系起来,如式(2-6)所示:

$$h = \frac{5pSI^4}{384EIL} = \frac{5SI^4}{384EIL} \times p = C \times p \tag{2-6}$$

通过式(2-6)可以看出,弧高值与喷射气压的关系是线性关系,其中 C 在喷射距离、喷射流量一定时是个常数。因此,在喷射距离、喷射流量一定时,喷丸强度和喷射气压是呈线性增加的关系。

此外,随着喷射流量的增加,当弹丸为 S110 和 S230 时,喷丸强度逐渐减小,并且呈反比例函数关系减小[25,26],如图 2-12(b)所示。当喷射气压及喷射距离一定、弹丸为 S230、喷射流量为 4kg/min 时,喷丸强度为 0.56mmA,随着喷射流量逐渐增加,当喷射流量达到 12kg/min 时,喷丸强度为 0.34mmA。在喷射气压恒定时,随着喷射流量的增加,从气流到单个颗粒的能量分布越来越小,从而导致喷丸速度降低。喷丸速度的降低,导致冲击载荷减小,最终导致喷丸强度减小。

最后，还发现随着喷射距离的增加，喷丸强度呈现出先增加后减小的趋势[27]，如图 2-12(c)所示。当喷射气压及喷射流量一定、弹丸为 S230、喷射距离为 180mm 时，喷丸强度为 0.36mmA，当喷射距离增加到 200mm 时，喷丸强度达到最大 0.46mmA，之后随着喷射距离继续增加，喷丸强度逐渐减小。当弹丸射出喷嘴时，由于气压远大于大气压，弹丸流处于加速阶段，弹丸的速度增加，喷丸强度增加；当达到一定距离后，散射角度的增加和空气阻力的存在，导致弹丸速度和喷丸强度逐渐减小，从而导致喷丸强度随着喷射距离的增加呈现出一个先增加后减小的趋势。

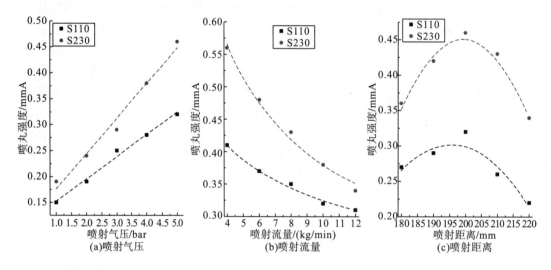

图 2-12　不同喷丸工艺参数对喷丸强度的影响[4]

如表 2-2 所示，各种不同喷丸工艺参数下的喷丸强度是可能相同的，例如，当弹丸为 S110、喷射气压为 2bar、喷射流量为 10kg/min、喷射距离为 200mm 时的喷丸强度和弹丸为 S230、喷射气压为 1bar、喷射流量为 10kg/min、喷射距离为 200mm 时的喷丸强度均达到 0.19mmA，此外，有许多不同的二级喷丸工艺参数组合使得喷丸强度达到一致。

表 2-2　具有相同喷丸强度的不同喷丸工艺参数组合

弹丸类型	喷射气压/bar	喷射流量/(kg/min)	喷射距离/mm	喷丸强度/mmA
S110	2	10	200	0.19
S230	1	10	200	
S110	5	10	200	0.29
S230	3	10	190	
S230	5	12	200	0.34
S230	5	10	220	

但每个参数对喷丸强度的影响不一致，为了能对工艺有一个更好的设置，采用多元回归法，讨论各个喷丸工艺参数对喷丸强度的影响。随机森林(random forest，RF)算法是一

种有监督学习算法[4]，是以决策树为基础的学习集成学习算法，具有预测及分类准确率高、泛化能力强的优点，可用于分类和回归分析，同时给出特征的重要度。Cheng 等[28]基于所有可见和不可见图像属性的 RA（relative attributes，相对属性）等级评分，利用 RF 分类进行训练，发现 RF 能够很好地进行等级评分。Bui 等[29]发现 RF 等人工智能的方式对爆破人员和管理人员在控制爆破作业对周围环境的不良影响方面非常有用。此外，Chen 等[30]基于 RF 等方法对中国江西省赣州市全南地区洪水发生的空间进行预测，结果表明，RF 模型对洪水发生的预测准确性达到 91.5%。本书以 RF 算法，根据平均下降精度（mean decrease accuracy，MDA），如式（2-7）所示，实现了不同工艺参数（喷射流量、喷射气压、喷射距离等）对喷丸强度的重要性评价（variable importance measure，VIM）。

$$\text{VIM}_i^{\text{MDA}} = \frac{1}{N_{\text{tree}}} \sum_{i=1}^{N_{\text{tree}}} (\text{ER}_{it} - \text{ER}'_{it}) \tag{2-7}$$

式中，N_{tree} 为 RF 中树的数量，本书中的树为 1000 棵；ER_{it} 为变量 i 置换之前第 t 棵树对应的错误率；ER'_{it} 为变量 i 置换之后第 t 棵树对应的错误率。

如果置换前后错误率变化不大，则该特征对喷丸强度的重要性较低；若变化很大，说明该特征对喷丸强度的重要性很高。计算结果如图 2-13 所示，可以发现，当弹丸选定时，喷射气压对喷丸强度的影响权重最大，当弹丸分别为 S110 和 S230 时，其影响权重大约为 50%；其次是喷射流量，其对喷丸强度的影响权重分别达到 32.17% 和 37.72%；对喷丸强度影响最弱的因素是喷射距离，对喷丸强度的影响权重分别为 16.95% 和 12.97%。当喷丸机未选定弹丸直径时，综合各个因素，可以发现对喷丸强度影响最重要的参数是喷射气压，然后是弹丸直径，之后是喷射流量，最后是喷射距离。

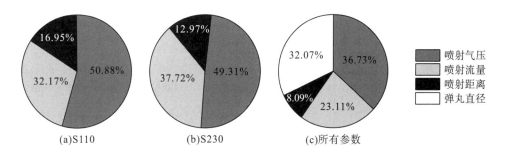

图 2-13　基于 RF 算法的工艺参数对喷丸强度影响权重[4]

因此，在对喷丸机的实际操作过程中，为了达到不同的喷丸强度，首先应该考虑弹丸直径，当弹丸选定之后，再进行喷射气压选择，随后进行流量控制，最后对喷射距离进行调整。

2. 喷丸强度检测新方法

根据弹丸的动量公式（$P=mv$），在弹丸质量不变的情况下，喷丸强度随着喷丸速度的增高而加大。但过高的喷丸速度将会导致更多弹丸破碎，弹丸的消耗也将会增加，这两点将会影响强化的效果。因此，根据零件所要达到的喷丸强度来选择合适的喷丸速度显得尤为重要。Barker 等[31]提到喷丸速度与喷丸强度几乎呈线性关系，如图 2-14 所示，通过多种弹丸测试了喷丸强度与喷丸速度之间的关系，可以发现在一定程度上，喷丸强度是喷丸速度的具体体现。

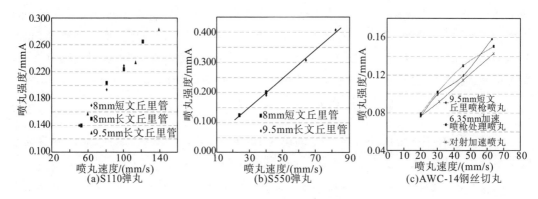

图 2-14　喷丸速度与喷丸强度的关系[31]

　　为了对喷丸速度进行在线测试，许多先进的喷丸强度/速度在线检测的方法被提出，如声发射技术、高速摄像机检测法等。

　　声发射技术主要是通过声发射传感器检测、记录、分析声发射信号并利用声发射信号推断声发射源信号的一种技术，目前通过声发射技术结合各种类型的传感器用于喷丸速度的检测。Almen 试片目前被用来量化和检测喷丸过程质量，但是这种方法不是实时的，并且由于长时间使用 Almen 试片绘制饱和曲线，存在测试不准、效果不佳等现象，严重限制了喷丸效果。2020 年 Teo 等[18,32]以喷丸过程实时监测为主要目标，在喷丸机的喷嘴处安装了声发射传感器和加速度传感器，并在不同工况下进行了试验研究。研究了声发射传感器和加速度传感器对不同类型介质输入参数的影响，如图 2-15 所示，其研究结果表明，声发射传感器和加速度传感器信号在喷嘴上实施时具有初始电位。未来的工作进行几项改进，以提高数据精度和减少不确定性；此后，传感器可作为间接手段来监测弹丸的喷射流量，从而实时对喷丸的工艺进行监测。本研究探讨加速度传感器和声发射传感器对喷丸过程中的信号检测效果。作为研究的一部分，根据输入介质流速绘制传感器信号，进行回归分析以确定传感器与工艺参数之间是否存在关系。尽管两个传感器都与介质流量存在关系，但得到的可靠度 R^2 仍然很低。然而，可以对当前的设置和方法进行改进，以提高数据质量，从而提高可靠度 R^2。未来的研究应扩展到分析加速度传感器和/或声发射传感器信号，以及通过更多地观察喷丸处理后微结构的变化来深入分析表面完整性。更多的研究也可以结合其他传感器来进行，以确定是否存在与介质流速和强度更好的相关性。最后，Teo 等[18,32]还建议可使用加速度传感器和声发射传感器作为喷嘴上的预防性维护或过程故障指示器，从而对喷射流量和喷丸速度等指标进行实时监测。

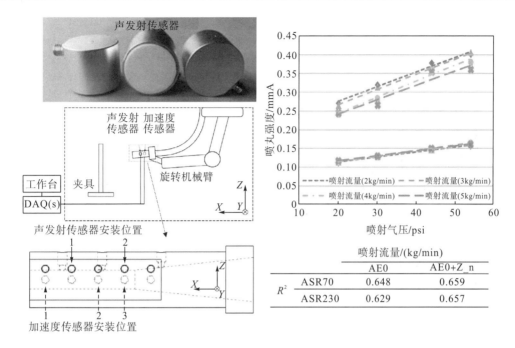

		喷射流量/(kg/min)	
		AE0	AE0+Z_n
R^2	ASR70	0.648	0.659
	ASR230	0.629	0.657

图 2-15　基于声发射传感器测量的喷射气压等参数与喷丸强度之间的关联规律[18,32]

$1psi=6.89476\times10^3Pa$

高速摄像机是一种能够以小于 1/1000s 的曝光或超过每秒 250 帧的帧速率捕获运动图像的设备，它用于将快速移动的物体作为照片图像记录到存储介质上。录制后，存储在媒体上的图像可以慢动作播放。早期的高速摄像机使用胶片记录高速事件，但被完全使用电荷耦合器件(charge coupled device，CCD)或互补金属氧化物半导体器件(complementary metal oxide semiconductor，CMOS)有源像素传感器的电子设备取代，通常每秒超过 1000 帧记录到动态随机存储器(dynamic random access memory，DRAM)上，慢慢地回放研究瞬态现象的科学研究动作。喷丸速度是喷丸过程中重要的物理因素。但是，在气动喷丸处理中很难直接测量该速度。Ohta 等[33]进行了一个试验，以高速摄像机记录弹丸运动中的喷丸速度，使用粒子图像测速(particle image velocimetry，PIV)用于测量喷丸速度分布，如图 2-16 所示。通过记录丸料从喷嘴射出后弹丸加速，并在距喷嘴约 80mm 处达到稳定的喷丸速度。稳定喷丸速度大约与气压的 0.51 次方成正比。对于 ASR170 钢喷丸，在 0.14MPa 下为 30m/s，在 0.35MPa 下为 49m/s。

(a)高速摄像机

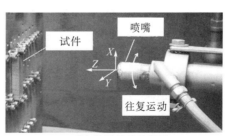

(b)喷丸装置放置示意图

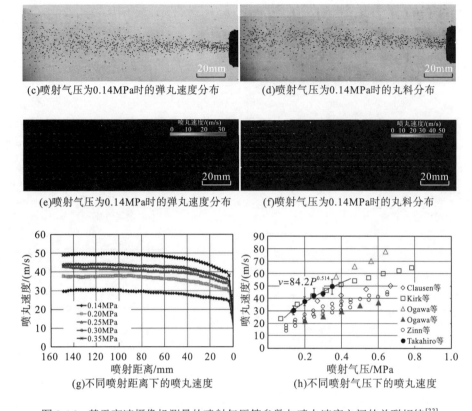

(c)喷射气压为0.14MPa时的弹丸速度分布　　　　　(d)喷射气压为0.14MPa时的丸料分布

(e)喷射气压为0.14MPa时的弹丸速度分布　　　　　(f)喷射气压为0.14MPa时的丸料分布

(g)不同喷射距离下的喷丸速度　　　　　　　　(h)不同喷射气压下的喷丸速度

图 2-16　基于高速摄像机测量的喷射气压等参数与喷丸速度之间的关联规律[33]

2.2.3　喷丸覆盖率

　　喷丸覆盖率是另外一个重要参数,广泛应用于喷丸工艺过程的控制中,其定义为受喷试件表面上弹坑占据的面积与受喷表面总面积的比值,通常以百分数表示。喷丸覆盖率作为喷丸工艺最为关键的一级参数之一,其是确保喷丸强化效果的关键因素。根据 SAE J2277《喷丸覆盖率的定义》,如果喷丸时间超过达到 100%覆盖率的时间,则以喷丸时间为达到 100%覆盖率时间的倍数为覆盖率。例如,200%的覆盖率所需的时间为达到 100%覆盖率所需时间的 2 倍。对于不同的喷丸应用场景,对喷丸覆盖率的选择也不尽相同。例如,对于喷丸成形等工艺,对覆盖率要求并不高,因此其喷丸覆盖率一般不超过 80%。而对于常见的铝合金、航空材料、齿轮、轴承钢、不锈钢等,采用的喷丸覆盖率一般为 100%～400%。对于铝合金等材料,为防止纳米裂纹或者微裂纹等现象的发生,其喷丸覆盖率一般不会超过 300%,而对于高硬度的齿轮等,其表面喷丸覆盖率则会达到 200%、300%甚至 400%。

　　因此,喷丸覆盖率的控制显得尤为重要,其过低或者过高都难以达到成形曲率或者提高疲劳强度的效果。对于某种特定的材料都有与之适合的喷丸覆盖率,零件只有达到规定的喷丸强度和覆盖率,才能具有较高的疲劳强度。为了提高喷丸表面覆盖率分布的均匀程度和强化效率,盛湘飞等[34]采用图像处理技术分析了单道次喷丸表面覆盖率在喷丸宽度方向上的分布特征,采用正态分布函数对多道次喷丸表面覆盖率分布的均匀程度以及喷丸强化效率进行了研究。结果表明,在单道次喷丸中,表面覆盖率在喷丸宽度方向上的分布近似呈正态分布。在多道次喷丸中,相邻喷丸道次间距对表面覆盖率影响较大,道次间距越小,表面覆盖率越均匀,两者近似呈线性变化关系。当表面覆盖率均匀程度变化在 0.91～0.99 时,道次间距越小,喷丸强化效率越高。而且喷丸强化效率受构件长度方向尺寸的影响,尺寸越小,不同喷丸道次间距对应的喷丸强化效率越接近。因此,合理选择相邻喷丸道次间距,可在保证喷丸强化效率的基础上有效提高表面覆盖率均匀程度。

由于弹丸在表面的落点是随机的,一般定义当喷丸覆盖率达到 98%时即可视为完全覆盖,如果将喷丸时间调整至达到 98%喷丸覆盖率所需时间的 2 倍和 3 倍,即可获得 200%和300%的喷丸覆盖率,故喷丸覆盖率的大小也表征喷丸时间的长短。根据测试方法不一致等问题,喷丸覆盖率常用的检测方法有液体示踪检测法、光学检测法、机器视觉检测法等。

液体示踪检测法也称荧光剂法,通过使用油漆、蓝墨水或者荧光剂等进行检测喷丸覆盖率,将液体喷敷在零件表面,其油漆或者蓝墨水褪去 90%的时间记录为喷丸覆盖率为100%的时间。尤其是当零件外形复杂时,可以在表面上均匀涂覆荧光示踪剂(油漆、蓝墨水或者荧光剂),如图 2-17(a)所示,根据喷丸后荧光示踪剂的去除率估计喷丸覆盖率,如果喷丸后荧光示踪剂全部被消除,则表面被完全覆盖。当零件外形较为简单时,可采用光学仪器直接观察表面,如图 2-17(b)所示,评估喷丸覆盖率大小。

上述两种方法均离不开肉眼观察,检测结果受检验员的经验影响较大。为解决常规喷丸覆盖率检测方法的不足,当前已经出现了基于机器视觉的喷丸覆盖率检测法[35],该方法通过工业摄像机获取高倍放大的喷丸表面照片,通过灰度变换、滤波处理、灰度增强、区域分割、图像二值化处理等步骤将图片数字化,如图 2-17(c)所示,然后统计像素信息来计算零件表面的喷丸覆盖率。基于机器视觉的喷丸覆盖率检测法能够快速准确地量化喷丸覆盖率,其结果受人为因素干扰较小,是保障喷丸工艺合格的有效方法。

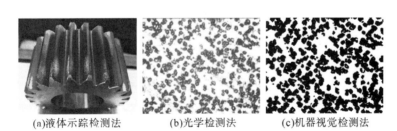

(a)液体示踪检测法　　　　(b)光学检测法　　　　(c)机器视觉检测法

图 2-17　喷丸覆盖率检测方法[2,36]

传统检测方法存在主观影响大、测量精度与效率低、成本高、工作枯燥费力等诸多问题。利用视觉传感器获取的信息将机器视觉、人工神经网络、图像处理、图像分割等技术应用于喷丸覆盖率的自动测量,可以保证测量结果的一致性,减少误差,提高计算速度,与其他计算机辅助制造设备兼容性好,可移植性好,为实现自动化喷丸控制循环中检测反馈环节工作提供了支撑[37]。在图像处理的各种技术中,图像分割是直接适用于喷丸覆盖率检测问题的技术之一。图像分割是指对采集到的图像进行处理,将图像分割成所需的喷丸区域，从而计算出喷丸面积的百分比[38]。日本研制出的 TCV-2A 型手持式数显喷丸覆盖率检测仪，如图 2-18 所示，利用高质量光学成像系统自动计算喷丸覆盖率值，建立了喷丸覆盖率值和特征数值（像素值）之间的图谱关系，但是阈值分割时采用全局阈值法，且需要人工输入阈值，并且由于存在光照等条件的影响，图像的灰度呈现不均匀分布，容易出现错误分割的情形。

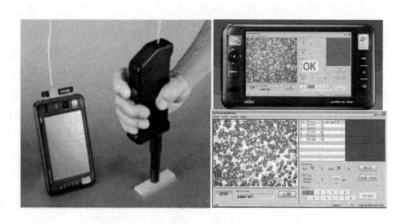

图 2-18　手持式数显喷丸覆盖率检测仪

　　作者研究团队通过总结常规喷丸覆盖率检测方法以及基于机器视觉的智能检测方法，采用基于机器视觉图像处理的喷丸覆盖率检测技术解决了常规喷丸覆盖率检测方法存在的诸多不足，并改善了机器视觉检测法对图像灰度分布不均匀以及加工条纹等噪声导致的错误分割问题。基于机器视觉的图像处理方法可以为自动表面喷丸覆盖率测量带来许多优势，但是在对喷丸区域进行分割时会面临几个挑战。首先，机器视觉捕获的喷丸覆盖率图片通常在背景中有加工条纹，会给图像添加噪声；此外，对于较大的喷丸丸粒，在图像采集中显示出与背景强度相似的明亮中心。最后，喷丸材料和喷丸覆盖率水平的变化也会为检测带来困难。因此，需要开发出一种对光照变化、加工条纹和丸粒尺寸变化具有鲁棒性，并且能够提供准确的喷丸覆盖率检测结果的实时通用图像分割算法。本书通过对基于机器视觉图像处理的喷丸覆盖率检测算法进行改进，较好地解决了加工条纹等噪声以及图像灰度分布不均匀等导致的错误分割问题。

　　基于机器视觉的检测系统，主要包括光学成像系统、摄像机、图像采集与数字化、图像处理与分析等单元，图 2-19 为典型机器视觉系统[40]。首先采用 CCD 照相机将待检测的目标转换成图像信号，然后传递给图像处理系统，根据像素分布和亮度、颜色等信息，将图像信号转变成数字信号，并通过各种运算来抽取目标的特征，如面积、数量、位置、长度等，再根据预设的允许度和其他条件输出结果，实现自动识别功能[39]。

　　在机器视觉系统中，摄像机用来获取图像的数据信息，但是由于周围环境中存在光源等各种影响因素，获取的图像数据信息中的目标特征被大量的噪声所干扰，无法对图像直接进行分析，因此需要对获取的原始信息进行处理[41]。视觉信息的处理（即图像处理）是机器视觉系统的核心技术，主要包括图像编码与压缩、图像增强、图像分割、特征提取、图像识别与理解等多项技术,既增强了图像的视觉效果,又有利于计算机对图像进行分析、处理和识别。

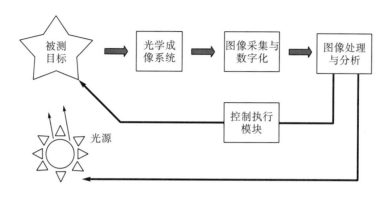

图 2-19 典型机器视觉系统[40]

基于空间域的图像增强法直接对图像灰度级进行运算,包括灰度级校正、灰度变换和直方图修正等点运算算法以及均值滤波、中值滤波、高通滤波、统计差值法等邻域增强算法。图像增强可以调整图像的对比度,突出图像的重要细节,改善视觉效果;去除因成像设备和环境所致的噪声;加强图像中的轮廓边缘与细节等。其中,对比度受限的自适应直方图均衡化方法通过将图像划分成大小相同的连续子块,计算每个子块的灰度直方图;通过设定的阈值对直方图进行裁剪,超出阈值的像素进行重新分配[42];再对每个子块进行直方图均衡化,最后对每个像素通过插值运算得到变换后的灰度值。中值滤波是基于排序统计理论的一种有效抑制噪声的非线性平滑滤波。中值滤波将以某个像素为中心点的窗口区域内的像素灰度值进行排序,取其中间值作为输出灰度值[43],像素灰度值的计算如下:

$$g(x,y) = \mathrm{median}\{f(x-k,y-l)\}, \quad k、l \in W \tag{2-8}$$

式中, $f(x, y)$ 、 $g(x, y)$ 分别为原始图像和输出图像; W 为平面窗口尺寸; k 为窗口水平尺寸; l 为窗口垂直尺寸。

图像分割旨在根据图像的灰度、彩色、空间纹理、几何形状等特征把图像划分成若干个区域,使得这些特征在同一区域内表现出一致性或相似性,而在不同区域间表现出明显的不同,即将目标区域从背景区域中分离出来。图像分割主要包括阈值分割、区域分割、边缘检测等,由于弹丸区域和背景区域的灰度值具有明显区别,可以基于图像的灰度特征来计算出灰度阈值,并将图像中每个像素的灰度值与阈值进行比较,实现弹丸与背景的分割。自适应阈值法根据图像区域的不同亮度、对比度、纹理分布特征,计算相对应的局部二值化阈值。

通过如图 2-20 所示的图像采集、灰度化处理、噪声消除、灰度增强、区域分割、二值化处理、删除小面积区域、填充弹丸凹痕区域、消除弹丸凹痕之间伪连接和统计像素信息等操作步骤,实现零件表面喷丸覆盖率的自动测量。

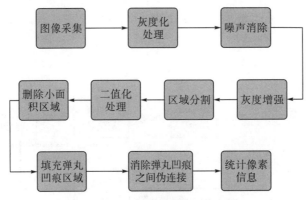

图 2-20　喷丸覆盖率检测流程图

　　采用基于机器视觉图像处理的喷丸覆盖率检测的操作流程如图 2-21 所示。首先，通过机器视觉系统采集如图 2-21(a)所示的喷丸覆盖率原图，并导入 MATLAB 中进行后续图像处理；为减小后续图像处理过程中的计算量，采用灰度化处理去除原图中的大量冗余信息，灰度化处理结果如图 2-21(b)所示。然后，采用中值滤波去除喷丸图片采集过程、图像数字化过程中引入的噪声点。图 2-21(c)为滤波处理后消除孤立的噪声点并保留图像边缘的结果图。进一步对图像进行对比度受限的自适应直方图均衡化处理以调整图像的对比度，结果如图 2-21(d)所示。预处理完成后，采用局部阈值分割算法对图像进行分割处理，再对分割后的图像进行二值化处理，提取出如图 2-21(e)所示的二值化图，白色像素即为检测出的弹丸凹痕覆盖区域。由于加工条纹等噪声大多呈现出不连续的特征，可以对二值化图像中的小面积区域进行删除，进一步消除加工条纹等噪声对图像的影响，结果如图 2-21(f)所示。由于光照等影响，图像中弹丸凹痕的轮廓不完整，并且图像采集中弹丸显示出与背景强度相似的明亮中心，导致错误分割。采用形态学闭合处理将弹丸凹痕的轮廓进行补全，并填充弹丸凹痕的中心光斑，得到如图 2-21(g)所示的弹丸凹痕填充图像。对弹丸凹痕进行填充处理会导致相邻弹丸凹痕之间存在伪连接，形态学开放图像处理可以断开两个区域之间的狭窄连接，消除细毛刺，并使图像的轮廓变得光滑，结果如图 2-21(h)所示。

　　最后，对提取出的目标区域的像素信息以及程序运行历时时间进行统计，检测结果如图 2-21(i)所示，喷丸覆盖率计算公式为

$$C = P / S \tag{2-9}$$

式中，S 为图像总像素数量；P 为覆盖图像中代表弹丸凹痕覆盖区域的白色像素数量；C 为白色像素数量 M 所占图像总像素数量 S 的比值，即喷丸覆盖率的计算值。

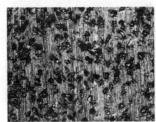
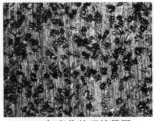
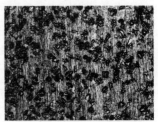

(a)喷丸覆盖率原图　　　　　　　(b)灰度化处理效果图　　　　　　　(c)滤波处理效果图

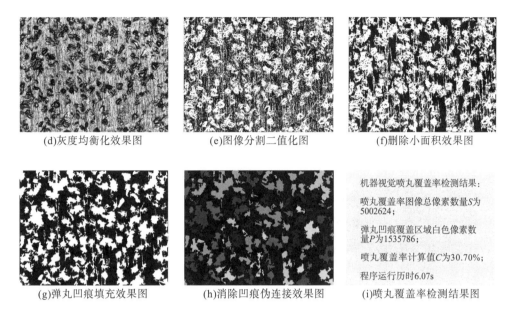

(d)灰度均衡化效果图　　　　　　(e)图像分割二值化图　　　　　　(f)删除小面积效果图

机器视觉喷丸覆盖率检测结果：

喷丸覆盖率图像总像素数量S为5002624；

弹丸凹痕覆盖区域白色像素数量P为1535786；

喷丸覆盖率计算值C为30.70%；

程序运行历时6.07s

(g)弹丸凹痕填充效果图　　　　　(h)消除凹痕伪连接效果图　　　　(i)喷丸覆盖率检测结果图

图 2-21　喷丸覆盖率检测流程图

作者研究团队采用基于机器视觉图像处理的喷丸覆盖率检测方法较好地改进了加工条纹等噪声以及图像的灰度分布不均匀等导致的错误分割问题，通过中值滤波、自适应直方图均衡化灰度增强等预处理，局部阈值分割、形态学开放与闭合等后处理，较好地分割出了弹坑所在的目标区域。此算法对于其他覆盖率水平以及其他弹丸类型同样适用，并且检测效率高，用时仅 6.07s，与其他计算机辅助制造设备兼容性好，可以为实现自动化喷丸控制循环中检测反馈环节提供支撑。对喷丸后的 SAE 1070 A 型 Almen 试片进行喷丸覆盖率的检测，首先采用人工目视检测方法进行覆盖率的检测。专业人员通过 10～30 倍的普通放大镜裸眼进行观察，确定 Almen 试片喷丸后的覆盖水平。然后，采用机器视觉图像处理检测方法自动测量 Almen 试片的覆盖率值，再将这两种检测方法得出的喷丸覆盖率值进行对比。

图 2-22 为人工目视检测结果与采用机器视觉检测结果的对比，选取了三组检测结果进行对比分析。图 2-22（a）～（c）分别为人工目视检测喷丸覆盖率为 20%、60%、98%的表面形貌图，图 2-22（d）～（f）分别为采用机器视觉图像处理技术检测出的喷丸覆盖率结果图，图 2-22（g）直接给出了两种检测技术得出的喷丸覆盖率值的对比效果。对比分析发现，当采用机器视觉图像处理技术进行喷丸覆盖率检测时，其检测结果与弹丸的表面形貌基本能很好地得到对应，说明检测精度较高。并且机器视觉检测技术保证了多次测量的一致性，由图 2-22（g）可以看出机器视觉检测结果与人工目视检测结果的覆盖率值相近，两者测量误差控制在 4%以内，说明机器视觉图像处理技术检测覆盖率可以较好地取代人工目视检测技术，既避免了人为主观因素影响，也节约了成本，提高了检测效率。

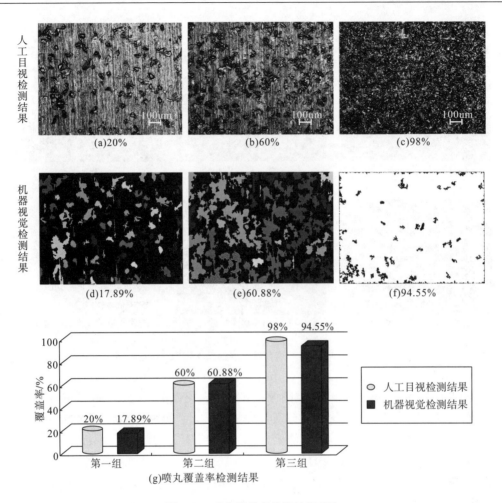

图 2-22 喷丸覆盖率检测结果对比

2.3 表面完整性表征及其测试原理

2.3.1 喷丸表面完整性参数

表面完整性的概念是由美国学者 Field 在 1964 年首次提出的，并在随后不断得到完善，目前将其定义为影响材料性能的表面状态与特性。表面完整性所指的状态和性能可以简单归纳为几何形状、力学特征、物理、化学和材料组织结构等几个方面。其中，几何形状、力学特征和材料组织结构这三个方面对疲劳寿命的影响最大。这三个方面可以通过不同的表征参数来体现。表面几何形状可以通过表面粗糙度与表面形貌来表征，力学特征常常用表面显微硬度与残余应力表示，如图 2-23 所示。

20 世纪 70 年代美国空军研究实验室发布《保证表面完整性加工指南》，使传动齿轮具备高硬度、超精密及低应力集中等特征，使用寿命大幅提高。通过保证高表面完整性质量，齿轮的服役寿命和传动特性显著提高。因此，如何保证齿轮的高表面完整性成为抗疲劳设计制造的一个重要课题[44-47]，国内外许多研究学者做了大量的研究工作。

　　表面形貌会影响润滑接触状态，影响表层及次表层材料组织结构的演化及油膜物理化学性质的转变，有效控制表面形貌可起到改善接触状态、提高接触寿命和可靠性的效果。刘鹤立[48]通过探究表面粗糙度参数均方根值从 0、0.10μm、0.30μm、0.50μm 对齿轮接触疲劳性能的影响，研究发现在光滑表面时应力状态不会超过疲劳极限，任何深度都不会发生疲劳破坏，

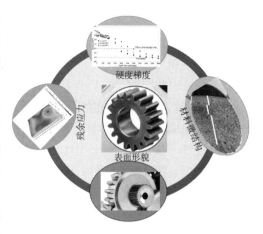

图 2-23　高性能齿轮的表面完整性

而随着表面粗糙度的逐渐增加，其静水应力方向产生剧烈波动，在表面及次表面处更容易发生失效。Everitt 和 Alfredsson[49]结合接触力学和摩擦学研究了单个粗糙峰润滑滚动接触中的疲劳问题，结果表明，即使在不存在滑动情况下粗糙峰依旧会在润滑接触中产生接触疲劳，但是表面粗糙度并不是越小越好，一些特殊的表面特征引起的粗糙度较大反而会使得表面润滑性能更优，从而使得其展现出更佳的传动服役性能。王龙等[50]开展了磨削表面不同角度方向的纹理特征、粗糙度评定参数、摩擦磨损性能的对比分析试验，研究发现其磨削角度在 0°～90°逐渐增加时，其表面粗糙度逐渐减小，但是在流体润滑状态时，摩擦系数随着角度的增加反而减小。由于表面的纹理方向特性，粗糙度大的表面储油性能更好从而诱发更好的耐摩擦性能。因此，需要综合考虑表面形貌特征和粗糙度参数，使得齿轮等传动部件呈现出更加优异的传动性能和抗疲劳特性。

　　抗疲劳设计制造另一个关键参数就是残余应力，残余应力指在没有外力和外力矩作用下而依然存在于物体内部并维持自身平衡的应力，其分为残余压应力和残余拉应力。残余拉应力的存在会使疲劳性能产生负面作用，使得材料容易发生脆性断裂、应力腐蚀等现象，而残余压应力的存在使材料内部存在一定的作用力抑制裂纹的萌生及扩展，从而提高疲劳寿命。Wang 等[51]建立包含残余应力的齿轮接触疲劳性能影响的有限元模型，发现当存在残余拉应力且没有残余压应力时，其接触寿命较低，当引入残余压应力后，其接触寿命显著提高。Torres 和 Voorwald[52]通过试验发现喷丸能够提升残余压应力，通过对比喷丸及未喷丸的疲劳寿命发现，残余压应力的存在能够使疲劳裂纹闭合，从而显著提高其运行寿命。Sasahara[53]发现磨削等工艺能够产生残余拉应力，并且随着磨削砂轮半径的增加，其残余拉应力逐渐增加，通过对比不同砂轮半径进行磨削的试件进行拉伸性能试验，发现砂轮半径越大其疲劳寿命越低。北京科技大学 Li 等[54]提出了一种升降法和成组法的齿轮接触疲劳试验方法，研究喷丸对 20CrMnMo 渗碳硬化齿轮接触疲劳性能的影响，结果表明，当置信度为 95%、可靠度为 99%时，喷丸和未喷丸齿轮接触疲劳强度极限分别为 1810MPa 和 1580MPa，喷丸通过提升齿轮的残余压应力，从而使得其接触疲劳强度达 14.56%。因此，在工程实际中如何提高残余压应力，抑制残余拉应力成为抗疲劳设计中的一个重要研究方向。

　　硬化层厚度及硬度梯度特征对齿轮接触疲劳寿命、弯曲疲劳寿命及失效模式有显著影响，硬化层设计不好直接导致齿轮寿命和可靠性不足。点蚀疲劳性能与硬度呈直接关系。朱百智等[55]研究了使用 2 个月后出现的 20CrMnMo 齿轮剥落现象，从原材料质量状况、渗碳淬火过程和组织形态特点等方面分析了剥落原因，研究发现其剥落的根本原因是其表面显微硬度不足。不只是需要关注表面显微硬度，对于齿轮、轴承等接触表面下方的硬度梯度也成为极其重要的影响因素。对于一个次表层失效，是由于硬度梯度的降低比赫兹剪应力梯度的降低更加陡峭。因此，最大赫兹剪应力区域下方的强度/应力比值反而更小，使得更深处先发生失效。Liu 等[56]提出了一个数值模型来研究硬化层对渗碳齿轮接触疲劳行为的影响，通过使用材料暴露的概念来衡量硬度梯度对接触疲劳失效的风险。结果表明，应该考虑次表层的接触疲劳和表层-次表层过渡区的接触疲劳，以评估点蚀和齿根折断的风险。因此，对于硬度梯度的考虑显得尤为重要。此外，Genel 和 Demirkol[57]通过对直径 10mm 的拉伸试棒试件进行一系列旋转弯曲疲劳试验，研究了渗碳层深度在 0.73～1.10mm 的 AISI 8620 疲劳性能试验，研究发现渗碳层深度越深其疲劳极限和疲劳寿命越高，表明了硬度梯度对抗疲劳设计制造显得同样重要。

　　齿轮、轴承、曲轴等传动部件是典型的多晶聚集体材料，其内部晶粒几何拓扑随机性、夹杂物、晶体取向不同导致的应力应变响应各向异性、残余奥氏体含量的占比、晶粒大小等均会对齿轮等疲劳行为产生显著影响。Wang 等[58]通过试验和解析法研究了六种高强度低合金钢的高周疲劳中夹杂物对裂纹萌生和扩展的影响，疲劳试验采用 20kHz 高频超声波加载。研究发现，当循环次数大于 10^7 次循环后次表面的夹杂处成为疲劳萌生的常见位置，伴随着裂纹从表面到次表面萌生，可观察到 S-N 曲线斜率的显著变化。Dong 等[59]研究了残余奥氏体含量对接触疲劳性能的影响，通过进行 2.8GPa 及 3.0GPa 接触压力下的 18Cr2Ni4W 接触试验，采用不同热处理工艺生成 7%～50%等不同残余奥氏体含量水平，发现有高残余奥氏体含量的样本滚滑疲劳性能更好。测试后在微结构中发现应变诱发马氏体，同时表明残余压应力和硬度都增加，推测残余奥氏体转变带来的残余压应力和硬度的增加导致了抗接触疲劳性能的提高。Carlson 等[60]也发现残余奥氏体的含量提高增加了抗点蚀能力。然而，残余奥氏体含量并不是越高越好，在一些情况下残余奥氏体对接触疲劳性能可能有害，如在尺寸稳定性比较重要时。如果零件运行过程中残余奥氏体发生相变，相变到应变诱导马氏体导致体积扩胀，从而引起畸变，变形进一步引起高应力、高振动和噪声。由于残余奥氏体较软，抗磨损性能较差，过高的残余奥氏体不仅对磨损性能不利，还影响疲劳性能。金属的微结构(晶粒尺寸、晶粒取向、第二相、晶界等)根本上决定了其疲劳性能的优劣，要综合考虑其微结构的影响。

2.3.2　试验表征体系及原理

　　喷丸主要影响的是力学特征和材料组织结构方面的特性，喷丸对于表面完整性主要影响残余应力、表面形貌、显微硬度、金相组织及晶粒度等参数，其具体表征方式如下所述，流程示意图如图 2-24 所示。

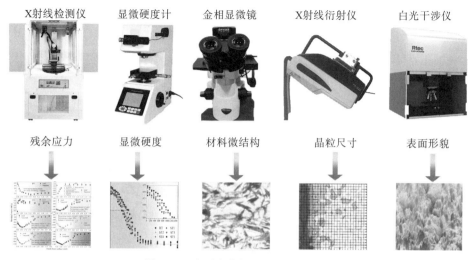

图 2-24　表面完整性参数表征流程图

1. 残余应力测量

几乎所有热处理、表面强化与机加工操作都会引起或改变材料内的残余应力分布，其主要机理是通过力学、热或结构效应造成如塑性变形、热扩散不匹配、相变等现象。尽管很多渗碳件都具备相似的硬度曲线，但也可能拥有不同的微结构和残余应力分布，因此性能也有显著差异，评价齿轮热处理性能不能仅通过硬度的提高来评价，还应综合考虑残余应力分布情况。残余应力是一种内应力，内应力是指当产生应力的各种因素不复存在时（如外加载荷去除、加工完成、温度已均匀、相变过程终止等），由于形变、体积变化不均匀而存留在构件内部并自身保持平衡的应力。目前公认的内应力分类方法将残余应力分为如下三类：

第一类内应力(σ_I)，是指在物体宏观体积内存在并平衡的内应力，此类应力的释放会使物体的宏观体积或形状发生变化。第一类内应力又称宏观应力或残余应力。宏观应力的衍射效应是使衍射线位移。

第二类内应力(σ_{II})，是指在数个晶粒的范围内存在并平衡的内应力，其衍射效应主要是引起线形的变化。在某些情况下，如在经受变形的双相合金中，各相处于不同的应力状态时，这种在晶粒间平衡的内应力同时引起衍射线位移。

第三类内应力(σ_{III})，是指在若干原子范围内存在并平衡的应力，如各种晶体缺陷(空位、间隙原子、位错等)周围的应力场，此类应力的存在使衍射强度降低。通常把第二类和第三类应力称为微观应力。

宏观应力在物体中较大范围内均匀分布，产生的均匀应变表现为该范围内方位相同的衍射峰晶格参数变化相同，从而导致衍射线向某方向位移(2θ 角的变化)，这就是 X 射线测量宏观应力的基础。微观应力在各晶粒间甚至一个晶粒内各部分间彼此不同，产生的不均匀应变表现为某些区域晶面间距增大、某些区域晶面间距则减小，结果使衍射线不像宏观应力所影响的那样单一地向某方向位移，而是向不同方向位移，其总体效应是使其衍射线漫散宽化，这是 X 射线测量微观应力的基础。超微观应力在应变区内使原子偏离平衡位置(产生点阵畸变)的影响，导致衍射线强度减弱，故可通过 X 射线强度的变化测定超微观应力[61]。

宏观残余应力与构件的疲劳强度、抗应力腐蚀能力和尺寸稳定性等密切相关。例如，焊接引起的残余应力能使构件变形，在特殊介质中工作构件表面张应力会造成应力腐蚀，热处理或磨削产生的残余应力往往是量具尺寸稳定性下降的原因，这些残余应力都是要尽量避免和设法消除的。而某些情况下残余应力是有利的，例如，承受往复载荷的曲轴在轴颈表面有适当的压应力可提高其疲劳寿命。因此，测定残余应力对控制各类加工工业、检查表面强化或消除应力的工艺效果以及进行失效分析等有重要意义。

作为表面完整性的重要组成要素，不当的残余应力会使工件产生严重的变形，显著影响齿轮的疲劳寿命等服役性能。残余应力产生的原因可分为外部作用的外在原因和来源于物体内部组织结构不均匀的内在原因。残余应力的存在，一方面工件会降低强度使工件在制造时产生变形和开裂等工艺缺陷；另一方面又会在制造后的自然释放过程中使工件的尺寸发生变化或者使其疲劳强度、应力腐蚀等力学性能降低。因此，残余应力的测量对确保工件的安全性和可靠性有着非常重要的意义。

目前传统残余应力的测量方法主要分为以下两大类[62]，如图 2-25 所示。

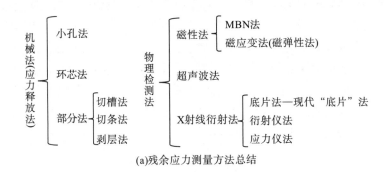

(a)残余应力测量方法总结

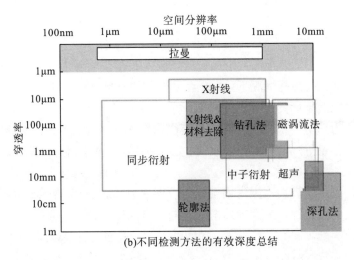

(b)不同检测方法的有效深度总结

图 2-25 残余应力测量方法及不同残余应力测量方法的有效深度总结[62]

1)机械法

机械法测量残余应力需释放应力,这就需要对工件局部进行分离或者分割,从而会对工件造成一定的损伤或者破坏。常见的机械测量方法有小孔法、环芯法、切槽法、剥层法、钻孔法等。但机械法理论完善、技术成熟,目前在现场测试中广泛应用,其中以浅盲孔法的破坏性最小。

小孔法,其核心机理是通过在零件表面钻孔的形式减小表面压力,同时利用事先布置的三向应变片测量钻孔前后的应变数值,结合应力减小前后的应变量通过应力学方程求解相应的主应力及其方向。按照是否有通孔,可将小孔法归为通孔法和盲孔法两类。小孔法对工件的破坏性较小,所使用的设备价格便宜,其最大缺点是小孔法属于有损检测,操作过程比较复杂,检测速度慢,不适合对在役设备进行检测。

环芯法,其机理类似于小孔法,即在测量零件上布置应变花,其四周铣出一定直径的浅环槽,切割掉环芯区域,释放环芯位置的残留应力,最后利用应变花测量的结果与对应的应力运算方程,便能够求得零件测量点的主应力及方向,采用的求解方程与小孔法一样。环芯法是一种有损测量手段,相对于小孔法,具有更强的伤害性,然而其应变释放率较大,同时能够获得特定浅层残留应力的分布情况,测试的误差更低[62]。

概括而言,机械法即为去除或分离零件中存在残留应力的部分,从而释放应力,然后测量零件应变量,通过系列计算并在计算中加入各种修正,得到残余应力值的精度较高,但机械法都会对工件造成损伤,属于有损检测,不适合对在役设备进行检测[62]。

2)物理检测法

物理检测法均属无损检测法,对工件不会造成破坏,主要有磁性法、超声波法和 X 射线衍射法。

(1)磁性法

磁声发射法主要利用了铁磁性原料磁畴磁矩的各向异性,受到外界磁场的影响,磁畴会突然移动且磁化矢量将转动,进而导致不同磁畴内磁致伸缩量不同而发生运动,磁声发射(magnetic acoustic emission,MAE)现象脉冲信号由此产生。材料所处的磁场与应力场直接影响 MAE 信号,因此能够结合 MAE 强度的转变,估计零件的受力分布。相对于常见的无损测量手段,磁声发射法的优势主要为测量深度区间广、灵敏度佳且能够做到动态无损测量,然而现阶段有关磁声发射法的分析与探讨并不多见,存在着诸多有待全面分析与探究的未知现象。

磁应变法,其主要利用铁磁性材料的磁致伸缩效应,应力改变将导致材料出现伸缩,由此改变磁路内的磁通,进而改变感应器线圈中的感应电流,利用它们之间的对应关系,可以测量应力的变化。检测时将工件放置在特定的磁电动势内,磁通量将随着磁路内磁阻的转变而转变,利用设备内置的传感器线圈,改变电动势,这样在应力应变与电量之间建立关系,通过测量电流、电压等电量参数,计算出应力分布。此种方法最为突出的优势是便于现场作业、测试效率高、非接触测量,同时也存在着测试数值的干扰因素复杂、测量的可信度与精确度偏低、难以标定等不足,对不同材质需要重新标定,而且只适用于测量铁磁材质。磁应变法大多需将零件放置在激励磁场内，势必会出现仪器外形庞大、磁化均匀性差、能耗高、剩磁以及磁污染等缺点。

巴克豪森噪声法，通常铁磁性材料在应力作用下表现出磁各向异性，受到外部磁场的影响，材料内的磁畴将出现偏转，磁畴壁的运动必须攻克材料内的多个势能垒，它的运动特征是间断、不可逆和跳跃的，磁畴相互间会由于摩擦与挤压而形成机械振动，即出现噪声，铁磁材质的磁致伸缩效应则在材料内形成应力波，上述过程即为巴克豪森效应，相应的噪声即为磁巴克豪森噪声(magnetic Barkhausen noise，MBN)。铁磁材质的应力分布与大小将直接决定 MBN 的强度。巴克豪森噪声法属于无损检测，具备高精度、高检速的特点。

磁性法主要针对大型工件，而且只对铁磁性材料有效，部分电磁学方面的机理学术界尚未达成统一的认识，对不同材料检测结果波动大，检测结果的准确性和重复性有待提高，且每次测试都需要先进行标定，有些方法还必须准备与被测件相同的标准试件。

(2)超声波法

超声波法，也是一种无损方法，应用最多的是声速测量法和频谱分析法。声速测量法的理论基础是声弹性理论，声速与应力存在对应关系。测量无应力和有应力作用时物体内超声波波速的变化，就可以计算出应力值。频谱分析法测试机理为在应力各向异性的作用下，入射横波将转变为频率相同但传播速率不同的两束波，由此形成干涉效应，利用回波功率便能够获得应力的大小。因为超声波声弹效应属于一种弱效应，应力对声速的影响甚微，为了测量此种影响，对测试方式与设备的精度和灵敏度提出了十分严格的要求。同时，超声波在固体内的应力、温度将直接影响其在固体内的声速，而温度的作用大多反映为密度、弹性系数、热膨胀系数等因素的转变，声速受温度的影响程度与受应力的影响程度相当。应对措施为通过微机平台确定波速和温度以及应力三者的相互联系。现阶段，超声测试残留应力主要应用于铁轨车轮、螺栓紧固、焊接残留应力的应力测试。

(3)X 射线衍射法

X 射线衍射法，利用 X 射线衍射手段能够测量晶格应变，基于弹性力学理论能够获得宏观应变，因此由晶格应变便能够推断宏观应变。$\sin^2\psi$ 法，X 射线应力测量 $\sin^2\psi$ 法的目的就是选择多组 ψ 角(即衍射晶面法线和样品表面法线两者的夹角，又名衍射晶面方位角)，获得其相应的衍射角 2θ。测角仪便是实现上述功能的工具，也是 X 射线应力测量的执行元件。$\cos\alpha$ 法，又称为二维面探法，其仅需在特定的角度(ψ_0 角)测量一次，搜集某一面的衍射角转变，便可以获得待测样本的应力大小。X 射线衍射法的优点包括非接触、非破坏、检测近表面以及可重复检测。

X 射线衍射法除了是无损方法，还具有快速、准确可靠和能测量小区域应力的优点，又能区分和测出三种不同类别的应力，因而受到普遍的重视。X 射线测定应力具有非破坏性、无损检测、可测小范围局部应力(取决于入射 X 射线束直径)、可测表层应力、可区别应力类型等优点。但 X 射线测定应力精确度受组织结构的影响较大，X 射线也难以测定动态瞬时应力。由于目前 X 射线对于残余应力的检测最为方便，下面将着重介绍 X 射线残余应力检测方法和设备。

(a)$\cos\alpha$ 法残余应力检测设备

$\cos\alpha$ 法又称为二维面探法，仅需在特定的角度(ψ_0 角)测量一次，搜集某一面的衍射角转变，便可以获得待测样本的应力大小。$\cos\alpha$ 法是在英国物理学家布拉格父子提出布拉格方程后，许多研究人员发现可以将金属内部晶体的空间点阵看成间距相等且互相平行的晶面点阵。当具有无规则晶体取向且晶粒较细的多晶材料受到波长为 λ 的 X 射线照射时，入射线、反射线和平面在同一个平面内，如图 2-26 所示。$\cos\alpha$ 选择一个二维表面检测设备，该设备仅需在特定角度（ψ_0 角）进行一次测量，并收集某个表面的衍射角跃迁即可获得待测样品的应力。由二维表面检测器获得的完整德拜环，如图 2-26（d）所示。X 射线的光路如式（2-11）～式（2-13）所示，其中 ψ_0 是衍射平面的入射角，η 是衍射平面的反射角，α 为图 2-26（d）中显示的德拜环。德拜环上的应变 ε_α 可以用残余应力表示，即

$$\varepsilon_\alpha = \frac{\sigma}{E}\left[n_1^2 - v\left(n_2^2 + n_3^2\right)\right] + \frac{v}{E}\left[n_1^2 - v\left(n_2^2 + n_3^2\right)\right] + \frac{2(1+v)}{E}\tau n_1 n_2 \tag{2-10}$$

式中，n_1、n_2、n_3 的表达式如式（2-11）～式（2-13）所示。

$$n_1 = \cos\eta\sin\psi_0\sin\phi_0 - \sin\eta\cos\psi_0\cos\phi_0\cos\alpha + \sin\eta\sin\phi_0\sin\alpha \tag{2-11}$$

$$n_2 = \cos\eta\sin\psi_0\sin\phi_0 - \sin\eta\cos\psi_0\sin\phi_0\cos\alpha + \sin\eta\sin\phi_0\sin\alpha \tag{2-12}$$

$$n_3 = \cos\eta\cos\psi_0 + \sin\eta\sin\phi_0\cos\alpha \tag{2-13}$$

定义 a_1 为中间变量，其表达式为

$$a_1 = \frac{1}{2}\left[(\varepsilon\alpha) - (\varepsilon\pi - \alpha) + (\varepsilon - \alpha) - (\varepsilon\pi - \alpha)\right] \tag{2-14}$$

其中对 a_1 求 $\cos\alpha$ 的偏导，如式（2-15）所示：

$$\frac{\partial a_1}{\partial\cos\alpha} = -\frac{1+v}{E}\sigma\sin 2\psi_0\sin 2\eta \tag{2-15}$$

通过德拜环上的应变 ε_α，可以通过式（2-16）计算残余应力，即

$$\frac{\partial a_1}{\partial\cos\alpha}\sigma = -\frac{1+v}{E}\times\frac{1}{\sin 2\psi_0}\times\frac{1}{\sin 2\eta}\times\frac{\partial a_1}{\partial\cos\alpha} \tag{2-16}$$

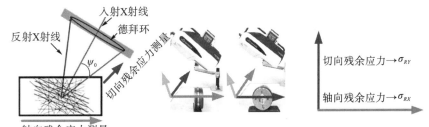

(a)μ-360S残余应力工作原理图　　　(b)试件摆放方向　　　(c)残余应力方向

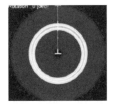

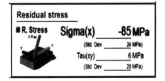

(d)完整德拜环　　　(e)X射线入射方向在　　　(f)残余应力计算结果
　　　　　　　　　　德拜环中的改变

图 2-26　残余应力测量原理

(b) $\sin^2\psi$ 法残余应力检测设备

同步辐射 X 射线源是 20 世纪 80 年代开始投入使用的，在应力测定方面的应用几乎到 20 世纪 90 年代才开始；中子衍射直到 20 世纪 80 年代才在应力测定方面得到应用。应力(应变)测量的试验方法的发展大致分为三个阶段：最早的照相法(即 0°和 45°的针孔平板照相)、普通衍射仪(现在的同倾法)和专用应力测定仪及几种方法的综合应用。同倾法残余应力测量如图 2-27 所示。

X 射线同倾法主要具备以下优点：

①扫描平面与 ψ 角转动平面垂直，在各个 ψ 角衍射线经过的试件路程近乎相等，因此不必考虑吸收因子的影响；

②由于 ψ 角与 2θ 扫描角互不限制，可以增大这两个角度的应用范围；

③衍射几何对称性好，有效减小散焦的影响，改善衍射谱线的对称性。

$\sin^2\psi$ 法指的是当某束 X 射线的强度为 I_0、掠射角为 θ 时，入射至某一不存在应力的晶体表面，当晶格间距 d 与射线波长 λ 满足公式 $2d\sin\theta=n\lambda$ 时，就会产生衍射现象，这就是著名的布拉格定律，测量衍射角度 2θ，就能够得出衍射晶面距离。假设待测样本为晶粒度偏小、不存在织构的多晶体，在某一 X 射线入射区间内，应存在充足的晶粒，且选择的 HKL 晶面法线在空间内呈现出连续均匀的状态。根据倾角值分别明确晶面法线 ON_0，ON_1，…，ON_4，利用衍射便能够依次测量与该组法线相对应的晶面距离 d_0，d_1，…，d_4。

显而易见，如果在测试误差水平下，此类晶面距离一致，则推断出材料内不存在应力；如果 d_0，d_1，…，d_4 递增，则推断出具有拉应力；反之，如果逐渐减少，则推断具有压应力。保持衍射晶面法线和样品表面法线两者的夹角 ψ 固定，与法线 ON_0，ON_1，…，ON_4 相对应的衍射晶面方位角依次为 ψ_0，ψ_1，…，ψ_4。由此能够看出，在晶面方位角不断增加的过程中，晶面距离将随之不断增加或减小，推测零件表面具有拉应力或压应力，而增减的速度便体现了应力的强弱。按照布拉格定律与弹性学说，便能够获得 $\sin^2\psi$ 法的应力计算方程，即

$$\sigma = K \times M \tag{2-17}$$

$$M = \frac{\delta 2\theta}{\delta \sin^2\psi} \tag{2-18}$$

式中，M、σ、K、2θ 依次表征 2θ 对 $\sin^2\psi$ 的转变斜率，如图 2-28 所示。

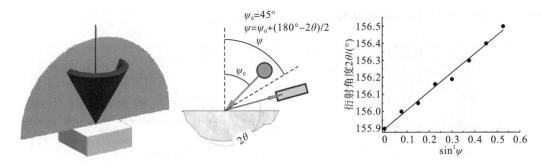

图 2-27　同倾法残余应力测量　　　　　　　图 2-28　2θ 对 $\sin^2\psi$ 的转变斜率

(c)残余应力梯度测量

残余应力梯度的测量借助 Proto-8818 电解抛光机对检测部位进行电化学腐蚀,电压为 60V,电流为 1.6A,电解液为饱和氯化钠溶液。使用数显千分尺对电解腐蚀深度进行测量,如图 2-29 所示。首先使用千分尺对初始深度进行测量,经不同的时间腐蚀后,进行相应的深度测量,最后前后对比,进行影响的腐蚀深度统计。

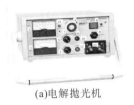
(a)电解抛光机

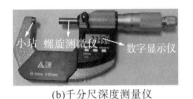
(b)千分尺深度测量仪

(c)初始深度测量仪

(d)电解腐蚀

(e)腐蚀后表面

(f)腐蚀后表面深度测量

图 2-29　残余应力梯度测量

2. 表面形貌和粗糙度检测

表面粗糙度是指工件表面所具有的较小间距和峰谷组成的不平度微观几何形状的尺寸特性,是用来评价工件表面制造质量的重要指标[63]。表面粗糙度的测量方法可分为接触式测量和非接触式测量[64]。接触式测量方法主要基于触针描绘,一般主要包括目测比较法、印模法和触针法等;非接触式测量方法主要基于光学原理,主要分为光切法、实时全息法、散斑法以及原子力显微镜(atomic force microscope,AFM)等方法。表面粗糙度是影响齿轮、轴承等接触力学状态的一项重要因素,其峰-峰接触会引起表面接触压力的显著提升,产生的应力集中现象会导致接触面的裂纹萌生风险升高,产生诸如点蚀、微点蚀等接触疲劳失效问题。因此,对喷丸前后的表面粗糙度的准确测量表征至关重要。

1)接触式测量方法

(1)目测比较法,是通过人眼直接判断中等以上大小和较粗糙的工件表面粗糙度。这种测量方法常用于生产车间的现场测量环节,是一种简单、方便的常规传统测量方法。实际的测量过程是将待测工件与标有一定粗糙度的标准工件进行对比,以此确定待测工件的表面粗糙度。当表面粗糙度$>1.6\mu m$ 时,可用肉眼直接对比判断;当表面粗糙度在 $0.4\sim1.6\mu m$ 时,可利用放大镜进行对比判断;当表面粗糙度$<0.4\mu m$ 时,需要借助显微镜进行对比判断。

(2)印模法,属于一种间接测量方法。测量时,需要将工件表面的轮廓印模,通常应用于大型零件或工件内表面等不易直接测量的情况。操作方法是利用一些无流动性和弹性的塑料类材料贴合在被测表面,将被测表面的轮廓复制成模,然后测量印模,从而得出被测表面的粗糙度。因为印模表面的峰谷值总是小于实际工件表面的峰谷值，所以需要修正测量结果。它的修正系数与材料有关，应由试验来确定。

(3)触针法，是采用金刚石微米级触针测量被测工件表面粗糙度最常用的接触式测量，常见的测量仪器是电动轮廓仪，利用微米级触针在被测工件的表面缓慢滑动[65]。在滑动过程中，触针会随着工件表面的高低起伏出现上下位移，将这些微小的位移量经过传感器转换成电信号，电信号经放大、滤波和运算后能在电动轮廓仪的显示器上显示实际表面粗糙度的相关参数。有的电动轮廓仪不仅能得出表面粗糙度的数值，还能得出工件表面的轮廓曲线。在接触式测量中，轮廓曲线可以直观反映被测表面的信息，具有较高的准确性和可靠性。然而，接触式测量也有缺点，例如，当触针探头与被测工件表面直接接触时，可能会影响表面精度；若操作不当，也容易损坏探头。因此，接触式测量不适用于大规模长时间测量、高精度工件表面测量、软质表面测量以及快速测量等情况。

2) 非接触式测量方法

光切法，是利用光切割原理测量工件表面粗糙度的方法，常用的仪器是光切显微镜。它的测量原理是将仪器发出的平行或发散激光以一定角度照到被测工件表面，得到的光带与工件表面轮廓相交的曲线影像即为表面的微几何形状。然后，将这些光学信息通过光学传感器和电子电路进行接收、转化以及记录，最后得出工件表面的粗糙度数值。传统的光切显微镜由于用人眼观测轮廓曲线而精确度不高，采用 CCD 摄像头代替人眼，通过一系列数字图像处理后得出的数据更加精准。光切法表面粗糙度测试原理图如图 2-30 所示[66]。与接触式测量方法相比，光切法测量能避免因接触工件表面而出现的损坏问题，且测量速度快、操作便捷。这种方法已经被广泛使用，目前的研究方向是通过改善测量装置和误差算法不断提高表面粗糙度数值的精确度。

实时全息法，是全息干涉技术中的主要方法之一。与传统方法相比，它的优势是能实时展示动态测量结果。不仅能得到测量表面的微小形变，也能实时反映动态产生的微小形变[64]。实时全息法能够测量任意形状和表面粗糙度的三维物体，其关键技术点是动态分析由再现光场和实时光场的相关性形成的干涉条纹。当物体产生动态形变时，原参考光和变化后的物光叠加后会引起原干涉条纹的实时变化，实时全息法表面粗糙度测试原理图如图 2-31 所示[67]。实时全息法具有全场、实时、非接触、条纹对比度好以及测量精度高等特点，因此应用广泛。目前，实时全息法通常会结合闭路电视系统实时显示干涉条纹，配合高速摄像装置记录干涉条纹的变化，配合计算机图像处理系统快速处理图像[67]。

散斑法和光切法不是直接测量粗糙度的方法，而是通过测量干涉光的空间分布和散射强度来推测粗糙度的相关参数。散斑法测量会产生干涉效应。当一束相干光照射到被测表面时，工件表面不同部位的反射光会发生干涉而成强度分布为粒状的散斑，然后对散斑进行统计，从而计算出工件表面的粗糙度数值。因为光照射到工件表面会产生散射现象，所以散斑图案由散斑和散射光带共同组成，它的亮度分布和对比度等均与工件表面的粗糙度有关。

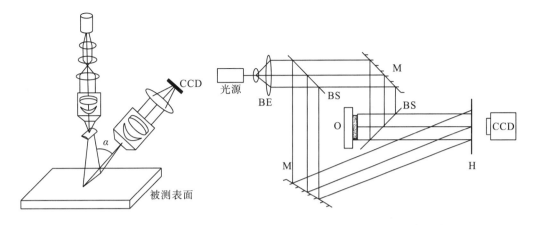

图 2-30　光切法表面粗糙度测试原理图　　图 2-31　实时全息法表面粗糙度测试原理图

BE-透射；BS-反射；M-反射波；O-物镜；H-特体

当测量精度非常高的光滑平面时，测量仪的分辨率要达到纳米级。AFM 具有超高分辨率，能满足微小尺寸的测量要求。它的工作原理是基于原子和原子之间的作用力，当用尖锐的微探针垂直逼近样品表面至纳米级甚至更小时，微探针的原子和元件表面的原子会产生原子力，而微探针与元件表面间距的大小和原子力的大小有一定的曲线关系。AFM 的光电探测器把这种原子力信号转换为电信号，从而通过原子力获得元件表面的微观面貌。AFM 的扫描控制台有 X、Y、Z 这 3 个方向，因此获得的三维信息能在保证分辨率的同时获得更大的扫描范围。

目前光切法广泛用于测量表面粗糙度，典型的用来测量表面粗糙度的测试设备为美国 Rtec 多功能摩擦磨损试验机（MFT-5000），如图 2-32 所示。该磨损试验机中的白光干涉仪模块可以用来测量金属材料表面微观形貌，启动计算机上与试验机配套的软件 MeshStress，建立一个新的文件，调节光源为白光，选取十倍镜；使用调节手柄粗调镜头的高度，直至界

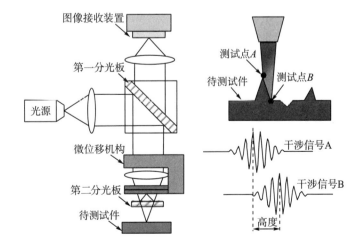

图 2-32　Rtec 白光干涉仪测试原理[20]

面上出现较清晰的图像；使用软件精调镜头高度，当白光条纹出现在图像中点时，设置为零点；向上调节镜头，直至白光条纹刚好从图像上方离开，设置为 top；向下调节镜头，直至白光条纹刚好从图像下方离开，设置为 bottom；单击 run，开始扫描取样区域的表面形貌。

在获得了测量值后，还需要对数据使用 Gwyddion 软件进行后处理。将格式为"bcrf"的文件拖入 Gwyddion 界面的空白处，即打开这个测量试件处的形貌的测量结果，如图 2-33 所示，该表面的三维参数结果如图 2-33 所示，均方根值为 Sq=0.788μm、Sa=0.530μm。

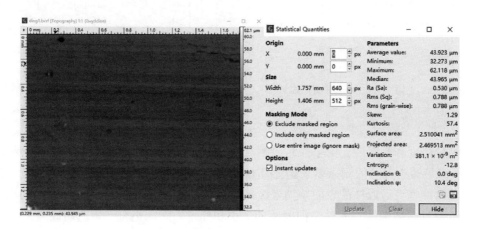

图 2-33   Gwyddion 软件操作界面及相关结果

3. 显微硬度测量

以渗碳、渗氮、感应淬火等为代表的热处理技术会在齿轮近表层引入显著硬度梯度特征，并对齿轮抗疲劳性能有重大影响。在风电、高速铁路、航空等领域的高端装备中该系列热处理技术得到广泛应用。通过表面硬化加强表层和次表层应力集中处的力学性能，有助于提高疲劳强度。而工艺控制不当会形成不利的硬化层分布特征，继而恶化齿轮疲劳性能。因此，需要对齿轮近表层硬度梯度力学参量特征进行准确表征测试。

硬度与强度、伸长率等不同，它不是一个单纯的物理量，而是弹性、塑性、塑性变形强化率、强度和韧性等一系列不同物理量的综合性能指标[68]。硬度测量时对试件的表面要求较高，应注意以下几点：①试件的测试面必须精细制备，一般为光滑平面，不应有氧化皮及外来污物，在试件制备过程中，应尽量避免因受热、冷作硬化对试件表面显微硬度的影响；②测试面粗糙度必须保证压痕对角线能精确测量，Ra 一般应小于 0.2μm；③试件或试验层的厚度至少应为压痕对角线平均长度的 1.5 倍，试验后试件背面不应出现可见变形痕迹。测试面应与支撑面平行，其斜度不应超过 2°；④试件的测试面应为平面，必要时也可测试曲率半径不小于 5mm 的试件，其结果只能与相同曲率半径的结果相比较，但结果加以修正后，仍可与平面时测得的硬度值进行比较。

首先使用电火花线切割机对被测物体进行切割，截取合适的横截面作为观测对象，并对切割好的试件使用不同粒度号的砂纸进行打磨，砂纸粒度号从小到大依次为#180、#200、#400、#600、#800、#1000、#1200、#1500、#2000、#2500。每次打磨控制只朝同一方向，更换砂纸时需更换打磨方向，当前一次摩擦痕迹被拭去时则更换下一张粒度砂纸，全程需要加入清水打磨，防止在试件表面留下明显划痕。打磨好后的试件需在 PG-1A 220V 金相抛光机上进行抛光处理，并使用金刚石喷雾抛光机增加抛光性能，在抛光完成后使用酒精溶液喷洗被抛表面。

对具有硬化层的齿轮硬度检测通常采用显微维氏硬度法，如图 2-34 所示。硬度测量采用的是维氏硬度仪 Qness（Q10A+)，加载力为 0.5kgf(1kgf=9.8N)，加载时间为 10s，为获得具有硬化层齿轮材料沿深度方向的硬度梯度分布，选取深度方向上的多个测点进行测量，每个测点间隔相同，从表面到芯部每隔 100μm 进行一次测量，测量深度为 1mm。为避免试验中存在的测量误差对结果造成影响，每个测点进行了 3 组显微压痕试验，然后取硬度的平均值作为测试结果。显微硬度试验原理：将一个相对夹角为 136° 的正四棱锥体金刚石压头以选定的试验力压入试件表面，使用规定时间进行保持后，卸除试验力，测量压痕两对角线长度。显微硬度值是试验力除以压痕表面积所得的商，如式 (2-19) 所示：

$$HN = \frac{2F\sin 78}{d^2} = 1.8544 \times \frac{F}{d^2} \tag{2-19}$$

式中，HN 为硬度(HV)；F 为试验加载力(kgf)，本试验采用的加载力为 0.5kgf；d 为压痕两对角线的算术平均值(mm)，本次试验采用的加载距离为 50mm。

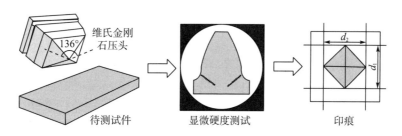

图 2-34 显微硬度测量

4. 金相组织的测试表征

金相试验的意义众所周知，合金的成分、热处理工艺、冷热加工工艺直接影响金属材料的内部组织、结构变化，从而使零件的机械性能发生变化。因此，用金相分析的方法来观察检验金属内部的组织结构是工业生产中的一种重要手段，几乎所有齿轮制造商的理化中心都需具备金相分析的能力。而金相分析所必备的设备之一就是金相显微镜，其成像原理如图 2-35 所示，当被观察物体 AB 置于物镜前焦点略远处时，物体的反射光线穿过物镜经折射后，得到一个放大的实像 A′B′，若 AB 处于目镜焦距之内，则通过目镜观察到的物镜是经目镜再次放大的虚像 A″B″。由于正常人眼观察物体时最适宜的距离是 250mm，在显微镜设计上，应让虚像 A″B″ 正好落在距人眼 250mm 处，使观察到的物体影像最清晰。

金相显微镜商用技术十分成熟，图 2-36 为意大利 IM-3MET 倒置金相显微镜。

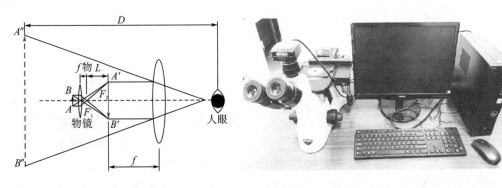

图 2-35　金相显微镜成像原理　　　　图 2-36　意大利 IM-3MET 倒置金相显微镜

在采用金相显微镜对齿轮钢等材料的金相组织进行观察、表征时，首先需要对齿轮钢样品进行取样与制样。金相样品的制备包括样品的取样切割、镶嵌、抛光、侵蚀、清洁等环节，如图 2-37 所示。首先，通过切割技术截取齿轮试件的待观测区域，然后通过树脂热镶嵌方法镶嵌金相试件，镶嵌后的试件高度保持在 10～15mm。然后，将镶嵌好的试件在不同粒度的金相砂纸进行逐步磨光，先在粗砂纸上进行粗磨，磨至磨痕均匀一致，移至细砂纸上进行精磨，研磨时需用水冷却试件，使金属的组织不因受热而发生变化，由粗砂纸更换至细砂纸时试件需旋转 90°，使打磨方向与旧磨痕垂直；经预磨后的试件，首先在抛光机上进行粗抛光(抛光织物为细绒布，抛光液为 W2.5 金刚石抛光膏)，然后进行精抛光(抛光织物为锦丝绒，抛光液为 W1.5 金刚石抛光膏)，抛光到试件上的磨痕完全被去除而表面呈现出镜面(即抛光面光洁平整、无划痕)时为止。试件抛光完成后用大量自来水以及无水乙醇清洗抛光表面，并立即将试件吹干[69]。

5. 晶粒度的测试表征

金属及合金的晶粒大小与金属材料的机械性能、工艺性能及物理性能有密切的关系。细晶粒金属材料的机械性能和工艺性能均较好，冲击韧性和强度较高，在热处理和淬火时不易变形和开裂[70]。粗晶粒金属材料的机械性能和工艺性能则较差，一般用晶粒度来表示晶粒大小的尺度，齿轮钢的晶粒度不仅与齿轮钢渗碳性能、热处理变形有密切关联，也对齿轮的强度性能有重要影响。

对于齿轮钢晶粒度的观测，同样需要进行金相样品的制备，制样过程与金相组织试件的制备相同，不同的是腐蚀液配比。以某兆瓦级风电齿轮为例，观测晶粒度的腐蚀配比为 100mL 热水+4g 苦味酸+少许洗衣粉(十二烷基磺酸钠)，图 2-38(a)为苦味酸腐蚀液配制过程，腐蚀时间为 15～20min，腐蚀至试件表面氧化为如图 2-38(b)所示的灰暗色后，立即用自来水以及无水乙醇冲洗试件表面，吹干后即可进行渗碳齿轮钢晶粒度的观察。

图 2-37　金相样品的典型制备流程[69]

(a)苦味酸腐蚀液　　　(b)腐蚀氧化结果

图 2-38　晶粒度检测

2.4　本 章 小 结

喷丸强化装备是实现齿轮等零件表面强化的前提,本章从喷丸强化装备的详细介绍扩展到喷丸工艺参数及其相关检测设备、表面完整性及其检测设备、操作方法等典型案例,详细介绍了喷丸机中关键部分部位的组成及其原理等。然而,开展齿轮喷丸工艺试验及其性能检测需要大量的理论分析和试验验证,还需进一步通过试验和理论进行推导,相关研究和进展可参考后面章节。

参 考 文 献

[1] 赵一霁. 喷丸式复杂型面强化设备机械手的设计[D]. 成都: 西华大学, 2013.

[2] 林勤杰. 喷丸对齿轮钢表面完整性影响的仿真与试验研究[D]. 重庆: 重庆大学, 2021.

[3] Wu J Z, Liu H J, Wei P T, et al. Effect of shot peening coverage on hardness, residual stress and surface morphology of carburized rollers[J]. Surface and Coatings Technology, 2020, 384: 125273.

[4] Wu J Z, Wei P T, Liu H J, et al. Effect of shot peening intensity on surface integrity of 18CrNiMo7-6 steel[J]. Surface and Coatings Technology, 2021, 421: 127194.

[5] Lin Q J, Wei P T, Liu H J, et al. A CFD-FEM numerical study on shot peening[J]. International Journal of Mechanical Sciences, 2022, 223: 107259.

[6] Guagliano M. Relating Almen intensity to residual stresses induced by shot peening: A numerical approach[J]. Journal of Materials Processing Technology, 2001, 110(3): 277-286.

[7] Voorwald H J C, Silva M P, Costa M Y P, et al. Improvement in the fatigue strength of chromium electroplated AISI 4340 steel by shot peening[J]. Fatigue & Fracture of Engineering Materials & Structures, 2009, 32(2): 97-104.

[8] Inoue A, Yoshii I, Kimura H, et al. Enhanced shot peening effect for steels by using Fe-based glassy alloy shots[J]. Materials Transactions, 2003, 44(11): 2391-2395.

[9] Harada Y, Tsuchida N, Fukaura K. Joining and shaping fit of dissimilar materials by shot peening[J]. Journal of Materials Processing Technology, 2006, 177(1-3): 356-359.

[10] Cammett J. Shot peening coverage the real deal[J]. The Shot Peener, 2007, 21(3): 8, 10, 12, 14.

[11] Lin Q J, Liu H J, Zhu C C, et al. Investigation on the effect of shot peening coverage on the surface integrity[J]. Applied Surface Science, 2019, 489: 66-72.

[12] Maleki E, Unal O, Amanov A. Novel experimental methods for the determination of the boundaries between conventional, severe and over shot peening processes[J]. Surfaces and Interfaces, 2018, 13: 233-254.

[13] Vielma A T, Llaneza V, Belzunce F J. Shot peening intensity optimization to increase the fatigue life of a quenched and tempered structural steel[J]. Procedia Engineering, 2014, 74: 273-278.

[14] Liu X, Liu J X, Zuo Z X, et al. Effects of shot peening on fretting fatigue crack initiation behavior[J]. Materials, 2019, 12(5): 743.

[15] 华怡, 鲁世红, 高琳, 等. 单丸粒撞击金属靶材的有限元分析[J]. 材料科学与工程学报, 2011, 29(3): 420-424, 432.

[16] Marini M, Fontanari V, Benedetti M. DEM/FEM simulation of the shot peening process on sharp notches[J]. International Journal of Mechanical Sciences, 2021, 204: 106547.

[17] Nordin E, Alfredsson B. Measuring shot peening media velocity by indent size comparison[J]. Journal of Materials Processing Technology, 2016, 235: 143-148.

[18] Teo A, Jin Y C, Ahluwalia K, et al. Sensorization of shot peening for process monitoring: Media flow rate control for surface quality[J]. Procedia CIRP, 2020, 87: 397-402.

[19] George P M, Pillai N, Shah N. Optimization of shot peening parameters using Taguchi technique[J]. Journal of Materials Processing Technology, 2004, 153-154: 925-930.

[20] 吴吉展. 齿轮喷丸工艺参数对表面完整性的影响研究[D]. 重庆: 重庆大学, 2021.

[21] Sherratt F. Velocity measurements on steel shot in an air-blast peening cabinet[J]. WIT Transactions on Engineering Sciences, 1993, 2: 123-134.

[22] Ito T, Kikuchi S, Hirota Y O, et al. Analysis of pneumatic fine particle peening process by using a high-speed-camera[J]. International Journal of Modern Physics B, 2010, 24(15-16): 3047-3052.

[23] Gariépy A, Larose S, Perron C, et al. Shot peening and peen forming finite element modelling-towards a quantitative method[J]. International Journal of Solids and Structures, 2011, 48(20): 2859-2877.

[24] Ohta T, Ma N S. Shot velocity measurement using particle image velocimetry and a numerical analysis of the residual stress in fine particle shot peening[J]. Journal of Manufacturing Processes, 2020, 58: 1138-1149.

[25] Meyer M, Caruso F, Lupoi R. Particle velocity and dispersion of high Stokes number particles by PTV measurements inside a transparent supersonic cold spray nozzle[J]. International Journal of Multiphase Flow, 2018, 106: 296-310.

[26] Kubler R F, Rotinat R, Badreddine J, et al. Experimental analysis of the shot peening particle stream using particle tracking and digital image correlation techniques[J]. Experimental Mechanics, 2020, 60(4): 429-443.

[27] Mohamed A M O, Farhat Z, Warkentin A, et al. Effect of a moving automated shot peening and peening parameters on surface integrity of low carbon steel[J]. Journal of Materials Processing Technology, 2020, 277: 116399.

[28] Cheng Y H, Qiao X, Wang X S, et al. Random forest classifier for zero-shot learning based on relative attribute[J]. IEEE Transactions on Neural Networks and Learning Systems, 2018, 29(5): 1662-1674.

[29] Bui X N, Nguyen H, Le H A, et al. Prediction of blast-induced air over-pressure in open-pit mine: Assessment of different artificial intelligence techniques[J]. Natural Resources Research, 2020, 29(2): 571-591.

[30] Chen W, Li Y, Xue W F, et al. Modeling flood susceptibility using data-driven approaches of naïve bayes tree, alternating decision tree, and random forest methods[J]. Science of the Total Environment, 2020, 701: 134979.

[31] Barker B, Young K, Pouliot S L. Particle velocity sensor for improving shot peening process control[J]. Proceedings of ICSP9, 2005: 385-391.

[32] Teo A, Ahluwalia K, Aramcharoen A. Experimental investigation of shot peening: Correlation of pressure and shot velocity to Almen intensity[J]. The International Journal of Advanced Manufacturing Technology, 2020, 106(11): 4859-4868.

[33] Ohta T, Tsutsumi S, Ma N S. Direct measurement of shot velocity and numerical analysis of residual stress from pneumatic shot peening[J]. Surfaces and Interfaces, 2021, 22: 100827.

[34] 盛湘飞, 李智, 周楠楠, 等. 基于正态分布的喷丸表面覆盖均匀程度与强化效率研究[J]. 表面技术, 2018, 47(5): 227-232.

[35] 汪顺利, 陈羽雨, 万光华, 等. 一种喷丸强化表面覆盖率的检测方法: CN202011049418.3[P]. 2021-01-05.

[36] 杨扬, 车永平, 海侠女, 等. 直齿齿轮类零件的喷丸工艺试验[J]. 金属热处理, 2021, 46(2): 81-86.

[37] Shahid L, Janabi-Sharifi F, Keenan P. A hybrid vision-based surface coverage measurement method for robotic inspection[J]. Robotics and Computer-Integrated Manufacturing, 2019, 57: 138-145.

[38] Shahid L, Janabi-Sharifi F, Keenan P. Image segmentation techniques for real-time coverage measurement in shot peening processes[J]. The International Journal of Advanced Manufacturing Technology, 2017, 91(1): 859-867.

[39] 李定川. 机器视觉原理解析及其应用实例[J]. 智慧工厂, 2017, (8): 73-75.

[40] 陈英. 机器视觉技术的发展现状与应用动态研究[J]. 无线互联科技, 2018, 15(19): 147-148.

[41] 杨静, 杨红平, 张慧, 等. 基于视觉的工业机器人应用系统发展及研究综述[J]. 甘肃科技纵横, 2018, 47(6): 58-63.

[42] 孙冬梅, 陆剑锋, 张善卿. 一种改进 CLAHE 算法在医学试纸条图像增强中的应用[J]. 中国生物医学工程学报, 2016, 35(4): 502-506.

[43] 燕红文, 邓雪峰. 中值滤波在数字图像去噪中的应用[J]. 计算机时代, 2020, (2): 47-49.

[44] Lin Q J, Liu H J, Zhu C C, et al. Effects of different shot peening parameters on residual stress, surface roughness and cell size[J]. Surface and Coatings Technology, 2020, 398: 126054.

[45] Wu J Z, Liu H J, Wei P T, et al. Effect of shot peening coverage on residual stress and surface roughness of 18CrNiMo7-6 steel[J]. International Journal of Mechanical Sciences, 2020, 183: 105785.

[46] Bag A, Lévesque M, Brochu M. Effect of shot peening on short crack propagation in 300M steel[J]. International Journal of Fatigue, 2020, 131: 105346.

[47] Wu J Z, Wei P T, Liu H J, et al. Evaluation of pre-shot peening on improvement of carburizing heat treatment of AISI 9310 gear steel[J]. Journal of Materials Research and Technology, 2022, 18: 2784-2796.

[48] 刘鹤立. 齿轮接触疲劳——磨损失效竞争机制研究[D]. 重庆: 重庆大学, 2019.

[49] Everitt C M, Alfredsson B. Contact fatigue initiation and tensile surface stresses at a point asperity which passes an elastohydrodynamic contact[J]. Tribology International, 2018, 123: 234-255.

[50] 王龙, 田欣利, 唐修检, 等. 成形砂轮磨削齿轮表面形貌特征及摩擦学特性分析[J]. 制造技术与机床, 2019, (1): 49-53.

[51] Wang W, Liu H J, Zhu C C, et al. Effect of the residual stress on contact fatigue of a wind turbine carburized gear with multiaxial fatigue criteria[J]. International Journal of Mechanical Sciences, 2019, 151: 263-273.

[52] Torres M A S, Voorwald H J C. An evaluation of shot peening, residual stress and stress relaxation on the fatigue life of AISI 4340 steel[J]. International Journal of Fatigue, 2002, 24(8): 877-886.

[53] Sasahara H. The effect on fatigue life of residual stress and surface hardness resulting from different cutting conditions of 0.45%C steel[J]. International Journal of Machine Tools and Manufacture, 2005, 45(2): 131-136.

[54] Li W, Liu B S. Experimental investigation on the effect of shot peening on contact fatigue strength for carburized and quenched gears[J]. International Journal of Fatigue, 2018, 106: 103-113.

[55] 朱百智, 石斌, 马红武, 等. 深层渗碳淬火齿轮剥落原因分析[J]. 机械工人(热加工), 2007, (10): 36-38.

[56] Liu H L, Liu H J, Zhu C C, et al. Evaluation of contact fatigue life of a wind turbine gear pair considering residual stress[J]. Journal of Tribology, 2018, 140(4): 041102.

[57] Genel K, Demirkol M. Effect of case depth on fatigue performance of AISI 8620 carburized steel[J]. International Journal of Fatigue, 1999, 21(2): 207-212.

[58] Wang Q Y, Bathias C, Kawagoishi N, et al. Effect of inclusion on subsurface crack initiation and gigacycle fatigue strength[J]. International Journal of Fatigue, 2002, 24(12): 1269-1274.

[59] Dong Z, Wang F X, Cai Q G, et al. Effect of retained austenite on rolling element fatigue and its mechanism[J]. Wear, 1985, 105(3): 223-234.

[60] Carlson D, Pitsko R, Chidester A J, et al. The effect of bearing steel composition and microstructure on debris dented rolling element bearing performance[J]. SAE Technical Papers, 2002, (1): 110-119.

[61] 王仁智. 残余应力测定的基本知识——第五讲 金属材料与零件的表面完整性与疲劳断裂抗力间的关系[J]. 理化检验(物理分册), 2007, 43(10): 535-539.

[62] 王庆光. 残余应力检测技术及其应用[J]. 重型机械科技, 2002, (4): 39-41, 49.

[63] Zhang B Y, Liu H J, Bai H Y, et al. Ratchetting-multiaxial fatigue damage analysis in gear rolling contact considering tooth surface roughness[J]. Wear, 2019, 428-429: 137-146.

[64] 何宝凤, 丁思源, 魏翠娥, 等. 三维表面粗糙度测量方法综述[J]. 光学精密工程, 2019, 27(1): 78-93.

[65] 李伯奎. 触针式三维粗糙度测量仪的开发及应用[J]. 润滑与密封, 2006, 31(4): 140-142.

[66] Häusler G, Heckel W. Light sectioning with large depth and high resolution[J]. Applied Optics, 1988, 27(24): 5165-5169.

[67] 陈竹, 姜宏振, 刘旭, 等. 数字全息术用于光学元件表面缺陷形貌测量[J]. 光学精密工程, 2017, 25(3): 576-583.

[68] 朱瑛, 姚英学, 周亮. 硬度测量技术现状及发展趋势[J]. 机械科学与技术, 2003, 22(S1): 6-7, 188.

[69] Zhou H, Wei P T, Liu H J, et al. Roles of microstructure, inclusion, and surface roughness on rolling contact fatigue of a wind turbine gear[J]. Fatigue & Fracture of Engineering Materials & Structures, 2020, 43(7): 1368-1383.

[70] Wei P T, Zhou H, Liu H J, et al. Investigation of grain refinement mechanism of nickel single crystal during high pressure torsion by crystal plasticity modeling[J]. Materials, 2019, 12(3): 351.

第3章 喷丸工艺参数对齿轮表面完整性的影响

喷丸后的齿轮表面完整性受众多喷丸工艺参数的影响,因此充分认识喷丸工艺参数对表面完整性的作用是正确制定喷丸工艺、降低工艺成本和提升喷丸强化效果的前提条件。如第2章所述,喷丸强度和喷丸覆盖率分别代表了弹丸冲击表面的力度和喷丸均匀程度,二者是工程上最常用的喷丸工艺参数,亦是大多数冲击强化工艺的共同参数指标。因此,本章先对喷丸强度和喷丸覆盖率对表面完整性的影响进行概述,而后以常规喷丸、微粒喷丸以及二次喷丸工艺为例,介绍不同喷丸工艺类型对齿轮钢表面完整性的影响,以期使读者对喷丸工艺参数的作用建立初步认识,并为齿轮喷丸工艺的选择提供基础数据支撑与理论指导。

3.1 喷丸覆盖率和喷丸强度影响

3.1.1 残余应力

喷丸强化引入的残余压应力层是金属材料疲劳强度提升的主要原因,其机理是残余压应力能抵消外施正拉应力[1,2],迫使疲劳裂纹闭合,抑制裂纹扩展[3,4],或使裂纹源出现在较深的位置[5-7]以延长裂纹扩展到表面所需的时间。喷丸工艺对残余应力的影响是制定喷丸工艺时首先要考虑的问题。Ghasemi 等[8]通过建立有限元模型的方法研究了不同覆盖率的残余应力曲线的变化,结果如图 3-1(a)所示,描述了六种覆盖率下残余应力的分布。结果表明,当覆盖率不超过 100%时,表面残余压应力值和最大残余压应力值均随着覆盖率增大而增加;而当覆盖率从 100%变化到 1000%时,表面残余应力随着覆盖率的增大而减

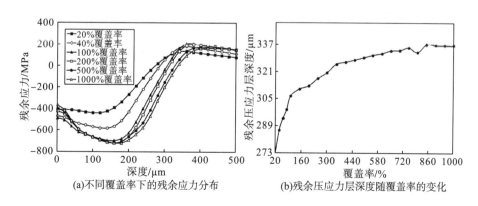

(a)不同覆盖率下的残余应力分布　　(b)残余压应力层深度随覆盖率的变化

图 3-1　喷丸覆盖率对残余应力的影响

小，而最大残余压应力值没有随着覆盖率变化发生明显的改变。从图 3-1(b) 中可以发现，在喷丸的早期阶段，残余压应力层的深度急剧增加，随着覆盖率达到 160% 后，增加率降低，最终在高覆盖率下，残余压应力层达到饱和值。

Lin 等[9]建立了渗碳齿轮钢喷丸强化随机多弹丸模型，讨论了不同喷丸速度条件下喷丸覆盖率对残余应力的影响，结果如图 3-2 所示[9]。可以发现在覆盖率为 100%～300% 时，覆盖率的增加对表面残余应力和残余压应力层深度的影响较小，但是能够逐渐增大次表层最大残余压应力值。还应该注意到，当喷丸速度不同时，覆盖率对残余应力的影响程度是不同的。随着喷丸速度的提升，增大覆盖率能够更显著提升最大残余压应力值，同时改变更大深度范围内的残余应力值。

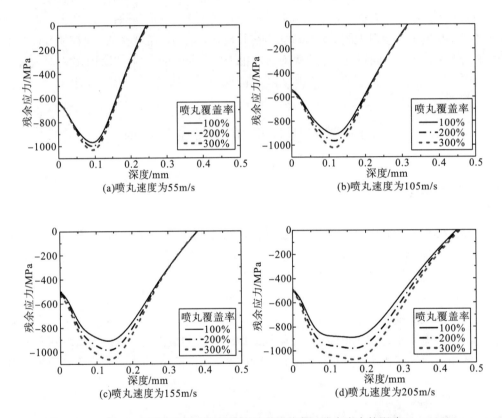

图 3-2 不同喷丸速度条件下喷丸覆盖率对残余应力的影响

此外，Maleki 等[10]通过试验的方法研究了覆盖率对 AISI 1050 中碳钢的影响，试件如图 3-3(a) 所示。采用气动式喷丸机对试件进行喷丸处理，喷丸强度为 0.7mmA，喷丸覆盖率由 100% 变化到 1700%。不同覆盖率条件下残余应力曲线如图 3-3(b) 所示，同样发现了增大喷丸覆盖率能提升最大残余压应力值。表面残余压应力值随覆盖率的变化如图 3-3(c) 所示，可以看出当覆盖率较小时，表面残余压应力值随着喷丸过程的进行快速增大，而后趋于平稳。

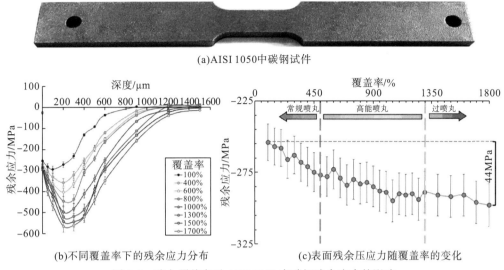

(a)AISI 1050中碳钢试件

(b)不同覆盖率下的残余应力分布　　　　　　(c)表面残余压应力随覆盖率的变化

图 3-3　喷丸覆盖率对 AISI 1050 中碳钢残余应力的影响

    Llaneza 等[6]研究喷丸强度对调质钢残余应力的影响，结果如图 3-4(a)所示。可以发现，喷丸强度的变化对表面残余应力和最大残余压应力的影响不大，但是却能够有效增大残余压应力层的深度，并使最大残余压应力出现在更深的位置处。在数值仿真研究方面，Lin 等[9]和 Zhao 等[11]通过调整喷丸速度研究了不同喷丸强度对残余应力分布的影响（图 3-4(b)～(d)），同样得出了类似的结果。

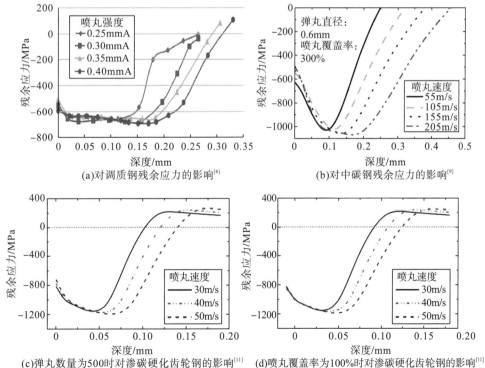

(a)对调质钢残余应力的影响[6]　　　　　　　　(b)对中碳钢残余应力的影响[9]

(c)弹丸数量为500时对渗碳硬化齿轮钢的影响[11]　　(d)喷丸覆盖率为100%时对渗碳硬化齿轮钢的影响[11]

图 3-4　喷丸强度对残余应力的影响

可以发现，喷丸覆盖率和喷丸强度对残余应力分布的作用效果有所不同。表面残余压应力值、次表层最大残余压应力值以及残余压应力层深度会在喷丸开始阶段随着喷丸覆盖率的增大而快速提升，随后逐渐趋于饱和。对于不同材料，残余应力会在不同喷丸覆盖率处达到饱和，但是对渗碳齿轮钢而言，当喷丸覆盖率达到100%左右时，残余应力值基本可达到稳定，继续增大喷丸覆盖率对残余应力的曲线分布影响较小，因此喷丸覆盖率通常为100%~200%，以保证达到较理想的残余应力分布，同时有效限制喷丸处理时间。而喷丸强度主要影响残余压应力层深度，当残余压应力层深度不足时，可以通过适当提升喷丸强度来有效提升残余压应力层深度。

3.1.2 材料微结构与硬度

零件经过喷丸后其表层材料内部发生位错增殖，晶粒被细化[12-14]，最细小的晶粒通常出现在表面或次表面[15,16]，并形成晶粒尺寸随深度增大而逐渐减小的梯度结构，如图 3-5 所示。喷丸引起的晶粒细化是材料硬度和强度提升的主要原因，晶粒尺寸越小，材料强度越高[17]，因此喷丸后的材料力学性能也随晶粒尺寸的变化呈梯度分布。王仁智等[2]研究发现由于喷丸后表层材料微观组织结构发生改性，材料的剪切强度得到提升，使材料失效类型由疲劳寿命较短的切断型断裂向疲劳寿命较长的正断型断裂转变，提升材料的使用寿命；姬金金[18]的试验研究发现喷丸使表层局部的材料组织结构发生明显改变，材料的表面显微硬度提升了材料的耐磨性。

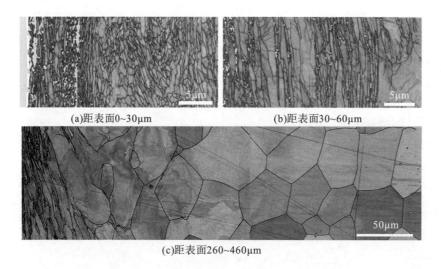

(a)距表面0~30μm   (b)距表面30~60μm

(c)距表面260~460μm

图 3-5 喷丸强化造成的晶粒细化层[12]

喷丸工艺对材料微结构和力学性能的影响是国内外学者的研究热点。Hassani-Gangaraj等[19]采用基于位错密度的材料本构，建立喷丸强化宏微观力学耦合数值模型，研究喷丸覆盖率对表面晶粒尺寸和表面位错密度的影响，并进行了相应的试验验证。如图 3-6(a)所示，在喷丸过程中，随着覆盖率提升，表面位错密度增加。在塑性变形的早期阶段，可以发现位错密度急剧增加，之后趋于稳定。随着位错胞尺寸接近 100nm，需要更高的喷丸覆盖率才能细化位错胞尺寸，说明在足够高的覆盖率下，可以将尺寸小于 100nm 的位错胞继续细分。图 3-6(b) 显示了在处理样品的不同深度处拍摄的横截面扫描电子显微镜(scanning electronic microscope，SEM) 和透射电子显微镜(transmission electron microscope，TEM) 显微照片。对于覆盖率为 650%、1000% 和 1300%，表面平均晶粒尺寸分别为 370nm、160nm 和 130nm。覆盖率越高，不同试件在相同深度下产生的晶粒尺寸越小。

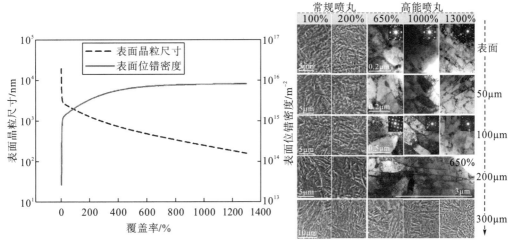

(a)喷丸覆盖率对表面晶粒尺寸和表面位错密度的影响　(b)不同深度处横截面的SEM和TEM显微照片

图 3-6　喷丸覆盖率对微结构的影响[19]

由于材料微结构、晶粒尺寸被细化，材料的力学性能也因此发生了提升。关于喷丸覆盖率对硬度梯度的影响，部分学者也进行了相关研究。Maleki 等[10]对初始硬度为 285HV 的材料研究了喷丸覆盖率的影响，结果如图 3-7 所示，在喷丸覆盖率为 100% 的情况下，表面显微硬度为 370HV，相对于初始硬度提升了 30%；在喷丸覆盖率为 1500% 的情况下，表面显微硬度为 525HV，相对于初始硬度提升了 84%。对于基体材料较软的材料，其表面显微硬度在一定范围内随喷丸强度的增加而逐渐增加，但当喷丸强度达到一定程度，其硬度趋于饱和，不再增加。

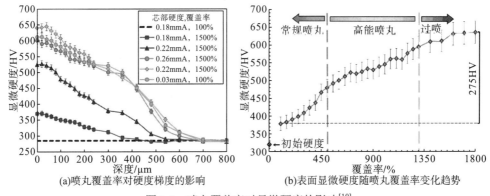

(a)喷丸覆盖率对硬度梯度的影响　　　　(b)表面显微硬度随喷丸覆盖率变化趋势

图 3-7　喷丸覆盖率对显微硬度的影响[10]

Chen 等[20]研究了喷丸强度和复合喷丸工艺对晶粒细化层厚的影响，结果如图 3-8 所示，可以发现，随着喷丸强度的增大，得到的晶粒细化层更深，但是通过增大弹丸直径提高喷丸强度的方法并不会对表面晶粒尺寸产生显著的影响。Lin 等[9]基于位错密度的本构模型，研究了不同弹丸直径对位错胞大小的影响，同样也发现了类似的结果。增大喷丸强度同样会使材料表面的硬度梯度增大，但是需要注意的是，增大喷丸气压和使用更大直径的弹丸均会使喷丸强度增大，但二者对硬度梯度的作用可能是不同的。Jamalian 等[15]研究了不同弹丸直径和喷丸气压条件下的材料硬度梯度，结果如图 3-9(a)和(b)所示，发现增大弹丸直径和喷丸气压均能够得到更厚的硬度梯度层，但是弹丸直径的变化对表面显微硬度没有显著影响。然而，通过将喷丸气压从 0.06MPa 提高到 0.22MPa，表面显微硬度相对于母材增加了 27.25%到 57.50%，如图 3-9(b)所示。材料硬度的提升是由内部位错密度增殖导致的，Lin 等[21]研究了喷丸气压与弹丸直径对材料位错密度的影响，发现增大弹丸直径和喷丸气压可以得到更厚的位错增殖层，但是表面位错密度值并不随弹丸直径的改变而发生明显变化，这与 Jamalian 等得到的硬度梯度的变化趋势一致，进一步从微结构力学理论的角度揭示了材料硬度提升的机理。

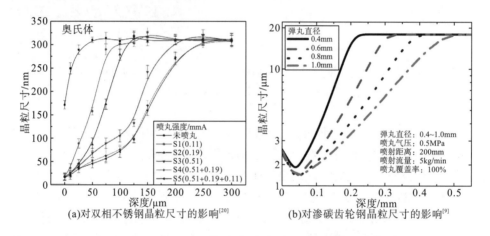

(a)对双相不锈钢晶粒尺寸的影响[20]   (b)对渗碳齿轮钢晶粒尺寸的影响[9]

图 3-8　喷丸强度对晶粒尺寸梯度的影响

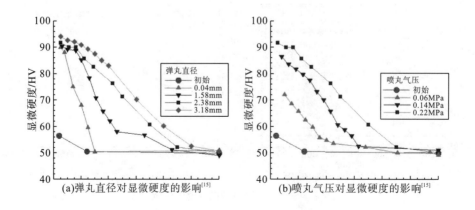

(a)弹丸直径对显微硬度的影响[15]   (b)喷丸气压对显微硬度的影响[15]

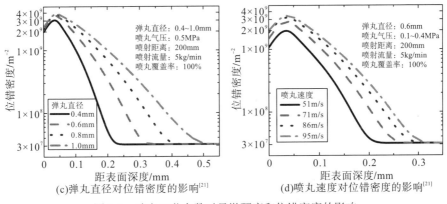

(c)弹丸直径对位错密度的影响[21] (d)喷丸速度对位错密度的影响[21]

图 3-9 喷丸工艺参数对显微硬度和位错密度的影响

3.1.3 表面形貌及粗糙度

喷丸引入残余压应力和晶粒细化分别是喷丸强化的应力强化和组织强化机制,而弹丸冲击零件在表面上留下的弹坑通常会使表面粗糙度增大,容易导致表面缺陷或是应力集中。因此,研究喷丸覆盖率和强度对表面粗糙度的影响同样引起了国内外学者的关注。Lin 等[22]建立渗碳齿轮钢喷丸强化有限元模型,分析了 400%喷丸覆盖率范围内表面形貌和表面粗糙度参数 Sq(根均方高度)、Sz(最大高度)、S5z(5 点区域最大高度)、Ssk(偏斜度)和 Sku(峰度)的影响,结果如图 3-10 所示。从图 3-10(a)中可以清楚地观察到喷丸后表面由弹丸冲击印痕相互堆叠产生的峰-谷交错的形貌。图 3-10(b)说明了 Sq、Sz 和 S5z 的演变,这些粗糙度参数的演变趋势不同。在该过程的初始阶段,所有参数都急剧增加。Sq 的值在初始阶段之后进入稳定状态,而 Sz 和 S5z 的值随着覆盖率的增大而保持增大。图 3-10(c)显示了 Ssk 和 Sku 随覆盖率的变化而变化的现象。Ssk 和 Sku 的值在初始阶段急剧变化,当覆盖率达到 40%左右时迅速稳定。随着覆盖范围的增加,Ssk 值保持在零附近,这意味着只要表面充分喷丸,表面形貌就保持对称[23]。Sku 的稳定值约为 2μm,小于 3μm,这表明峰度在表面上分布良好[23]。Maleki 等[10]通过试验的方法研究了覆盖率对 AISI 1050 中碳钢表面粗糙度 Ra 的影响(图 3-11),同样发现,粗糙度 Ra 随着覆盖率的增大而逐渐达到稳定状态。

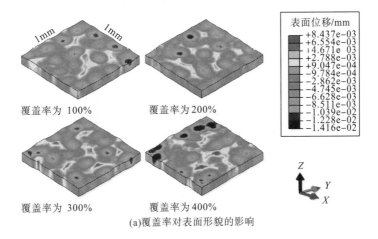

(a)覆盖率对表面形貌的影响

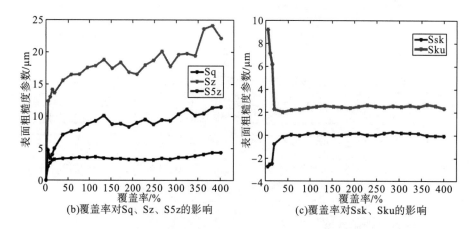

(b)覆盖率对Sq、Sz、S5z的影响　　　　(c)覆盖率对Ssk、Sku的影响

图 3-10　表面形貌及表面粗糙度参数随覆盖率变化趋势

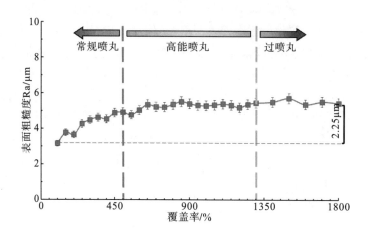

图 3-11　AISI 1050 中碳钢试件表面粗糙度随覆盖率变化趋势

　　根据上述结果，所有粗糙度参数在初始阶段都会发生剧烈变化，出现这种现象是因为在早期阶段压痕更可能在没有重叠的情况下产生，并在表面上产生粗糙峰和粗糙谷[24]。随着表面逐渐覆盖，压痕重叠的概率增加，因此粗糙峰和粗糙谷的生成保持动态平衡，Sq、Ssk 和 Sku 等评估整个表面粗糙度的综合指标几乎保持不变。然而，在初始阶段产生了一些粗糙峰，这些粗糙峰不会随着喷丸过程的进行而被完全平整，随着过程的继续，Sz 和 S5z 等表征粗糙峰与粗糙谷高度差的参数会随着覆盖率的增长而继续增大。

　　关于喷丸强度对表面粗糙度的影响，Lin 等[21]采用有限元建模方法，通过改变喷丸速度，研究了不同喷丸强度下的表面形貌，结果如图 3-12(a)所示，发现喷丸速度越大，材料挤压变形程度越大，粗糙峰突出更为明显。如图 3-12(b)所示，表面粗糙度参数 Sa、Sz 和 S5z 随着喷丸速度的增大而增大。当喷丸速度由 51m/s 变化至 95m/s 时，Sa 由 0.626μm 上升至 1.2μm，S5z 由 3.4μm 上升至 6.2μm，Sz 由 5.1μm 上升至 9.3μm。

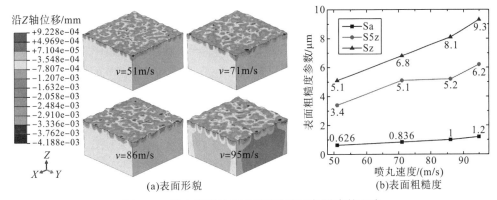

(a)表面形貌 (b)表面粗糙度

图 3-12　喷丸速度对表面形貌和表面粗糙度的影响

喷丸工艺引入较大的表面粗糙度被认为会使表面产生应力集中，对零件疲劳寿命产生不利影响，但与未喷丸试件相比，喷丸引入的残余压应力层和晶粒细化层能够提高材料的疲劳强度。此外，喷丸后还存在一些后处理工艺以减小表面粗糙度，如微粒喷丸[25]、二次喷丸[26,27]以及滚磨光整[28]等，从而改善疲劳性能。

3.2　常规喷丸对表面完整性的影响

3.2.1　试验材料与喷丸工艺

18CrNiMo7-6 钢是一种低碳钢，具有良好的机械加工性能，其化学成分含量如表 3-1 所示。该材料经过表面热处理后，具备内韧外硬的特性，因此被广泛用于风电、船舶、盾构等领域内的大模数齿轮等关键零件的制造。试验试件为采用 18CrNiMo7-6 钢加工出的滚子，试件图纸如图 3-13(a)所示。规定试件的轴向为 X 轴方向，切向为 Y 轴方向，如图 3-13(b)所示。

滚子的工艺路线图如图 3-14 所示。首先进行 930℃的强渗碳处理，碳势为 1.08，处理时间达到 19h；随后在相同温度情况下进行 10h 的扩散渗碳(碳势为 0.75)，再进行 5h 的高温回火，温度为 670℃；接下来进行 7h 的淬火，其中淬火温度达到 830℃；最后分别在 180℃及 190℃低温回火 8h。热处理后，滚子的表面显微硬度达到 690HV。硬化层对防止次表层深度由于硬度不足造成的失效至关重要，硬化层深度定义为硬度超过 550HV 的厚度，滚子试件的渗碳层可达 2.2mm。热处理之后进行机加工，使其表面粗糙度 Ra≤0.8μm。

表 3-1　18CrNiMo7-6 钢的化学成分(%)

元素	C	Si	Mn	S	P	Cr	Ni	Mo
含量	0.15~0.21	≤0.4	0.5~0.9	≤0.035	≤0.025	1.5~1.8	1.4~1.7	0.25~0.35

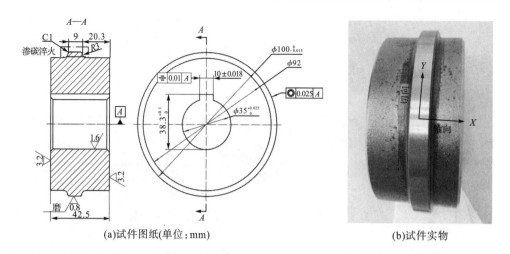

(a)试件图纸(单位:mm)　　　　　　　　　(b)试件实物

图 3-13　18CrNiMo7-6 钢滚子试件

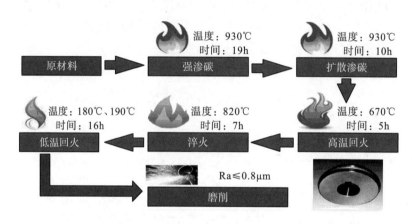

图 3-14　滚子试件热处理及机加工过程

为了探究喷丸覆盖率和喷丸强度对材料表面完整性参数的影响,采用 MT25-G80IIE/1/R 型气动式喷丸机对滚子试件进行喷丸处理,如图 3-15 所示,设备采用 180°翻转转台,上下料与喷丸同步进行。一侧可同时放置 4 根稳定杆,零件两侧配有内壁喷丸导向工装,一侧固定一侧可移动夹持。设备采用刮板加提升机的回收系统,回收面积大且效率稳定。为避免喷丸后的材料表面出现微裂纹,同时又能让残余压应力值达到一定水平,弹丸的硬度应略低于待加工零件的表面显微硬度。试件表面显微硬度高达 58~62HRC,因此选用硬度为 55~62HRC 的高硬度钢丝切丸作为喷丸强化介质。喷丸强度和喷丸覆盖率分别代表弹丸流的瞬时能量以及喷丸强化时间的长短。在正式对试件喷丸强化前,根据标准 AMS-S-13165[29]、SAE J442[30]开展喷打 Almen 试片的预试验,获取 Almen 试片弧高值饱和曲线,回归求解得喷丸强度。试件表面达到完全喷丸覆盖率的时间可通过 Almen 试片达到强度饱和点的时间乘以 3~4 倍的经验方法计算。调整好弹丸类型、喷丸强度和喷丸覆盖率,并在确保喷丸设备运行稳定的前提下,将试件装夹在喷丸机的腔内,对试件表面进行喷丸强化。喷丸机及喷丸强度的测量过程如图 3-15 所示。

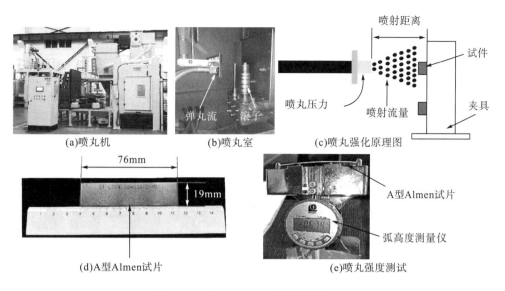

图 3-15 喷丸机及喷丸强度的测量过程

喷丸工艺试验参数如表 3-2 所示,分别采用 100%和 200%的喷丸覆盖率进行喷丸强化。17 个试件中,对 1～5 号试件进行强度为 0.35mmA、覆盖率为 100%的喷丸;对 6～10 号试件进行强度为 0.35mmA、覆盖率为 200%的喷丸;对 11～15 号试件进行强度为 0.15～0.55mmA,覆盖率为 200%的喷丸,其余试件不进行喷丸。在试件经过喷丸后,将先后采用白光干涉仪、X 射线应力检测仪、显微硬度计分别检测试件的三维形貌、表面粗糙度、残余应力、硬度梯度和材料微结构,探究喷丸对材料表面完整性参数的影响效果。

表 3-2 试件的喷丸工艺试验参数

参数	数值
喷丸强度/mmA	0.15、0.25、0.35、0.45、0.55
喷丸覆盖率/%	100、200
弹丸类型	直径 0.6mm 的高硬度钢丝切丸
喷丸气压/MPa	0.1～0.5
喷射距离/mm	200
喷射流量/(kg/min)	5

3.2.2 常规喷丸覆盖率的影响

1)残余应力

未喷丸试件表面残余应力测试结果如图 3-16 所示。经过热处理与磨削加工后试件表面应力状态为压应力。试件表面的轴向残余压应力值高于切向残余压应力值,其中各个试件的平均轴向残余压应力值为 527MPa,平均切向残余压应力值为 201MPa,二者相差

326MPa。轴向与切向残余应力间的差异可能是由于试件在热处理过程中试件的各向热变形程度不同以及磨削力方向不同。此外,每个试件之间的表面残余压应力的差异也比较大,不同试件的轴向残余压应力值在426MPa～629MPa波动,切向残余压应力值在100MPa～315MPa波动,变化范围均为200MPa左右。

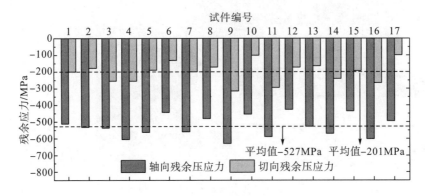

图 3-16　未喷丸试件的表面残余应力

喷丸处理后的表面残余应力结果如图 3-17 所示。当喷丸覆盖率为 100%和 200%时,平均轴向残余压应力值分别由喷丸前的 527MPa 增加到 850MPa 和 820MPa,平均切向残余压应力值分别由 201MPa 增加到 750MPa 和 726MPa,喷丸后轴向与切向残余压应力值相差约 100MPa,小于喷丸前的 326MPa,这表明喷丸能够增大材料表面残余压应力值,且减小了试件初始的轴向与切向残余应力间的差异。当喷丸覆盖率为 100%和 200%时,不同试件的轴向残余压应力值分别在 834～866MPa 和 795～866MPa 的范围内变化;切向残余压应力值分别在 713～762MPa 和 668～763MPa 的范围内变化,变化范围均在 100MPa 以内。对比图 3-16 中的结果,说明喷丸能够有效减小各个试件之间残余应力状态的差异。

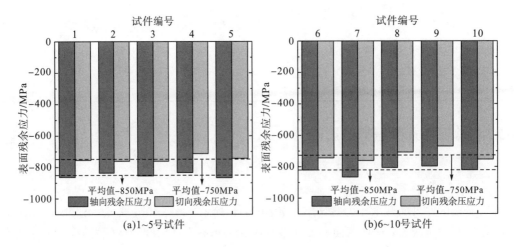

图 3-17　喷丸后表面残余应力

图 3-18 显示了未喷丸和 100%、200%喷丸覆盖率情况下轴向和切向残余压应力沿深度的梯度曲线，可以发现喷丸后轴向与切向的残余压应力值与分布趋势基本一致，而且在 100%和 200%喷丸覆盖率条件下的残余压应力梯度曲线并不明显区别。以轴向残余应力为例，在未喷丸条件下，由于表层受到热处理和磨削的影响，表面残余压应力的值最大，当深度达到 0.035mm 后，残余压应力值减小至 200MPa 左右，并保持稳定。喷丸后最大残余压应力值出现位置由表面转移至次表层约 0.06mm 深度位置处，为 1150MPa。残余压应力值随深度的变化趋势呈现出先增大后减小的趋势，在约 0.2mm 的深度位置处达到约 200MPa 的稳定值，这表明本次喷丸工艺能改变 0.2mm 深度范围内的残余压应力值。

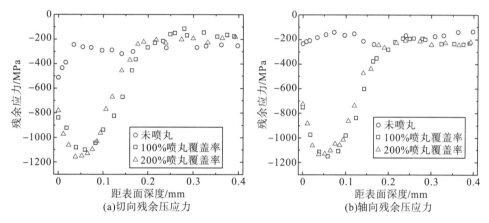

(a)切向残余压应力　　　　　　　　(b)轴向残余压应力

图 3-18　不同工艺条件下的残余应力梯度

2) 表面形貌及粗糙度

未喷丸、100%喷丸覆盖率和 200%喷丸覆盖率三种情况下的试件表面形貌如图 3-19 所示。磨削后，沿试件的切向可见清晰的磨削纹路。喷丸使材料表面发生塑性变形，在试件表面上留下相互重叠的冲击印痕，淡化试件表面的原有磨削纹路。但是当喷丸覆盖率由 100%变为 200%时，表面形貌并未发生明显的变化。

(a)未喷丸　　　　(b)100%喷丸覆盖率　　　(c)200%喷丸覆盖率

图 3-19　试件表面形貌图

磨削后，每个试件的表面粗糙度统计结果如图 3-20 所示。除了 2 号试件，其余的试件达到表面粗糙度小于 0.8μm 的要求。所有试件粗糙度的平均值为 0.62μm，这是通过精细磨削实现的典型表面精加工水平。但是各个试件之间的粗糙度差异较大，最大值和最小值分别是 0.83μm 和 0.44μm，相差 0.39μm。

如图 3-21 所示，当喷丸覆盖率为 100%和 200%时，表面粗糙度平均值分别由未喷丸时的 0.62μm 提升到 0.91μm 和 0.85μm，且各试件之间粗糙度无明显差异。这说明喷丸使表面粗糙度增大，但同时也能够使各个试件的表面粗糙度趋于一致。经过 100%和 200%喷丸覆盖率喷丸后的试件表面粗糙度相当，说明在当喷丸覆盖率为 100%～200%时，表面粗糙度将趋于稳定。

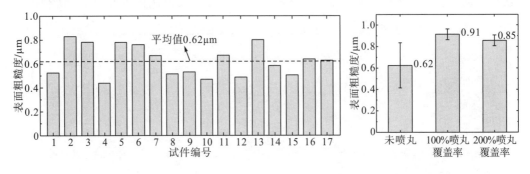

图 3-20   未喷丸试件的表面粗糙度   图 3-21   不同工艺条件下的表面粗糙度

3) 材料微结构与硬度

通过使用苦味酸和硝酸对晶粒进行腐蚀 10min 后观测其晶粒尺寸，其晶粒度结果如图 3-22 所示。研究发现，对于未喷丸的晶粒度结果，其表面到次表面 200μm 左右深度的梯度分布并不明显。但是进行喷丸处理后，材料内部大的晶粒内部产生新的晶界而分裂成小的晶粒，从而产生晶粒细化的效果。此外，当覆盖率分别为 100%和 200%时，在距表面 180μm 的深度范围内会出现一个明显的晶粒细化区域，如图 3-22(b)和(c)所示，但是两种覆盖率条件下的晶粒细化程度差别不大。这表明对于渗碳硬化齿轮材料，只增加喷丸覆盖率可能难以有效提升材料晶粒细化效果。另外，参考文献[31]中柯西宽度的测量结果证明，在相似的喷丸处理条件下，随着覆盖率继续增加，喷丸晶粒细化程度变化不大。

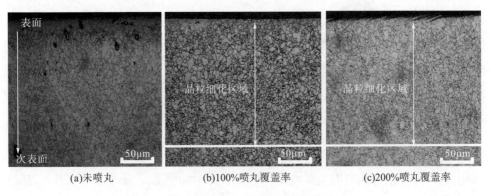

(a)未喷丸   (b)100%喷丸覆盖率   (c)200%喷丸覆盖率

图 3-22   喷丸对晶粒度的影响

喷丸能够诱发工件内部产生一定程度的相变,使得基体内部处于亚稳态的残余奥氏体转化为稳态的马氏体,进而使得材料的残余应力、硬度增加。图 3-23 展示了喷丸处理前后的显微组织结构,其中白色斑点代表残余奥氏体,黑色带状代表马氏体(扫描封底彩图二维码见彩图,后同)。对于未喷丸试件,近表层的金相组织含有大量残余奥氏体,当喷丸覆盖率为 100%时,残余奥氏体含量会显著降低,并部分转变为马氏体。与残余奥氏体相比,马氏体具有更高的强度与疲劳抗力,这表明试件的疲劳性可能发生进一步的提升。

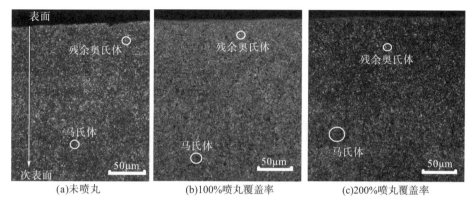

图 3-23　不同喷丸处理的显微组织结构对比

材料喷丸后的相变和晶粒尺寸的细化将导致显微硬度的提升。未喷丸以及喷丸覆盖率为 100%和 200%时,滚子试件的硬度梯度测试结果如图 3-24 所示。未喷丸条件下的表层材料的显微硬度值在 690～700HV 波动。喷丸后,由于试件表层材料在弹丸冲击作用下发生塑性硬化,材料硬度增大,并形成随深度加深而逐渐减小的硬度梯度变化趋势,当深度达到约 0.4mm 时,未喷丸与喷丸试件的材料硬度达到一致。这是由弹丸冲击试件表面后,不同层深的塑性变形程度不一致造成的。距表面越近,材料塑性变形程度越大,位错密度增殖越明显,硬度提升越显著。当喷丸覆盖率由 100%增长至 200%时,并未发现硬化层的深度有明显的变化,但是近表面 0.1mm 深度位置处的材料显微硬度分别提升至 714HV 和 738HV,表明增大喷丸覆盖率能够增大试件表层材料的硬度值。

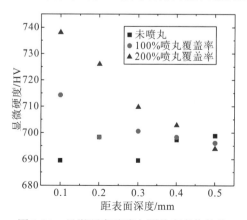

图 3-24　显微硬度随喷丸覆盖率变化趋势

3.2.3 常规喷丸强度的影响

1）残余应力

如图 3-25 所示，可以发现由于渗碳淬火及机加工的影响，表层残余压应力在沿轴向和切向表现出各向异性的现象。轴向残余压应力达到 527MPa，而切向残余压应力仅为 200MPa。由于工件进行渗碳淬火，能够在渗碳层 2mm 的深度引入 200MPa 左右的残余压应力。在进行 0.15mmA 的喷丸强度喷丸后，表面残余压应力显著得到提高，轴向和切向残余压应力分别达到 1020MPa 和 1015MPa，并且在近表层 20μm 处残余压应力达到最大，为 1050MPa。随着喷丸强度逐渐增加，表层残余压应力仍然维持着各向同性的趋势，最大残余压应力幅值逐渐提高，最大残余压应力出现的位置逐渐加深，能够有效抑制在次表层发生的疲劳失效。

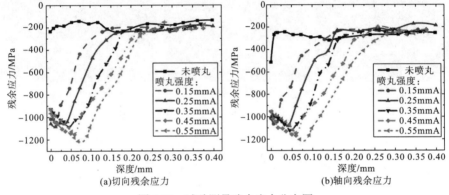

图 3-25　试验测量残余应力分布图

在工程实践中，表面残余应力(SRS)、次表面最大残余应力(MRS)、最大残余应力出现深度(D_{MRS})以及残余应力层深度(D_{RS})是确定喷丸工艺参数的重要依据。由于喷丸后的残余应力能够使得轴向和切向残余应力分布一致，本节以试验得到的切向残余应力为例，探究喷丸强度对残余应力分布影响规律，如图 3-26 所示。

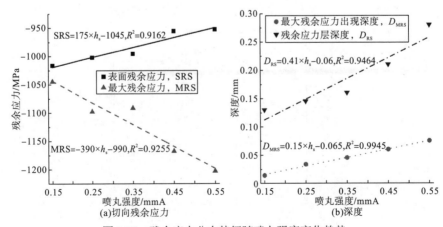

图 3-26　残余应力分布特征随喷丸强度变化趋势

可以发现，最大残余应力、残余应力层深度及最大残余应力出现深度随着喷丸强度的增加而线性增加，而表面残余应力随着喷丸强度的增加线性减小。在可靠度 $R^2=0.9162$ 时，表面残余应力随着喷丸强度的线性减小规律如式(3-1)所示：

$$SRS = 175 \times h_s - 1045, \quad R^2 = 0.9162 \tag{3-1}$$

随着喷丸强度的增加，表面残余应力值呈现出线性减小的趋势。产生这种现象的原因是，随着喷丸强度的增加，材料表面的塑性变形加剧，材料表面将会产生损伤，从而使得表面残余应力逐渐减小[32]。随着喷丸强度的增加，对零件的冲击能量增加，导致次表面发生更大的塑性变形，从而引起次表面最大残余压应力、最大残余压应力出现深度、残余压应力层深度都会增加，能够使得残余压应力的最大值及影响深度逐渐增加。在可靠度分别为 0.9255、0.9464、0.9945 时，次表面最大残余应力、残余应力层深度、最大残余应力出现深度随着喷丸强度的线性增加规律如式(3-2)~式(3-4)所示：

$$MRS = -390 \times h_s - 990, \quad R^2 = 0.9255 \tag{3-2}$$

$$D_{RS} = 0.41 \times h_s - 0.06, \quad R^2 = 0.9464 \tag{3-3}$$

$$D_{MRS} = 0.15 \times h_s - 0.065, \quad R^2 = 0.9945 \tag{3-4}$$

然而，最大残余应力并不能随着喷丸强度的增加而无限增加，有研究表明[33]，喷丸强化后最大残余压应力与材料的极限抗拉强度(ultimate tensile strength，UTS)存在一定的线性关系，如式(3-5)所示。采用的 18CrNiMo7-6 材料的 UTS 为 1920~2000MPa，随着喷丸强度的增加，MRS 在 1050~1200MPa 波动，这个结果也验证了这个结论的正确性。

$$MRS = (0.5 \sim 0.6)UTS \tag{3-5}$$

2) 表面形貌及粗糙度

通过白光干涉仪对喷丸表面的三维表面形貌的检测，检测结果如图 3-27 所示，喷丸后试件原本光滑的表面出现相互重叠的凹坑，呈现出起伏的峰-谷交错的形貌。此外，可

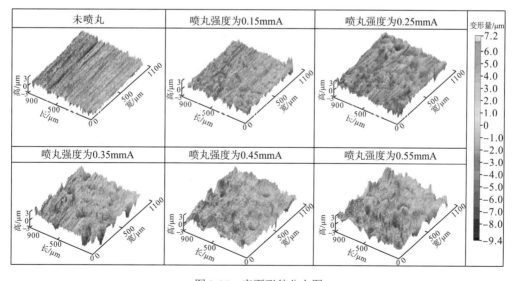

图 3-27　表面形貌分布图

以发现由于机加工的影响，未喷丸表面有明显的切削痕迹，呈现出各向异性。但是进行喷丸后，切削痕迹逐渐消失，并且随着喷丸强度的增加，切削痕迹的程度越小，各向同性程度越大。为了观测喷丸后表面粗糙度的变化趋势，通过对常用的 Sa、Sq、Ssk、Sku 等三维形貌粗糙度参数评价表面形貌变化趋势。

通过提取得到的试验表面形貌数据计算 Sa、Sq、Ssk、Sku 等粗糙度参数，探究喷丸强度与试验得到的粗糙度参数的关系，结果如图 3-28 所示。可以发现，当未喷丸时，Sa 为 0.62μm，随着喷丸强度的增加，Sa 呈线性增长，当喷丸强度达到 0.55mmA 时，Sa 达到 1.64μm。此外，Sq 和 Sa 有着相同的变化趋势，从未喷丸的 0.79μm 线性增加到 2.06μm。Sa 及 Sq 随喷丸强度线性增加的变化曲线如式(3-6)、式(3-7)所示，这能够给工程实际中提供粗糙度设计的参考。

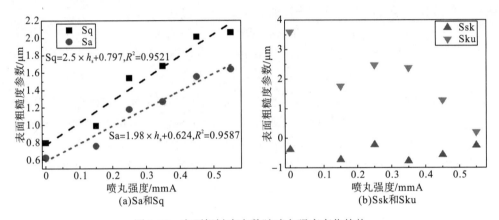

图 3-28　表面粗糙度参数随喷丸强度变化趋势

$$Sa = 1.98 \times h_s + 0.624, \quad R^2 = 0.9587 \tag{3-6}$$

$$Sq = 2.5 \times h_s + 0.797, \quad R^2 = 0.9521 \tag{3-7}$$

参考文献[34]指出，喷丸后齿轮等工件粗糙度增大，容易增加微点蚀的风险，提出可以通过降低弹丸硬度或者喷丸后进行齿面精加工等方法，有效控制表面粗糙度增大对接触疲劳性能的不利影响。油膜厚度可用来预测滚动接触疲劳中的微点蚀，油膜厚度越小，越容易发生微点蚀。Peyrac 等[35]提出当齿面 Ssk<0 且 Sku<3 时，油膜厚度最大，齿轮抗微点蚀效果最好。如图 3-27 所示，可以发现，当未喷丸 Ssk<0 且 Sku>3 时，会使得表面不容易形成润滑油膜，然而当进行喷丸之后，Ssk 均小于 0 且 Sku<3 时，能够促使润滑油膜的产生。油膜厚度的计算公式如式(3-8)和式(3-9)所示：

$$\lambda = \frac{h_{\min}}{\sigma} \tag{3-8}$$

$$\sigma = \sqrt{Sa^2 + Sq^2} \tag{3-9}$$

式中，λ 为膜厚比；σ 为表面粗糙度参数；$h_{\min}$ 为最小油膜厚度。当 $\lambda>3$ 时，表面处于流体润滑状态。当 $1\leqslant\lambda\leqslant3$ 时，以混合润滑为主。当 $\lambda<1$ 时，边界润滑占主导。进行喷丸之后，有利于油膜的产生，但是可以发现，随着喷丸强度增大，Sa 及 Sq 会逐渐增大，从

而导致 σ 增大，从而使得膜厚比 λ 逐渐减小。因此，综合考虑，对于进行机加工后的零件，直接进行运转，由于表面存在着切削纹路，表面 Sku＞3，会导致不容易形成润滑油膜，因此需要进行适当强度的喷丸处理，使得运行过程中的润滑状态得到改善。此外，喷丸强度不应过大，否则会导致油膜厚度减小，使润滑条件发生劣化。因此，对于需要界面接触润滑的零件，应当选择小的喷丸强度处理，改善零件的运行状态；对于不需要界面接触润滑的零件，也需谨慎关注零件的表面状态，选择合适的喷丸强度。

3）材料微结构与硬度

不同喷丸强度处理后的晶粒度，结果如图 3-29 所示。可以发现，未进行喷丸处理的表面和近表面的晶粒尺寸会较为粗大；当进行小强度的喷丸处理后，晶粒尺寸即发生细化；当喷丸强度达到 0.55mmA 时，晶粒有明显的细化，并且在表层到次表层存在着一个明显的晶粒细化区域。

为了能够更加明显地量化喷丸对晶粒细化程度的影响，采用面积法对平均晶粒尺寸进行评价，从而量化区域内的晶粒数目。通过对 $1mm^2$ 内的平均晶粒数目进行计算，再进行平均晶粒尺寸的判别，可以得出其平均晶粒尺寸。其中每平方毫米内的晶粒数 N_A 的计算公式如（3-10）所示：

$$N_A = \frac{M^2 \times N}{A} \tag{3-10}$$

式中，N 为通过光学显微镜内采用面积法所观测的晶粒数；M 为放大倍数；A 为单位平均面积，根据标准其为 $5000mm^2$。其晶粒度级别数 G 通过式（3-11）可进行推导计算，即

$$G = 3.322 \lg N_A - 2.954 \tag{3-11}$$

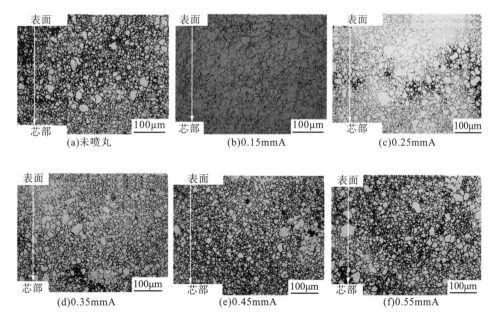

(a)未喷丸　　　　　　(b)0.15mmA　　　　　　(c)0.25mmA

(d)0.35mmA　　　　　　(e)0.45mmA　　　　　　(f)0.55mmA

图 3-29　不同喷丸强度下的晶粒度照片

　　通过进行标准 ASTM-E122《金属平均晶粒度测定方法》的查询，可以得知未进行喷丸的晶粒度级别为 6.5 级，0.15mmA 强度的级别为 7 级，随后晶粒度级别一直增加，当喷丸强度达到 0.55mmA 时，晶粒度级别达到 9 级。对相对应的单位面积内的晶粒数和晶粒尺寸进行判别，结果如图 3-30 所示，可以发现，当未进行喷丸时，单位面积内的晶粒数仅为 700 个左右，平均晶粒尺寸为 38μm；当进行喷丸后，单位面积内的晶粒数逐渐增加，晶粒逐渐细化。随着喷丸强度增加，晶粒数逐渐增加，晶粒细化程度趋于明显。当喷丸强度增加到 0.55mmA 时，单位面积内的晶粒数达到 3900 个，平均晶粒尺寸达到 16μm。因此，可以说明喷丸能够使得晶粒产生一定的细化，此外，随着喷丸强度的增加，喷丸细化程度逐渐加深，会形成一定的晶粒细化层，从而增加近表层的硬度及残余应力等力学属性，增加对抗疲劳破坏的能力。

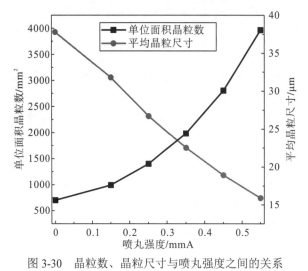

图 3-30　晶粒数、晶粒尺寸与喷丸强度之间的关系

　　进行不同喷丸强度处理前后材料的组织结构的变化如图 3-31 所示，其中白色斑点代表残余奥氏体，黑色带状代表马氏体。对于未喷丸试件，近表面的金相组织含有大量残余奥氏体。当进行 0.15mmA 强度的喷丸处理后，残余奥氏体含量降低，部分转为马氏体，并随着喷丸强度的增加，马氏体含量逐渐增加。当喷丸强度达到 0.55mmA 时，马氏体含量达到最高，与文献[19]出现的情况一致，表明随着喷丸强度的增加，残余奥氏体向马氏体转换的比例逐渐增加，材料强度得到进一步提升[36]。

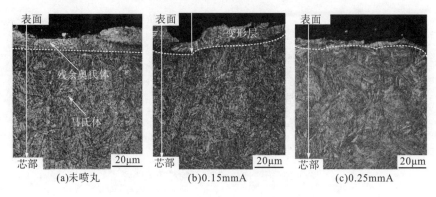

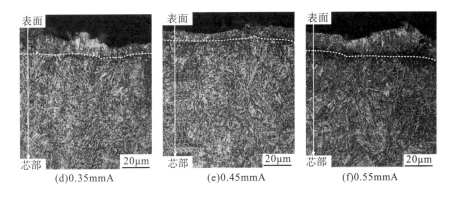

图 3-31　不同喷丸强度下光镜下的金相照片

喷丸处理前后的滚子的硬度如图 3-32 所示,可以发现未喷丸时,表层到次表层 800μm 处硬度值在 710HV 左右波动,当进行小强度(0.15mmA)的喷丸后,表层到次表层 800μm 处的硬度值在 720HV 左右波动。当喷丸强度增加到 0.25mmA 时,从表层到次表层逐渐呈现出减小的趋势,从表层到次表层 400μm 左右,硬度值逐渐减小,从 730HV 逐渐减小到 710HV 左右。当喷丸强度达到 0.55mmA 时,减小到 710HV 的深度值达到接近 600μm。喷丸会导致发生塑性变形及晶粒细化等,从而导致冷作硬化,随着喷丸强度的增加,塑性变形层的深度由于弹丸的更大冲击能量而增加,会导致喷丸硬度影响区域深度增加。

表面显微硬度反映了材料的抗磨损能力,如图 3-33 所示,反映了喷丸强度对材料表面硬度的影响规律。当未喷丸时表面显微硬度为 710HV 左右;进行小强度(0.15mmA)的喷丸后,表面显微硬度提升到 720HV;随着喷丸强度的继续增加,表面显微硬度呈现出线性增加的趋势,当喷丸强度分别为 0.25mmA、0.35mmA、0.45mmA、0.55mmA 时,硬度分别达到 730HV、750HV、765HV、785HV。在可靠度为 96.54%的情况下,表面显微硬度与喷丸强度的线性变化规律如式(3-12)所示:

$$HV_{0.5} = 705 + 140 \times h_s, \quad R^2 = 0.9654 \tag{3-12}$$

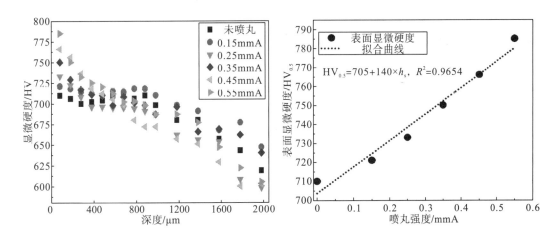

图 3-32　喷丸强度对硬度分布的影响　　　　图 3-33　表面显微硬度随喷丸强度变化趋势

喷丸通过增加塑性变形从而提高表面显微硬度性能，另外会导致表面变形改变其粗糙度。一些研究人员试图解释和量化粗糙度与表面显微硬度结果的关系。例如，Kim 等[37]发展了一种新的描述粗糙度影响的压痕尺寸效应模型，通过平均表面粗糙度 Ra 量化其与表面硬化之间的关系；Marteau 等[38]基于超声喷丸，提出表面粗糙度参数 Sq 与表面显微硬度之间的幂函数关系，从而根据表面粗糙度参数预估表面显微硬度值。本书通过结合所测的表面粗糙度参数 Sq 与表面显微硬度之间的关系，发现表面显微硬度与表面粗糙度参数 Sq 之间也存在着一定的关系，如图 3-34 所示，其可靠度能达到 98.38%，如式(3-13)所示：

$$SH = 640 + 90 \times Sq, \quad R^2 = 0.9838 \tag{3-13}$$

式中，SH 为表面显微硬度(HV)。

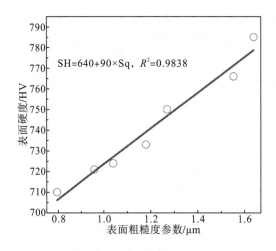

图 3-34   喷丸后表面显微硬度与表面粗糙度参数之间的关系

因此，对于渗碳淬火后并进行喷丸后的 18CrNiMo7-6 钢材料，证实了在粗糙度与硬度之间还存在着一定的关系，可以在一定程度上通过测量表面粗糙度参数 Sq 来进行预测表面显微硬度，从而能够很好地简化实际测量过程，进行表面显微硬度评价。

3.3   微粒喷丸对表面完整性的影响

作为一种新型的喷丸技术，微粒喷丸的工艺参数与表面完整性参数的关联规律不明确，现有工艺设计仍旧严重依赖经验，亟待开展微粒喷丸强化试验、表面完整性表征试验和疲劳性能试验，为微粒喷丸工艺参数选择提供数据支撑。本节对 AISI 9310 渗碳磨削滚子试件进行不同强度的微粒喷丸与喷丸处理，检测表面形貌、残余应力梯度、硬度梯度、微结构等表面完整性参数，并对比了微粒喷丸与常规喷丸的强化效果，以期使读者建立起对微粒喷丸的初步认识。

3.3.1　试验材料与微粒喷丸工艺

试件材料为 AISI 9310 航空渗碳齿轮钢，是一种低碳合金钢，具备良好的抗磨损性能和高的疲劳强度，广泛用于航空发动机、直升机、汽轮机等齿轮的制造，材料的化学成分如表 3-3 所示。原棒材的热处理工艺为热轧、正火、高温回火。AISI 9310 渗碳齿轮钢的弹性模量为 206GPa，泊松比为 0.3。

表 3-3　AISI 9310 渗碳齿轮钢元素组成（%）

C	Si	Mn	P	S	Cr	Mo	Ni	Cu	B
0.07～0.13	0.15～0.35	0.4～0.7	≤0.015	≤0.015	1.0～1.4	0.08～0.15	3～3.5	≤0.35	≤0.001

根据接触力学[39]，渐开线直齿轮副在任意瞬时啮合点处的接触过程可等效为两个可变形圆柱相互接触。因此，渐开线直齿轮的啮合过程可以简化为一对圆柱体对滚，如图 3-35 所示。

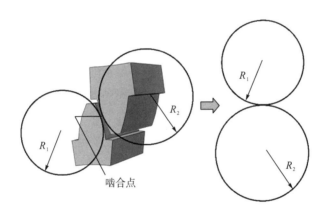

图 3-35　直齿轮啮合简化示意图

该简化方法在齿轮接触分析、润滑性能与疲劳性能探究方面获得了广泛认可[40-43]。因此，试件按照国家黑色冶金行业标准 YB/T 5345—2014《金属材料 滚动接触疲劳试验方法》设计制造，主试件与副试件的外圆直径均为 60mm，内圆直径均为 30mm，滚子的厚度均为 20mm，主试件有一个 3mm 的凸台。主副试件外圆相互接触，接触方式为线接触，接触宽度为 3mm。主副试件的加工图纸及加工的试件如图 3-36 所示。

试件经过粗车削、超声波探伤、渗碳、保温、回火、磨削等工序，其热处理工艺流程如表 3-4 所示，热处理的工艺过程如图 3-37 所示。渗碳淬火后试件表面显微硬度达到 58～62HRC，芯部硬度为 35～41HRC，有效硬化层深（>550HV）约为 0.8mm。

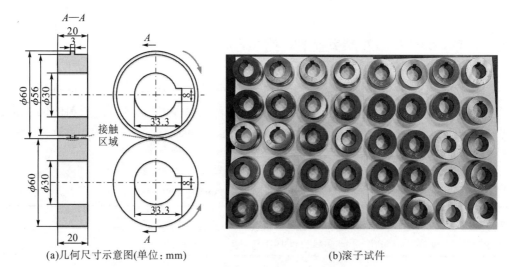

(a)几何尺寸示意图(单位：mm)　　　　　　　(b)滚子试件

图 3-36　AISI 9310 渗碳齿轮钢滚子试件

表 3-4　AISI 9310 渗碳齿轮钢滚子试件热处理工艺流程

工艺步骤	碳势/%	温度/℃	热处理时间/min
进炉	0.8±0.1	820±10	40
强渗碳	1±0.05	925±5	25
	1.25±0.05	925±5	340
扩散渗碳	0.78±0.05	925±5	155
保温	0.8±0.05	860±5	45
高温回火		640	180
保温		860	30
低温回火		180	180

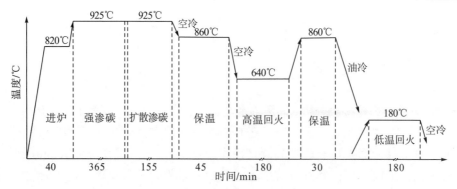

图 3-37　AISI 9310 渗碳齿轮钢滚子试件热处理工艺过程

　　微粒喷丸采用直径小于 0.1mm 的弹丸以 100m/s 以上的喷丸速度不断撞击零件表面。这里采用三组不同强度的微粒喷丸试验用于对比强度的影响；同时为了进行喷丸与微粒喷丸两种强化工艺的对比，还进行了一组喷丸试验。使用弧高度测量仪测试喷丸后的 Almen

试片弧高值，计算试片喷丸前后的弧高差值。绘制喷丸强度饱和曲线，确定饱和强度以及所需要的喷丸时间，如图 3-38 所示。

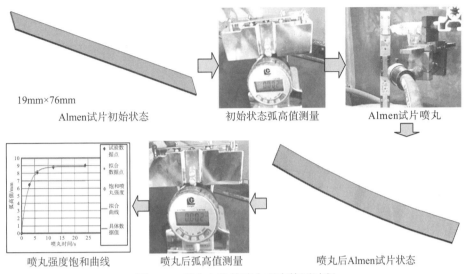

图 3-38　喷丸与微粒喷丸强度检测过程

采用微粒喷丸设备对试件进行微粒喷丸强化，如图 3-39 所示。与常规喷丸设备相比，微粒喷丸设备具有更高的气压和更好的密封性，可以保证微粒弹丸的速度能够达到100m/s以上，且"粉尘状"的微粒喷丸不会泄漏。同时，采用除尘装置，实现丸料和微小粉尘分离，弹丸筛分回收可以再次使用，大大降低磨料的消耗，更加环保。

图 3-39　微粒喷丸加工设备与装夹示意图

微粒弹丸采用平均直径为 0.05mm 的高速钢丸，丸粒平均硬度约为 900HV，喷射角度为 90°，喷嘴与待喷零件表面之间的垂直距离为 150mm，喷嘴直径为 8mm，覆盖率通过蓝墨水法进行检测，微粒喷丸强度根据标准 SAE J443《绘制阿尔门饱和曲线的规范》进行测定。为了验证后续模型的准确性，一共进行 3 组微粒喷丸工艺试验，覆盖率均为 200%，微粒喷丸强度分别为 0.05mmN、0.1mmN、0.15mmN。为了进行不同强化工艺的对比，采用气动式喷丸机（MT25-G80IIE/1/R）对同一批次的其他试件进行喷丸处理，弹丸采用平均直径为 0.6mm 的钢丝切丸，丸粒平均硬度为 600～750HV，喷射角度为 90°，喷嘴与待喷零件表面之间的垂直距离为 150mm，喷嘴直径为 8mm，当覆盖率为 200%时，喷丸强度为 0.35mmA。具体的喷丸与微粒喷丸工艺参数如表 3-5 所示。

表 3-5　AISI 9310 渗碳齿轮钢滚子试件常规喷丸与微粒喷丸工艺参数

喷丸类型	喷射角度/(°)	入射距离/mm	气压/MPa	弹丸			喷丸强度	覆盖率/%
				材料	平均直径/mm	平均硬度/HV		
常规喷丸	90	150	0.3	钢丝切丸	0.60	600～750	0.35mmA	200
微粒喷丸	90	150	0.3	高速钢丸	0.05	900	0.05mmN	200
	90	150	0.4	高速钢丸	0.05	900	0.10mmN	200
	90	150	0.6	高速钢丸	0.05	900	0.15mmN	200

3.3.2　微粒喷丸的影响

1）残余应力

为了探究不同微粒喷丸强度对残余应力的影响规律，测量了微粒喷丸后沿深度方向的轴向和切向残余应力。图 3-40 为不同微粒喷丸强度下实测的轴向与切向残余应力。可以发现，实测的轴向残余应力与切向残余应力的分布状态基本一致，这与常规喷丸的残余应力的分布状态一致[44]。因此，仅以轴向残余应力为例，讨论微粒喷丸对残余应力的影响。经过初始渗碳磨削后滚子的轴向表面残余应力为-509MPa，然后在距表面深度 0.007mm 位置处降至-300MPa，随后稳定在-300MPa 左右。经过微粒喷丸之后，表面残余应力显著提升。在微粒喷丸强度为 0.05mmN、0.10mmN、0.15mmN 下，表面轴向残余应力分别为-1404MPa、-1363MPa 和-1279MPa。表面轴向残余应力随着喷丸强度的增加而有所减小，这与常规喷丸的结论类似[45]。在微粒喷丸强度为 0.05mmN、0.10mmN、0.15mmN 下，最大轴向残余应力分别为-1458MPa、-1519MPa 和-1459MPa。在这三个微粒喷丸强度下，最大轴向残余应力出现的深度分别为 0.005mm、0.007mm、0.011mm。轴向最大残余应力出现的深度随着微粒喷丸强度的增加而逐渐增加。

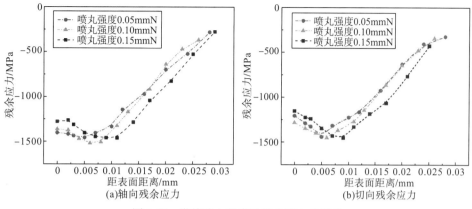

(a)轴向残余应力　　　　　　　　　　(b)切向残余应力

图 3-40　微粒喷丸强度对残余应力的影响

2)表面形貌及粗糙度

在 0.05mmN、0.10mmN、0.15mmN 的微粒喷丸强度下，试验测量的滚子试件的表面微观形貌状态如图 3-41 所示，可以发现微粒喷丸之后，滚子表面各向异性加工痕迹有所消除，表面微观形貌呈现不均匀、不规则的峰谷。如图 3-42 所示，渗碳磨削后的表面粗糙度参数 Sa 为 0.67μm，Sq 为 0.85μm。在微粒喷丸强度为 0.05mmN、0.10mmN、0.15mmN 下，表面粗糙度参数 Sa 分别为 0.33μm、0.50μm、0.53μm，相比渗碳磨削状态分别减小了 50.7%、25.4%和 20.9%；表面粗糙度参数 Sq 分别为 0.42μm、0.63μm、0.65μm，相比渗碳磨削状态分别减小了 50.6%、25.9%和 23.5%。这说明微粒喷丸可以明显降低表面粗糙度。可以发现，随着微粒喷丸强度的增加，表面粗糙度参数 Sa 和 Sq 的值均逐渐增大。

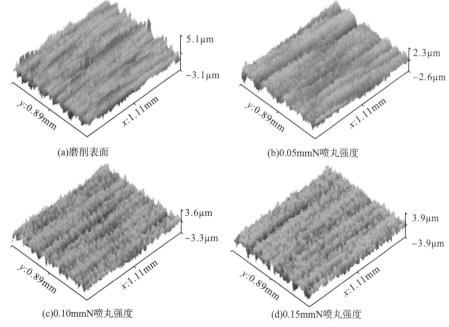

(a)磨削表面　　　　　　　　　　　(b)0.05mmN喷丸强度

(c)0.10mmN喷丸强度　　　　　　　　(d)0.15mmN喷丸强度

图 3-41　试验测量的滚子试件表面微观形貌图

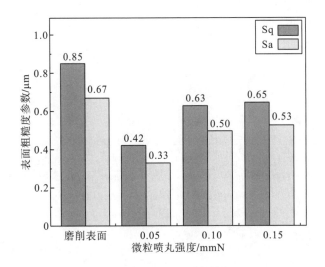

图 3-42　微粒喷丸强度对表面粗糙度参数的影响

3) 材料微结构与硬度

为了进一步评估不同微粒喷丸强度条件对材料组织的影响，采用 EBSD 技术分析了反极图 (inverse pole figure，IPF)、局部平均取向差以及几何必须位错密度的变化趋势。图 3-43 为不同微粒喷丸强度下的 AISI 9310 试件 IPF 和晶粒尺寸图 (扫封底彩图二维码见彩图)。IPF 能够用来表示晶粒的取向，红绿蓝分别表示晶粒取向为 [001]、[101] 和 [111]。从图中可以看到，当微粒喷丸强度为 0.05mmN 时，晶粒尺寸为 0.5~8μm，晶粒尺寸低于 1μm 的晶粒超过 50%，但由于有较大晶粒的存在，其平均晶粒尺寸为 380nm；当微粒喷丸强度为 0.1mmN 和 0.15mmN 时，试件的晶粒尺寸分别为 0.5~7μm 和 0.7~5μm，平均晶粒尺寸分别为 280nm 和 150nm。随着微粒喷丸强度的增加，其平均晶粒尺寸逐渐降低，晶粒细化程度逐渐增加。

(a)0.05mmN喷丸强度下的IPF

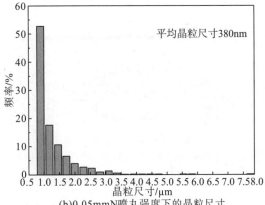

(b)0.05mmN喷丸强度下的晶粒尺寸

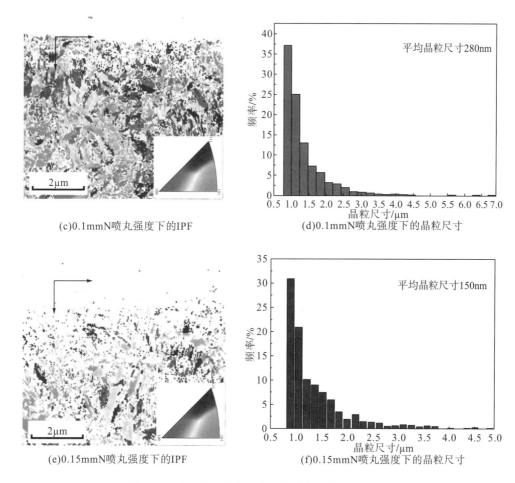

(c)0.1mmN喷丸强度下的IPF　　　　　　(d)0.1mmN喷丸强度下的晶粒尺寸

(e)0.15mmN喷丸强度下的IPF　　　　　　(f)0.15mmN喷丸强度下的晶粒尺寸

图 3-43　不同微粒喷丸强度下的试件晶粒取向和尺寸

图 3-44 为微粒喷丸强度 0.05mmN、0.10mmN 与 0.15mmN 的局部平均取向差以及几何必须位错密度。可以看到，几何必须位错密度平均值分别为 $8.92×10^{14}m^{-2}$、$9.49×10^{14}m^{-2}$ 和 $8.67×10^{14}m^{-2}$，几何必须位错密度平均值最大的是在微粒喷丸 0.10mmN 强度工艺条件下。随着微粒喷丸强度的增加，试件的几何必须位错密度平均值呈现先增大后减小的趋势。

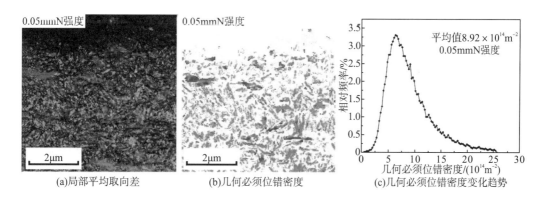

(a)局部平均取向差　　　　　　(b)几何必须位错密度　　　　　　(c)几何必须位错密度变化趋势

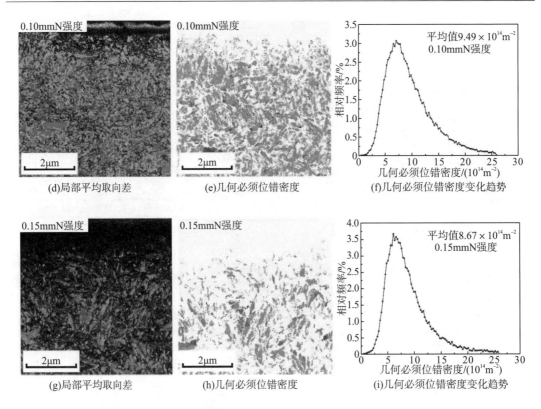

图 3-44   不同微粒喷丸强度下的局部平均取向差和几何必须位错密度对比

图 3-45 为不同微粒喷丸强度下实测的显微硬度梯度特征。渗碳磨削后的 AISI 9310 滚子表面显微硬度为 645HV，经过微粒喷丸处理之后，表面显微硬度有显著提升。在微粒喷丸强度为 0.05mmN、0.10mmN、0.15mmN 处理后，表面显微硬度分别增大到 684HV、713HV、723HV，相比于磨削态分别增长了 6.05%、10.5%和 12.1%。可以看出，表面显

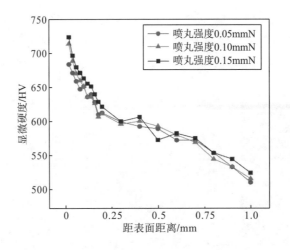

图 3-45   微粒喷丸强度对显微硬度梯度的影响

微硬度随着微粒喷丸强度的增加而增大。这是因为随着喷丸强度增大，撞击在滚子表面产生的塑性变形增大。当深度大于 0.2mm 时，微粒喷丸强度对试件的硬度影响不大。这是由于微粒喷丸的丸粒较小，影响深度较小。

3.3.3　微粒喷丸与常规喷丸的表面完整性影响

为了对比常规喷丸与微粒喷丸的效果，检测了初始的磨削滚子试件、0.35mmA 常规喷丸强化后的滚子试件与 0.1mmN 微粒喷丸强化后的 AISI 9310 滚子试件的表面形貌与粗糙度、残余应力梯度、硬度梯度、微结构等表面完整性参数，并进行了对比。由于常规喷丸与微粒喷丸的丸粒大小与喷丸速度均不同，这里只进行定性分析。

三组滚子表面微观形貌如图 3-46 所示，可以发现三种滚子的表面微观形貌之间存在明显的差异。初始渗碳磨削滚子表面存在较为明显的切削刀痕，而经过 0.35mmA 常规喷丸和 0.1mmN 微粒喷丸强化的滚子表面各向异性加工痕迹基本消除，表面微观形貌呈现不均匀、不规则的峰谷。但由于加工刀痕较深且弹丸直径较小，微粒喷丸在消除加工痕迹方面相比于常规喷丸效果较差。常规喷丸强化后的滚子表面形貌波动更为剧烈，而经过微粒喷丸强化的滚子表面形貌较为温和。表面微观形貌的沟壑可能有利于润滑油的存储，提高齿轮等零件的润滑性能[46,47]。但粗糙峰尖锐、粗糙度过大会导致局部应力集中，从而影响表层和次表层材料的疲劳寿命[48,49]。

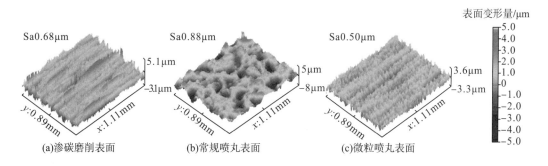

图 3-46　渗碳磨削、常规喷丸与微粒喷丸强化后滚子表面微观形貌图

渗碳磨削、常规喷丸强化与微粒喷丸强化后滚子的平均表面粗糙度参数 Sa 分别为 0.68μm、0.88μm 和 0.50μm，表面粗糙度参数 Sq 分别为 0.86μm、1.15μm 和 0.55μm。尽管常规喷丸强化消除了滚子的加工痕迹且形成了改善润滑性能的表面沟壑，但也轻微增大了表面粗糙度参数 Sa 和 Sq，而微粒喷丸能够降低表面粗糙度参数 Sa 和 Sq。在润滑条件较好的情况下，微粒喷丸处理后滚子的近表面应力集中现象被缓解，滚子将具有更长的疲劳寿命。

三种试件的残余应力梯度结果如图 3-47 所示。可以发现，渗碳磨削滚子的轴向表面残余压应力与切向表面残余压应力在表面处有所差异，在次表面处轴向残余压应力与切向残余压应力差异不大。渗碳磨削滚子的轴向表面残余压应力为 509MPa，在距表面深度

0.007mm 位置处降至 300MPa，并稳定在 300MPa 左右。常规喷丸和微粒喷丸处理后，滚子的残余压应力在一定深度范围内均显著提高，轴向残余压应力与切向残余压应力差距不大。常规喷丸后，在滚子深度约为 0.3mm 范围内的残余压应力被提高。轴向表面残余压应力可以达到 900MPa。随着深度的增加，残余压应力幅值先逐渐增大再减小。最大残余压应力出现在约为 0.05mm 深度处，可达 1200MPa。微粒喷丸处理后，改变的残余压应力的深度范围小于 0.05mm。轴向表面残余压应力可以达到 1200MPa。随着深度的增加，残余压应力的值同样先增大后减小。最大残余压应力高达 1439MPa，深度为 0.007mm。这与 Li 等[50]对 EA4T 钢的微粒喷丸试验结果一致，其微粒喷丸后最大残余压应力出现在约 0.011mm 处，为 530MPa；常规喷丸后最大残余压应力出现在约 0.09mm 处，为 520MPa。由于材料不同，微粒喷丸引入的最大残余压应力值也有显著区别，但最大残余压应力的深度基本为 0.01mm 左右。综上，相比于常规喷丸，微粒喷丸后残余压应力层深和最大压应力出现深度均较浅，而最大残余压应力的值较大，约为常规喷丸的 1.2 倍。

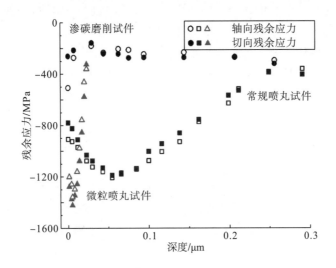

图 3-47　渗碳磨削、常规喷丸与微粒喷丸强化后滚子的残余应力梯度图

图 3-48 为渗碳磨削工艺、常规喷丸 0.35mmA 强度以及微粒喷丸 0.1mmN 强度下的滚子试件近表面处的 IPF 和晶粒尺寸图。从图 3-48(a)和(c)中可以看到，在渗碳磨削试件和常规喷丸试件中存在较大片的绿色区域和蓝紫色区域，且其取向为[101]和[111]。从图 3-48(b)中可以看出，渗碳磨削滚子试件的晶粒尺寸为 0.5~8μm，平均晶粒尺寸为 588nm，相对于未处理 AISI 9310 试件(晶粒尺寸为 0.1~33μm，平均晶粒尺寸为 18.42μm)已有较大提升[51]。经过了 0.35mmA 常规喷丸和 0.1mmN 微粒喷丸处理后试件的晶粒尺寸分别为 0.5~8μm 和 0.5~7μm，平均晶粒尺寸分别降低到 450nm 和 280nm，平均晶粒尺寸分别降低了 23.5%和 52.4%。可以说明，常规喷丸和微粒喷丸均引起了试件表层材料组织的细化，使得其大尺寸晶粒频率逐渐减小，小尺寸晶粒频率逐渐增大，使得平均晶粒尺寸降低。在近表面处微粒喷丸工艺具有很好的晶粒细化作用。

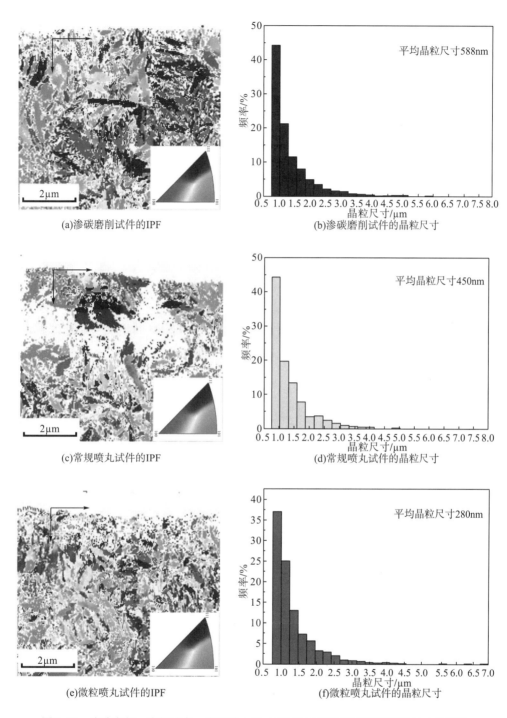

图 3-48　渗碳磨削、常规喷丸、微粒喷丸对 AISI 9310 试件的晶粒取向及尺寸的影响

　　图 3-49 为渗碳磨削工艺、常规喷丸强度 0.35mmA 以及微粒喷丸强度 0.1mmN 三种工艺条件下的局部平均取向差图以及几何必须位错密度图。局部平均取向差在 EBSD 分

析中常用来评价局部应变水平及塑性变形的程度，数值较高的区域，塑性变形程度较大；几何必须位错密度是指维持晶体间变形梯度的连续性而产生的位错，与局部平均取向差成正比。

图 3-49(a)～(c) 为渗碳磨削工艺条件、图 3-49(d)～(f) 为常规喷丸工艺条件、图 3-49(g)～(i) 为微粒喷丸工艺条件下的局部平均取向差以及几何必须位错密度变化趋势。从图 3-49(a) 中可以看到一些粗大的条状组织，经过了常规喷丸和微粒喷丸处理后，粗大晶粒的比例明显降低了(图 3-49(d)和(g))。从图 3-49(d)和(g)中可以发现一定的黑色区域，这是因为晶粒较小，在当前步长和放大倍数下无法被解析。除此之外，可以发现常规喷丸处理后黑色区域较深而微粒喷丸处理后的黑色区域较浅。这说明微粒喷丸对表面晶粒的细化效果更好。对比图 3-49(b)、(e) 及(h)可以发现，微粒喷丸处理后试件中深蓝色区域基本消失，表面处的几何必须位错密度显著增大，且随着深度的增加，几何必须位错密度逐渐减小。从图 3-49(c)、(f) 及(i)中可以发现，经过常规喷丸以及微粒喷丸工艺处理后，材料内部组织发生塑性变形导致几何必须位错密度的增加，几何必须位错密度平均值从渗碳磨削初始工艺条件的 $9.13\times10^{14}\mathrm{m}^{-2}$，增加至 $9.2\times10^{14}\mathrm{m}^{-2}$ 和 $9.49\times10^{14}\mathrm{m}^{-2}$，增加比例分别为 0.8%和 3.9%，进一步显示出微粒喷丸可以在近表面处产生较大的几何必须位错密度，说明了微粒喷丸能够产生更大程度的塑性变形，这将增加材料近表面处的硬度以及残余压应力的数值，从而改善齿轮的抗疲劳性能。

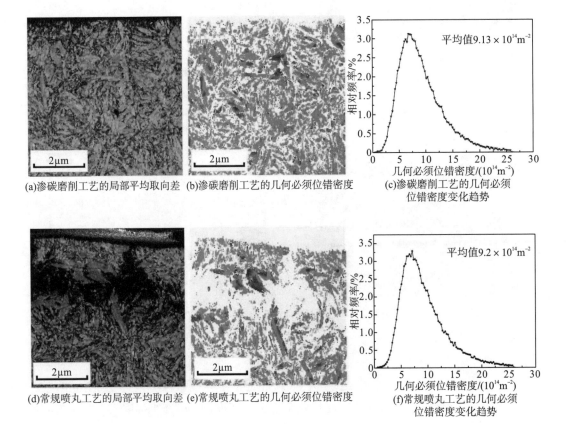

(a)渗碳磨削工艺的局部平均取向差 (b)渗碳磨削工艺的几何必须位错密度 (c)渗碳磨削工艺的几何必须位错密度变化趋势

(d)常规喷丸工艺的局部平均取向差 (e)常规喷丸工艺的几何必须位错密度 (f)常规喷丸工艺的几何必须位错密度变化趋势

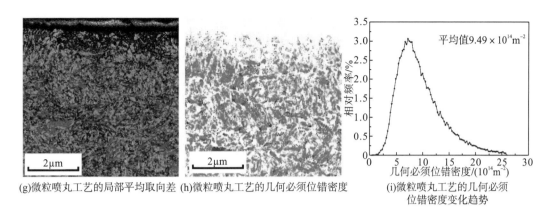

(g)微粒喷丸工艺的局部平均取向差 (h)微粒喷丸工艺的几何必须位错密度 　 (i)微粒喷丸工艺的几何必须
位错密度变化趋势

图 3-49 不同工艺条件下的局部平均取向差和几何必须位错密度及变化趋势对比

三种试件的显微硬度梯度结果如图 3-50 所示。可以发现，渗碳磨削的 AISI 9310 滚子表面显微硬度为 645HV，有效硬化层深为 0.8mm，硬度沿深度方向呈明显的梯度变化。经常规喷丸和微粒喷丸处理后，试件从表面到深度 0.1mm 处显微硬度明显提高，而深度大于 0.5mm 处显微硬度基本不变。0.35mmA 常规喷丸强化后滚子的表面显微硬度达到 708HV，相比于渗碳磨削试件提升了 63HV；0.1mmN 微粒喷丸强化后的滚子试件表面显微硬度达到 713HV，相比于渗碳磨削试件提升了 68HV。常规喷丸和微粒喷丸均能够提高表面硬度，0.35mmA 常规喷丸和 0.1mmN 微粒喷丸强化对 AISI 9310 滚子表面硬度的提高效果相差不大。对于其他的常规喷丸与微粒喷丸强度，对表面显微硬度的强化效果可能不同。

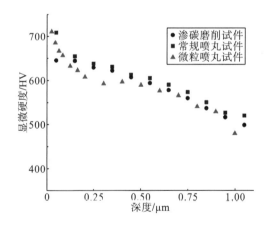

图 3-50 渗碳磨削、常规喷丸与微粒喷丸状态滚子的显微硬度梯度图

3.4 二次喷丸对表面完整性的影响

采用不同强度、覆盖率、弹丸类型的喷丸工艺对齿轮表面完整性的作用效果不同。先后采用不同的喷丸工艺对零件进行强化处理的方法能够结合不同工艺方案的优点，

从而提升喷强化效果。二次喷丸是一种典型的复合喷丸工艺，一般先采用直径较大的弹丸对零件进行第一次喷丸，并在此基础上继续用直径较小的弹丸进行第二次喷丸。Fu 等[31]研究了二次喷丸对渗碳齿轮钢力学性能的影响，发现相比单次喷丸，二次喷丸能进一步有效提升表面残余压应力值和显微硬度。由此可见，二次喷丸对提升疲劳强度有较大潜力，但是二次喷丸的强化机理仍然有待进一步探明。本节以数值仿真的方法为例，首先介绍介绍二次喷丸对表面完整性的作用效果，以期为二次喷丸工艺实施提供理论支撑。

3.4.1　二次喷丸数值仿真模型

采用商用软件 Abaqus 模拟二次喷丸工艺过程，二次喷丸仿真模型是在单次喷丸随机多弹丸仿真的基础上进行的，随机多弹丸建模过程详见第 5 章。二次喷丸模型的建模过程如图 3-51 所示，该方法可以计算单次喷丸的过程，亦可以推广到多次喷丸或高覆盖率喷丸的模拟。靶体的材料为经过渗碳淬火的 18CrNiMo7-6 齿轮钢。靶体材料的基本参数如下：弹性模量 E=210GPa，泊松比 μ=0.3，密度 ρ=7850kg/m^3。靶体材料采用基于位错的弹塑性本构[21]，以计算喷丸后靶体材料的位错密度、位错胞尺寸和弹塑性响应。

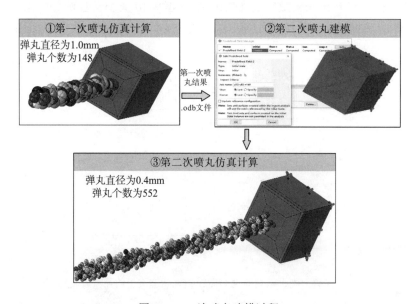

图 3-51　二次喷丸建模过程

进行单次喷丸模拟的有五组，分别为不同强度和弹丸直径的参数输入，如表 3-6 所示。进行二次喷丸的仿真工艺参数如表 3-7 所示，其中 DSP1、DSP2 为探究第二道喷丸工序中喷丸强度的影响，DSP3、DSP4 为探究第二道喷丸工序中弹丸直径的影响。

表 3-6 单次喷丸仿真工艺参数

工艺参数代号	喷丸工艺参数	喷丸气压/MPa	喷射流量/(kg/min)	喷丸速度/(m/s)
CSP1	0.35mmA-200%-0.6mm	0.4	12	49.3
CSP2	0.20mmA-200%-0.6mm	0.15	10	33.3
CSP3	0.50mmA-200%-0.6mm	0.5	6	57.4
CSP4	0.20mmA-200%-0.4mm	0.2	5	39.4
CSP5	0.20mmA-200%-0.8mm	0.1	8	26.1

表 3-7 二次喷丸仿真工艺参数

工艺参数代号	第一次喷丸工艺参数	第二次喷丸工艺参数
DSP1	0.35mmA-200%-0.6mm	0.50mmA-200%-0.6mm
DSP2	0.35mmA-200%-0.6mm	0.20mmA-200%-0.6mm
DSP3	0.35mmA-200%-0.6mm	0.20mmA-200%-0.4mm
DSP4	0.35mmA-200%-0.6mm	0.20mmA-200%-0.8mm

3.4.2 不同喷丸强度工序对二次喷丸性能影响效果

当弹丸直径固定为 0.6mm、喷丸覆盖率保持 200%时，单次喷丸强度以及组合不同的喷丸强度对残余应力的影响结果如图 3-52 所示，表面残余应力云图如图 3-52(a)所示，可以发现随着喷丸强度的增大或二次喷丸的进行，喷丸后的表面残余压应力更加均匀。残余应力梯度分布曲线如图 3-52(b)所示，进行 DSP2(0.35mmA+0.20mmA)后，其表面残余压应力与最大残余压应力显著提升。残余应力分布的主要参数即表面残余应力和最大残余应力如图 3-52(c)所示，可以发现单次喷丸后随着喷丸强度的增加，表面残余压应力逐渐减小，但最大残余压应力逐渐增加。进行二次喷丸后，表面残余压应力和最大残余压应力显著提升，表面残余压应力能提升到 850MPa 以上，最大残余压应力能达到 1100MPa 以上。喷丸后残余压应力层的深度分布如图 3-52(d)所示，可以发现随着喷丸强度的增加最大残余压应力出现深度逐渐增加，从 0.04mm 逐渐增加到 0.06mm 左右，但是进行二次喷丸后，最大残余压应力出现的位置逐渐向表面靠近，当先中强度喷丸、后高强度喷丸后，最大残余压应力出现的位置大概是中强度最大残余压应力出现的位置；当进行先中强度喷丸、后低强度喷丸后，最大残余压应力出现的位置更靠近表面，接近于低强度最大残余压应力出现的深度，为 0.04mm 左右。而对于喷丸引入的残余压应力影响深度，随着喷丸强度的增加逐渐，进行二次喷丸后均有一定程度的提升，当先进行中强度喷丸、后进行高强度的二次喷丸后(DSP1)，其残余压应力影响深度能达到最大。

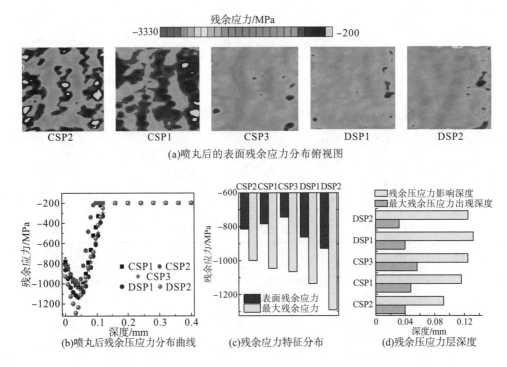

图 3-52　不同喷丸强度及二次喷丸后的残余应力分布

不同喷丸强度及进行二次喷丸后硬度分布如图 3-53(a)所示，进行低强度喷丸后表面显微硬度分布云图并不均匀，但进行高强度或二次喷丸后其表面显微硬度分布更为均匀，此外，进行喷丸后硬度提升的区域深度大约为 180μm。在进行平均取值后，硬度梯度分布曲线如图 3-53(b)所示，喷丸后硬度影响的区域深度几乎一致，影响比较明显为最大硬度，在次表层的 40～50μm 处(试验测量时的表面显微硬度区域)。其最大硬度分布如图 3-53(c)

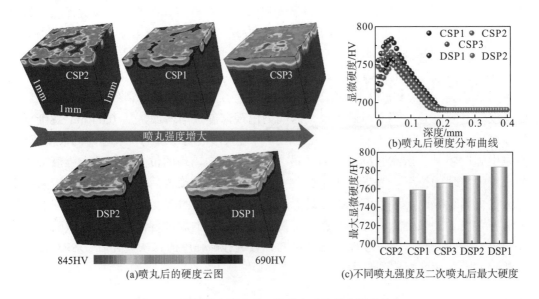

图 3-53　不同喷丸强度及二次喷丸后的最大硬度分布

所示，可以发现随着喷丸强度的增加，最大硬度逐渐增加，从 750HV 逐渐增加到 768HV 左右。二次喷丸后，最大硬度进一步提升。其中，先中强度后高强度的二次喷丸工艺对最大硬度提升效果最为明显，达到 785HV 左右。

不同喷丸强度及二次喷丸后的表面形貌如图 3-54(a)～(e) 所示，可以发现进行二次喷丸后，表面变得更加平坦。此外，可以发现随着喷丸强度的增加，表面粗糙度参数逐渐增加，Sa 从低强度喷丸到高强度喷丸逐渐从 1.04μm 增加到 1.55μm，但是进行二次喷丸后，其表面粗糙度参数相对于一次喷丸均显著降低。当先进行中强度喷丸(CSP1：Sa 为 1.13μm)，后进行高强度喷丸(CSP3：Sa 为 1.55μm)，其 DSP1 的表面粗糙度参数降低为 1.10μm；当先进行中强度喷丸(CSP1：Sa 为 1.13μm)，后进行低强度喷丸(CSP2：Sa 为 1.04μm)，其 DSP2 的表面粗糙度参数显著降低，降为 0.91μm。由此可知，二次喷丸工艺能有效降低表面粗糙度参数，并能增加其表面的抗接触疲劳性能。

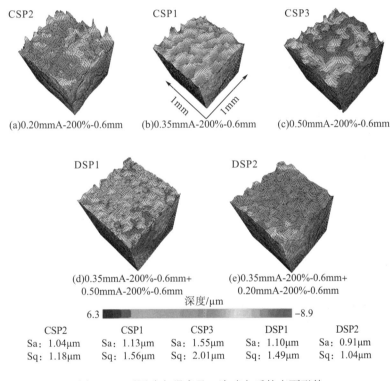

图 3-54　不同喷丸强度及二次喷丸后的表面形貌

先进行中强度喷丸，第二次喷丸工艺分别为高强度(DSP1)和低强度(DSP2)，两者的残余应力、Sa、硬度等分布如图 3-55 所示。对于表面残余应力、最大残余应力以及 Sa，DSP2 显著高于 DSP1；而对于最大显微硬度、残余压力影响深度以及最大残余压应力出现深度，DSP1 显著高于 DSP2。对于齿轮、轴承等对抗疲劳要求较高的零件，可以先进行喷丸后，第二次喷丸尽可能选择喷丸强度较低的工艺，从而提升二次喷丸的效果。

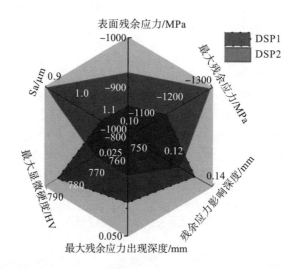

图 3-55　不同喷丸强度顺序的二次喷丸效果对比图

3.4.3　不同弹丸直径工序对二次喷丸性能影响效果

在喷丸强度保持 0.2mmA 时，弹丸直径分别为 0.4mm 及 0.8mm 的喷丸工况如图 3-56 中的 CSP4 及 CSP5 所示，可以发现随着弹丸直径的增加，最大残余应力及其出现深度逐渐增加，而表面残余压应力逐渐减小；而当第一次喷丸为中强度喷丸时，第二次喷丸分别为低强度大弹丸（DSP3）和低强度小弹丸（DSP4）的残余应力分布如图 3-56（a）所示，可以发现，进行二次喷丸后其表面残余应力和最大残余应力均有显著提升。其中，先中强度、后低强度大直径弹丸的二次喷丸工艺（DSP4）能将表面残余压应力提升到 953MPa，最大残余应力提升到 1434MPa。

进行不同强度和不同弹丸直径冲击的二次喷丸的表面残余应力、最大残余应力、最大残余压应力出现深度以及喷丸引入的残余压应力影响深度如图 3-56（c）所示。对于表面残余应力，随着弹丸直径的增加其呈现出逐渐减小的变化趋势，当喷丸强度保持 0.2mmA 不变，弹丸直径分别为 0.4mm（CSP4）、0.6mm（CSP2）、0.8mm（CSP5）时，其表面残余压应力分别为 849MPa、815MPa、786MPa，呈现出逐渐减小的变化趋势。但对于最大残余压应力，其值分别为 988MPa、999MPa、1126MPa，呈现出逐渐增加的趋势。此外，对于最大残余压应力出现深度也呈现出逐渐增加的趋势，分别为 0.032mm、0.04mm、0.056mm，喷丸引入的残余压应力影响深度分别为 0.088mm、0.092mm、0.116mm。

而当第一次为中强度的中等弹丸直径喷丸后（CSP1：0.35mmA-200%-0.6mm）进行低强度不同弹丸直径的二次喷丸，其中大弹丸直径（DSP4：0.35mmA-200%-0.6mm+0.20mmA-200%-0.8mm）和小弹丸直径喷丸（DSP3：0.35mmA-200%-0.6mm+0.20mmA-200%-0.4mm）后表面残余压应力略有提升，但最大残余压应力显著提升，分别能提升到 1144MPa 及 1434MPa。但进行二次喷丸后，最大残余压应力出现深度相对于初始状态均略有降低；而对于喷丸引入的残余压应力影响深度几乎不变。

此外,进行不同弹丸直径喷丸处理以及二次喷丸处理后的硬度分布如图 3-56(b)所示,可以发现随着弹丸直径的增加,最大硬度能显著提升;此外,进行二次喷丸后最大硬度能提升到 793HV。相对于初始的硬度状态,二次喷丸后分别能提升 40～50HV。进行不同弹丸直径喷丸处理以及二次喷丸处理后的表面粗糙度参数 Sa、Sq 分布如图 3-56(d)所示,可以发现随着弹丸直径的增加,表面粗糙度逐渐增加。以 Sa 为例,当弹丸直径为 0.4mm、0.6mm、0.8mm 时,其 Sa 分别为 0.859μm、1.058μm、1.253μm。但进行二次喷丸后,其表面粗糙度相对于初始状态均有一定程度降低。第一次喷丸后的 Sa 为 1.27μm,进行二次喷丸后分别降低到 0.806μm(DSP3)、1.088μm(DSP4)。

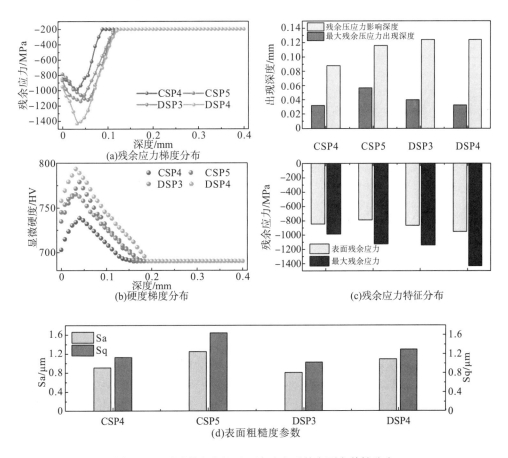

图 3-56   不同弹丸直径及二次喷丸后的表面完整性分布

先进行中强度喷丸,后进行低强度小直径弹丸(DSP3)和低强度大直径弹丸(DSP4)的二次喷丸,两者的残余应力、Sa、硬度等分布如图 3-57 所示。对于表面残余应力、最大残余应力、残余应力影响深度以及最大硬度,DSP4 均高于 DSP3;而对于最大残余压应力出现深度和 Sa,DSP3 高于 DSP4。对于粗糙度要求更为严格的服役工况,第二次喷丸可以选用低强度小直径弹丸的工艺;当零件在服役过程中对残余应力和硬度的要求更为严苛时,第二次喷丸可以采用低强度大直径弹丸的工艺,从而使二次喷丸的效果更为明显。

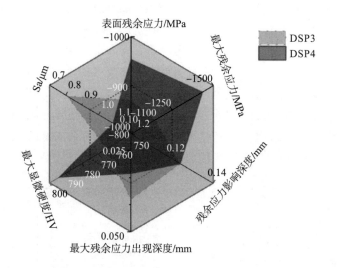

图 3-57　不同弹丸直径的二次喷丸效果对比图

3.5　本　章　小　结

本章概述了喷丸覆盖率和喷丸强度对表面完整性的影响，其中增大喷丸强度能有效增大残余压应力层和晶粒细化层的深度，但同时也会增大表面粗糙度。相比于常规喷丸，微粒喷丸能够引入更大的表面残余应力，并有效地把粗糙度控制在较低水平，但是其形成的应力强化层和组织强化层深度较浅。采用合适的二次喷丸工艺能有效提升表面残余压应力，同时降低表面粗糙度。第二次喷丸工艺在确定采用低强度处理后，使用小直径弹丸可以减小表面粗糙度和增加最大残余压应力，而使用大直径弹丸对提升表面残余应力和硬度有显著作用。

参　考　文　献

[1] 王仁智. 金属材料的喷丸强化原理及其强化机理综述[J]. 中国表面工程, 2012, 25(6): 1-9.

[2] 王仁智, 汝继来. 喷丸强化的基本原理与调控正/切断裂模式的疲劳断裂抗力机制图[J]. 中国表面工程, 2016, 29(4): 1-9.

[3] He B Y, Soady K A, Mellor B G, et al. Fatigue crack growth behaviour in the LCF regime in a shot peened steam turbine blade material[J]. International Journal of Fatigue, 2016, 82(1): 280-291.

[4] Bag A, Lévesque M, Brochu M. Effect of shot peening on short crack propagation in 300M steel[J]. International Journal of Fatigue, 2020, 131(6): 105346.

[5] Torres M A S, Voorwald H J C. An evaluation of shot peening, residual stress and stress relaxation on the fatigue life of AISI 4340 steel[J]. International Journal of Fatigue, 2002, 24(8): 877-886.

[6] Llaneza V, Belzunce F J. Study of the effects produced by shot peening on the surface of quenched and tempered steels: Roughness, residual stresses and work hardening[J]. Applied Surface Science, 2015, 356(8): 475-485.

[7] Llaneza V, Belzunce F J. Optimal shot peening treatments to maximize the fatigue life of quenched and tempered steels[J]. Journal of Materials Engineering and Performance, 2015, 24(7): 2806-2815.

[8] Ghasemi A, Hassani-Gangaraj S M, Mahmoudi A H, et al. Shot peening coverage effect on residual stress profile by FE random impact analysis[J]. Surface Engineering, 2016, 32(11): 861-870.

[9] Lin Q J, Liu H J, Zhu C C, et al. Effects of different shot peening parameters on residual stress, surface roughness and cell size[J]. Surface & Coatings Technology, 2020, 398(25): 126054.

[10] Maleki E, Unal O, Amanov A. Novel experimental methods for the determination of the boundaries between conventional, severe and over shot peening processes[J]. Surfaces and Interfaces, 2018, 13(4): 233-254.

[11] Zhao J Y, Tang J Y, Zhou W H, et al. Numerical modeling and experimental verification of residual stress distribution evolution of 12Cr2Ni4A steel generated by shot peening[J]. Surface & Coatings Technology, 2022, 430(9): 127993.

[12] Zhang X D, Hansen N, Gao Y K, et al. Hall-Petch and dislocation strengthening in graded nanostructured steel[J]. Acta Materialia, 2012, 60(16): 5933-5943.

[13] Umemoto M. Nanocrystallization of steels by severe plastic deformation[J]. Materials Transactions, 2003, 44(10): 1900-1911.

[14] Umemoto M, Todaka Y, Tsuchiya K. Formation of nanocrystalline structure in carbon steels by ball drop and particle impact techniques[J]. Materials Science and Engineering: A, 2004, 375-377(7): 899-904.

[15] Jamalian M, Field D P. Effects of shot peening parameters on gradient microstructure and mechanical properties of TRC AZ31[J]. Materials Characterization, 2019, 148(2): 9-16.

[16] Maleki E, Unal O. Roles of surface coverage increase and re-peening on properties of AISI 1045 carbon steel in conventional and severe shot peening processes[J]. Surfaces and Interfaces, 2018, 11(5): 82-90.

[17] Kuhlmann-Wilsdorf D, Hansen N. Geometrically necessary, incidental and subgrain boundaries[J]. Scripta Metallurgica et Materialia, 1991, 25(7): 1557-1562.

[18] 姬金金. 热锻模具表面喷丸渗氮强化研究[D]. 重庆: 重庆大学, 2013.

[19] Hassani-Gangaraj S M, Cho K S, Voigt H J L, et al. Experimental assessment and simulation of surface nanocrystallization by severe shot peening[J]. Acta Materialia, 2015, 97(15): 105-115.

[20] Chen M, Liu H B, Wang L B, et al. Evaluation of the residual stress and microstructure character in SAF 2507 duplex stainless steel after multiple shot peening process[J]. Surface & Coatings Technology, 2018, 344(25): 132-140.

[21] Lin Q J, Wei P T, Liu H J, et al. A CFD-FEM numerical study on shot peening[J]. International Journal of Mechanical Sciences, 2022, 223(9): 107259.

[22] Lin Q J, Liu H J, Zhu C C, et al. Investigation on the effect of shot peening coverage on the surface integrity[J]. Applied Surface Science, 2019, 489(30): 66-72.

[23] Blunt L, Jiang X Q. Advanced Techniques for Assessment Surface Topography: Development of a Basis for 3D Surface Texture Standards "Surfstand"[M]. London: Kogan Page Science, 2003.

[24] Dai K, Villegas J, Stone Z, et al. Finite element modeling of the surface roughness of 5052 Al alloy subjected to a surface severe plastic deformation process[J]. Acta Materialia, 2004, 52(20): 5771-5782.

[25] Benedetti M, Fontanari V, BANDINI M, et al. High-and very high-cycle plain fatigue resistance of shot peened high-strength aluminum alloys: The role of surface morphology[J]. International Journal of Fatigue, 2015, 70(34): 451-462.

[26] Vielma A T, Llaneza V, Belzunce F J. Effect of coverage and double peening treatments on the fatigue life of a quenched and tempered structural steel[J]. Surface & Coatings Technology, 2014, 249(3): 75-83.

[27] Maleki E, Sherafatnia K. Investigation of single and dual step shot peening effects on mechanical and metallurgical properties of 18CrNiMo7-6 steel using artificial neural network[J]. International Journal of Materials, Mechanics and Manufacturing, 2015, 4(2): 100-105.

[28] Gao Y, Lu F, Yao M. Influence of mechanical surface treatments on fatigue property of 30CrMnSiNi2A steel[J]. Surface Engineering, 2005, 21(4): 325-328.

[29] SAE International. Shot Peening of Metal Parts. AMS-S-13165[S]. Warrendale: SAE International, 1997.

[30] SAE International. Test Strip, Holder, and Gage for Shot Peening. SAE J442[S]. Warrendale: American National Standard, 2017.

[31] Fu P, Zhan K, Jiang C H. Micro-structure and surface layer properties of 18CrNiMo7-6 steel after multistep shot peening[J]. Materials & Design, 2013, 51(6): 309-314.

[32] Gao Y K. Characteristics of compressive residual stress fields in high-strength steel caused by shot peening[J]. Heat Treatment of Metals, 2003, 28(4): 42-44.

[33] 朱鹏飞, 严宏志, 陈志, 等. 齿轮齿面喷丸强化研究现状与展望[J]. 表面技术, 2020, 49(4): 113-131, 140.

[34] Bui X N, Nguyen H, Le H A, et al. Prediction of blast-induced air over-pressure in open-pit mine: assessment of different artificial intelligence techniques[J]. Natural Resources Research, 2020, 29(2): 571-591.

[35] Peyrac C, Ghribi D, Lefebvre F, et al. Shot peening for surface topography optimization to avoid micro pitting[C]. International Conference on Shot Peening, Montreal, 2017: 104-110.

[36] Terrin A, Dengo C, Meneghetti G. Experimental analysis of contact fatigue damage in case hardened gears for off-highway axles[J]. Engineering Failure Analysis, 2017, 76(9): 10-26.

[37] Kim J Y, Kang S K, Lee J J, et al. Influence of surface-roughness on indentation size effect[J]. Acta Materialia, 2007, 55(10): 3555-3562.

[38] Marteau J, Bigerelle M. Relation between surface hardening and roughness induced by ultrasonic shot peening[J]. Tribology International, 2015, 83(4): 105-113.

[39] Johnson K L. Contact Mechanics[M]. Cambridge: Cambridge University Press, 1987.

[40] Liu H L, Liu H J, Zhu C C, et al. Effects of lubrication on gear performance: A review[J]. Mechanism and Machine Theory, 2020, 145(6): 103701.

[41] Liu H J, Liu H L, Zhu C C, et al. Tribological behavior of coated spur gear pairs with tooth surface roughness[J]. Friction, 2019, 7(2): 117-128.

[42] Li S. Lubrication and contact fatigue models for roller and gear contacts[D]. Columbus: The Ohio State University, 2009.

[43] Rycerz P, Kadiric A. The influence of slide-roll ratio on the extent of micropitting damage in rolling-sliding contacts pertinent to gear applications[J]. Tribology Letters, 2019, 67(2): 1-20.

[44] Wu J Z, Liu H J, Wei P T, et al. Effect of shot peening coverage on residual stress and surface roughness of 18CrNiMo7-6 steel[J]. International Journal of Mechanical Sciences, 2020, 183(8): 105785.

[45] Lin Q J, Liu H J, Zhu C C, et al. Effects of different shot peening parameters on residual stress, surface roughness and cell size[J]. Surface and Coatings Technology, 2020, 398(7): 126054.

[46] Wang D F, Yang J L, Wei P C, et al. A mixed EHL model of grease lubrication considering surface roughness and the study of friction behavior[J]. Tribology International, 2021, 154(1): 106710.

[47] Björling M, Larsson R, Marklund P, et al. Elastohydrodynamic lubrication friction mapping–the influence of lubricant, roughness, speed, and slide-to-roll ratio[J]. Proceedings of the Institution of Mechanical Engineers, Part J: Journal of Engineering Tribology, 2011, 225 (7): 671-681.

[48] Suraratchai M, Limido J, Mabru C, et al. Modelling the influence of machined surface roughness on the fatigue life of aluminium alloy[J]. International Journal of Fatigue, 2008, 30 (12): 2119-2126.

[49] Vayssette B, Saintier N, Brugger C, et al. Surface roughness of Ti-6Al-4V parts obtained by SLM and EBM: Effect on the high cycle fatigue life[J]. Procedia Engineering, 2018, 213 (4): 89-97.

[50] Li X, Zhang J W, Yang B, et al. Effect of micro-shot peening, conventional shot peening and their combination on fatigue property of EA4T axle steel[J]. Journal of Materials Processing Technology, 2020, 275 (2): 116320.

[51] He Y H, Lu S, Tang J Y, et al. Analysis of flow stress and microstructure evolution of 9310 steel during the hot compression[J]. Materials Research Express, 2021, 8 (6): 066512.

第4章 喷丸强化对齿轮服役性能的影响

第 3 章阐述了喷丸强度、喷丸覆盖率、弹丸状态、喷丸工序等工艺参数对齿轮表面粗糙度、残余应力、硬度梯度等表面完整性的作用规律。本章通过阐述喷丸工艺对齿轮接触疲劳、弯曲疲劳和胶合等服役性能的影响，以获取齿轮服役性能最佳的喷丸工艺，为高功率密度齿轮设计制造提供支撑。

4.1 齿轮服役性能概述

随着风电、高速铁路、航空等重大装备向高可靠性、长寿命、智能化方向发展，对齿轮服役性能提出了更高的要求。因齿轮失效导致装备故障甚至产生灾难性后果的现象已屡见不鲜。据统计，在航空发动机齿轮失效中，齿轮接触疲劳失效所占比例达到 85%[1]；美国国家可再生能源实验室报道 37 起风机事故中有 22 起发生齿轮失效，其中大部分为接触疲劳失效[2]；曾正明[3]统计了近 35 年 931 个齿轮失效模式，发现 32.8%是由于齿根弯曲疲劳引起的；文献[4]报道了某直升机中间级齿轮箱由于齿根弯曲疲劳断裂而引起的严重事故。以上统计案例表明，齿轮是整机装备可靠性和安全的关键瓶颈。

图 4-1 为齿轮常见的失效形式，有接触疲劳、弯曲疲劳、胶合失效等。齿轮接触疲劳是现代重载齿轮最主要的失效形式[5]，循环接触载荷下表面或近表面产生疲劳损伤，一定循环次数后齿面出现麻点、点蚀及深层剥落的过程称为齿轮接触疲劳[6]。齿轮接触疲劳失效机理相比其他失效形式更加复杂，严重制约着齿轮装备的疲劳寿命与可靠性；与接触疲劳不同，弯曲疲劳失效往往由萌生于齿根表面的疲劳裂纹引起，疲劳裂纹从萌生至形成弯曲疲劳折断，具有发生时间短、难以预判等特点，因此极易引发人机安全事故，具有很大的危害性；此外，在高速重载齿轮传动中，因润滑油膜损伤或破坏，接触齿面产生高瞬时温度，同时高压下金属局部黏结，在两齿面持续相对滑动下撕成沟纹，这种现象称为齿面胶合失效。

目前对装备的功率密度、承载能力和可靠性等要求不断提高，并且高速、重载、高温等极端服役环境逐渐增多，使得齿轮失效问题日益突出。风电齿轮设计寿命要求逐渐从 20 年延长到 30 年；某些应用场合的齿轮接触应力循环次数要求高达 $10^8 \sim 10^{10}$ 数量级，超过传统高周疲劳定义范围，迈入超高周疲劳；航空齿轮接触压力高达 2~3GPa。在高承载能力、长服役寿命的双重要求下，对齿轮失效的控制尤为重要。因此，对齿面粗糙度、硬度梯度、残余应力、材料微结构等表面完整性参数进行控制是实现高性能齿轮制造的有效途径。

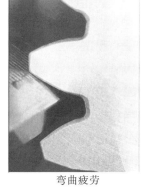

接触疲劳　　　　　　　　弯曲疲劳　　　　　　　　胶合失效

图 4-1　齿轮常见失效形式

　　齿轮喷丸后，残余应力、硬度梯度、粗糙度、材料微结构等均会发生转变，如表面残余压应力显著增大、硬化层变深、晶粒细化等，从而改变齿轮接触疲劳、弯曲疲劳、抗胶合等性能。而不同失效形式对各参量的敏感性不同，例如，有研究表明，在齿轮接触疲劳失效中，硬度梯度、残余应力、材料微结构、表面粗糙度等均具有较大的影响；残余应力、硬度梯度则是影响弯曲疲劳性能的关键参量；表面粗糙度、硬度梯度对齿面胶合承载能力影响较大。如何针对不同应用场景的齿轮具体失效形式或风险，通过控制喷丸工艺过程及参数，进而获取针对性的高表面完整性状态，对有效提升齿轮服役性能具有重要意义。

4.2　喷丸对齿轮接触疲劳性能的影响

　　齿轮接触疲劳是现代重载齿轮主要失效形式[5]，而其具体表现形式众多，根据结构、工况、材料等条件不同，可能出现宏观点蚀、微点蚀、齿面断裂等不同失效形式，如图 4-2 所示。宏观点蚀是最常见的齿轮失效形式之一，是剥落和其他宏观齿面损伤的统称，可以由于粗糙峰之间的接触或缺口效应发生在表面，也可以由于次表面夹杂物的存在发生在次表面；微点蚀通常发生在混合润滑或边界润滑状态，这时部分齿面接触区域发生油膜破裂使得粗糙峰之间直接接触，造成极小的材料颗粒脱落，形成微点蚀坑；与起始于表面的轮齿损伤不同，齿面断裂的主裂纹首先萌生在材料较深处(一般在有效硬化层深度以下)，距离齿面可达数毫米，不易察觉，随后朝向齿轮承载面和芯部扩展，或将最终导致齿块完全脱落。

宏观点蚀　　　　　　　　微点蚀　　　　　　　　齿面断裂

图 4-2　不同齿轮接触疲劳失效形式

本节通过接触疲劳台架试验、疲劳数据处理方法及喷丸对齿轮接触疲劳的影响规律等方面介绍喷丸对齿轮接触疲劳性能的影响。

4.2.1　接触疲劳台架试验

能准确模拟齿轮服役工况的试验台是进行齿轮接触疲劳试验，并获得高效试验数据的基础。20 世纪中叶，德国慕尼黑工业大学齿轮研究中心(FZG)就制造出第一批功率封闭式齿轮试验机，最高载荷达 1800MPa，迄今为止仍被广泛采用，并获取了大量齿轮传动效率、胶合、疲劳等基础数据。20 世纪 70 年代，NASA Lewis 研究中心开发出高速齿轮疲劳试验机[7]，转速达 10000r/min，并用于多种航空材料、强化工艺、润滑条件下的齿轮疲劳性能测试。之后英国纽卡斯尔大学齿轮设计中心也制造出大模数齿轮疲劳试验机，中心距达 160mm、扭矩可达 6000N·m[8]。而国内于 20 世纪 70 年代末才开始齿轮试验研究，并由郑州机械研究所主导研发设计了 CL-100、JG-150 等齿轮试验台。但由于齿轮试件和试验设备要求较高，并且试验周期较长，后来我国大多齿轮工作者常通过圆盘或滚子模拟齿轮试验，也出现了较多等效接触疲劳试验台，如球柱式高速接触疲劳试验机[9]、新型三点接触式滚动疲劳试验机[10]、高速滚动接触疲劳试验机[11]。如今国际范围内齿轮接触疲劳试验台已相对标准化，其分类大致如图 4-3 所示。

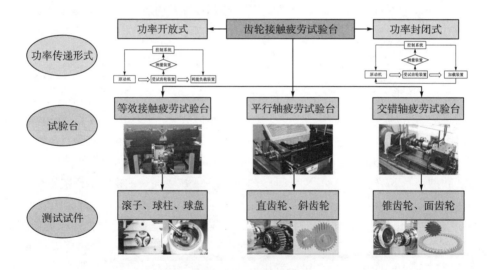

图 4-3　齿轮接触疲劳试验台分类

1) 等效接触疲劳台架试验

齿轮接触疲劳失效本质为滑滚接触疲劳，可通过等效试件并基于等效工况开展滚动接触疲劳试验以实现。20 世纪中叶，NASA Lewis 研究中心设计出五球疲劳试验机，以研究硬度、润滑剂及残余应力等对疲劳寿命的影响。经数十年已形成适用于不同接触形式、工况范围的不同原理试验设备，包括滚子试验机、球盘试验机、球柱试验机等。最为经典的是双盘滚动接触疲劳试验机,最先由 Merritt 等[12]开发并得到长足发展,其试件为两个半径相同并绕固定圆心旋转的圆盘滚子,通过设置径向载荷、滑滚比、转速等参数重现齿面滑滚状态,从而间接研究齿面点蚀问题。Meneghetti 等[13]研制了一种双盘滚子疲劳试验机,认为最重要的参数为试件半径与滑动速度;Ahlroos 等[14]通过双盘疲劳试验机发现采用类金刚石(diamond-like carbon,DLC)涂层和脂润滑对微点蚀性能有显著提升作用;吴少杰[15]和李嘉玮等[16]基于双盘滚子疲劳试验机建成了 18CrNiMo7-6、AISI 9310 等不同材料,渗碳磨削、喷丸、光整、涂层等不同工艺,接触压力、滑差率等不同工况下的滚动接触疲劳试验数据,为高性能齿轮抗疲劳设计提供了数据支撑。

下面以 AISI 9310 材料滚子接触疲劳试验为例介绍其试验原理及过程。

(1)滚动接触疲劳试件。试件按照 YB/T 5345—2014《金属材料　滚动接触疲劳试验方法》[17]设计制造,试件与齿轮进行相同的热处理、机加工,保证力学性能、加工精度、表面完整性等一致,接触方式为线接触,接触线长为 3mm,直径为 60mm,如图 4-4 所示。

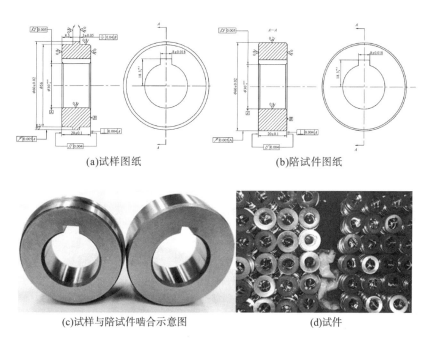

(a)试样图纸　　　　　　　　　　　(b)陪试件图纸

(c)试样与陪试件啮合示意图　　　　　　(d)试件

图 4-4　滚动接触疲劳试件

(2)滚动接触疲劳试验台及试验原理。滚动接触疲劳试验采用重庆大学配备的滚动接触疲劳试验机,其最大径向加载力为 20kN,最大转速为 3000r/min,可以进行点、线两种接触形式的滚动接触疲劳试验。图 4-5 为试验台整体装置及试验原理图。主轴箱上安装有加速度传感器,当试件表面出现剥落坑后,加速度传感器采集到的振动信号超过设定阈值后试验台会自动停机保护。经实践证明,当试件失效时振动加速度值会达到 $30\sim40\text{m/s}^2$ 以上,故可把停机振动阈值设置为 30m/s^2 左右。

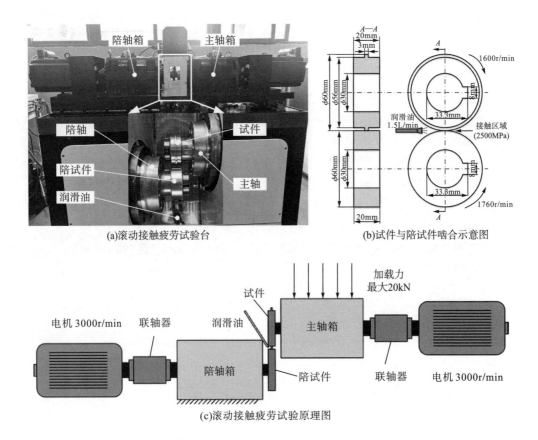

图 4-5　滚动接触疲劳试验台及原理图

(3)接触应力计算。根据 YB/T 5345—2014《金属材料 滚动接触疲劳试验方法》[17]，接触应力按式(4-1)式计算：

$$\sigma_{max} = \sqrt{\dfrac{F\left(\sum_\rho\right)}{\pi L \left(\dfrac{1-\mu_1^2}{E_1} + \dfrac{1-\mu_2^2}{E_2}\right)}} \qquad (4\text{-}1)$$

式中，σ_{max} 为最大接触应力(MPa)；F 为施加在试件上的力(N)；μ_1、μ_2 分别为主试件与陪试件的泊松比；E_1、E_2 分别为主试件与陪试件的弹性模量(N/mm²)；L 为主试件接触长度(mm)；ρ 为主试件与陪试件接触处的曲率(mm⁻¹)；$\sum_\rho$ 为主试件与陪试件主曲率之和。

(4)试验过程。①试件的安装：主试件、陪试件分别正确安装在对应的轴上，使得试件端面与轴台阶贴合，并锁紧紧定螺母确保试件安装正确；②试件径向跳动检查：试件安装后应检查主试件、陪试件径向跳动量不大于 0.02mm；③开启润滑油：润滑油量应保证试件充分润滑；④主轴转速升至较小转速，径向载荷分别升至指定载荷；⑤调试机器视觉系统至图像清晰，并设置采图周期；⑥主轴转速升至指定转速；⑦待试件失效后，记录下循环次数，正确卸下试件。

(5)失效判据。①当深层剥落面积不小于 $3mm^2$ 时，即判为疲劳失效；②麻点剥落(集中区)，在 $10mm^2$ 面积内出现麻点率达 15%的损伤时，即判为疲劳失效。

2)平行轴齿轮疲劳试验台

滚动接触疲劳试验台虽能较好地模拟齿轮接触问题，但其更多反映的是材料的疲劳性能，不可避免地忽略了齿轮服役相关信息。平行轴齿轮疲劳试验台作为最早出现且应用最为广泛的试验机，其输入轴与输出轴相互平行，主要用于测定圆柱齿轮承载能力。根据功率传递方式的不同，其可分为功率开放式与功率封闭式，相比功率开放式，功率封闭式具有能耗低、传动平稳等优点，是现阶段大多数齿轮疲劳试验台选用的功率传递方式。目前使用最为广泛的机械功率流封闭式试验台为德国 FZG 开发的通用机械杠杆加载直齿圆柱齿轮试验台。德国 Strama 公司设计了可变中心距(89~140mm)的功率封闭式齿轮疲劳试验台，最高转速能达到 6000r/min，最大扭矩为 2100N·m，如图 4-6 所示。作为美国著名的航空齿轮研究基地，NASA Lewis 研究中心开发的高速齿轮接触疲劳试验机，其采用叶片式液压加载，最高转速能够达到 10000r/min，并针对不同材料、工艺、结构及润滑条件的航空齿轮接触疲劳性能进行了测试与工艺验证。

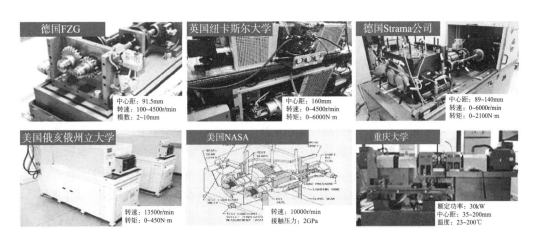

图 4-6　平行轴齿轮疲劳试验台

齿轮接触疲劳试验一般包括以下几个方面：

(1)试验方法。试验方法的选择主要根据测试内容选择，如果测试齿轮接触疲劳 S-N 曲线，则可选择常规组合法或少点组合法等。如果测试齿轮接触疲劳强度极限，则可选择升降配对法、阶梯增载法等。

(2)齿面接触应力计算。

$$\sigma_{H1} = \frac{Z_B Z_H Z_E Z_t Z_\beta}{Z_V Z_L Z_R Z_W Z_X} \sqrt{K_A K_V K_{H\beta} K_{H\alpha}} \sqrt{\frac{F_t}{d_1 b} \frac{u+1}{u}} \tag{4-2}$$

式中，K_A 为使用系数；K_V 为动载系数；$K_{H\beta}$ 为接触强度计算的齿向载荷分布系数；$K_{H\alpha}$

为接触强度计算的齿间载荷分配系数；Z_B 为小轮单对齿啮合系数；F_t 为端面内分度圆上的名义切向力；b 为接触齿宽；d_1 为小齿轮节圆直径；u 为齿数比；Z_H 为节点区域系数；Z_E 为弹性系数；Z_t 为重合度系数；Z_β 为螺旋角系数；Z_V 为速度系数；Z_L 为润滑剂系数；Z_R 为粗糙度系数；Z_W 为齿面工作硬化系数；Z_X 为接触强度计算的尺寸系数。

(3)齿轮安装与参数设置。依照所采用的齿轮疲劳试验台，对试验齿轮进行正确安装，保证试验的正常进行，而参数设置主要包括扭矩、转速、润滑油量等。

(4)试验过程监控。①在每对齿轮正式试验进行约2h后，检查齿面接触情况是否正常；②定期检查齿轮，如果出现齿面点蚀，根据点蚀情况及扩展趋势调整检查的时间间隔，同时对点蚀损伤形貌进行跟踪记录；③检查时若有一个齿轮点蚀失效，则判定该对齿轮失效；④更换一对新齿轮磨合后继续试验；⑤定期检查齿轮润滑油和加载器液压油的品质和油位。

(5)失效判据。试验中，若出现下列情况之一，则判断为失效：①如果某一齿轮发生点蚀的面积占到一个轮齿齿面的4%及以上或所有轮齿齿面的0.5%及以上时，则该齿轮失效；②当循环次数达到 $5×10^7$ 次时，齿轮点蚀面积未达到损伤极限，则判定该试验点越出。

3)交错轴齿轮疲劳试验台

锥齿轮、面齿轮等交错轴齿轮具有传动效率高、承载能力强、结构紧凑等优点，但其结构及装配的复杂性，导致其试验台研制极其困难，目前仅少数交错轴齿轮试验台开发成功。德国 Strama 公司与 KlingeInberg 集团联合研制的 TS-30 锥齿轮试验台，适用模数为1.5~5.0mm、传动比为 1.0~2.5、轴交角为 60°~120° 的锥齿轮磨损和疲劳强度测试[8]；Strama 公司还研制了转速为 0~6000r/min、最大扭矩为 3000N·m 的试验台，可用于准双曲面齿轮性能试验；德国 FZG 也开发了一台功率流封闭式锥齿轮试验台，可以进行轴向偏置距离调节，适用于最大外径为 170mm、转速为 100~4800r/min 的锥齿轮疲劳测试；此外，针对航空等极端服役工况环境，我国也在积极探索开发面向高温、高速、重载等锥面齿轮服役性能测试试验台。

4.2.2 试验方法与疲劳数据分析技术

齿轮疲劳试验具有典型的费时、费力、耗财等特点，故高效合理的试验方法是获取精确可靠数据的必要前提。本节针对齿轮疲劳寿命及极限测试介绍几种常用的齿轮接触疲劳试验方法与数据处理技术，可供齿轮疲劳试验时选用。

1)升降疲劳试验法

升降疲劳试验法简称升降法，可用于测试齿轮疲劳极限，是在预估疲劳极限附近设置多个应力水平并依据试验点失效/越出升降走势统计得出指定循环次数下疲劳极限的一种试验方法，如图4-7所示。当上一试件为"失效"时，该试件加载的应力水平选择降低一级，当上一试件为"越出"时，该试件加载的应力水平选择提高一级。试验时，通常取4~

7 个应力级，所需试验点总数一般不少于 20 个，升降法可以较为精确地测试出齿轮接触疲劳极限值。

其求解过程如下：

以总点数较少原则选择"越出"或"失效"作为"分析事件"进行统计分析，并将应力级按升序排序，即

$$\sigma_0 \leqslant \sigma_1 \leqslant \cdots \leqslant \sigma_l \tag{4-3}$$

式中，l 为应力级数。

应力平均值及标准偏差求解如下：

$$\mu_\sigma = \sigma_0 + \Delta\sigma\left(\frac{A}{N} \pm \frac{1}{2}\right) \tag{4-4}$$

$$s_\sigma = \begin{cases} 1.6\Delta\sigma\left(\dfrac{NB - A^2}{N^2} + 0.029\right) \\ 0.53\Delta\sigma \end{cases} \tag{4-5}$$

式中，"分析事件"选"失效"时取"−"，选"越出"时取"+"；$\Delta\sigma$ 为应力增量；A、B、N 的取值可参考 GB/T 14229—2021《齿轮接触疲劳强度试验方法》。

2) 快速测定法

目前已有多种疲劳极限快速测定法得到实际应用，其中最为经典的是 Locati 快速测定法[18]。Locati 快速测定法是以 Miner 线性损伤累积假设[19]为基础的齿轮疲劳极限测试方法，如图 4-8 所示。首先根据前人试验资料估计疲劳极限值，并在初始应力水平小于预估疲劳极限下选定多级应力水平进行阶梯加载试验，相邻两级应力水平差值相同，每一级循环次数相同，若未达到设定的失效判据，则进入下一应力级继续试验，最后逐级加载直至齿轮发生接触疲劳失效。在完成阶梯加载试验后，根据前人类似试验假定的 3 条 S-N 疲劳曲线及预估疲劳极限 σ'_{Hlim} 计算疲劳累积损伤值 $\Sigma n_i/N_i$。最后根据 3 个累积损伤值作出相应的 $\Sigma n_i/N_i$-σ'_{Hlim} 曲线，然后找出对应于 $\Sigma n_i/N_i=1$ 的 σ'_{Hlim} 值，即为所测试验齿轮的接触疲劳极限。

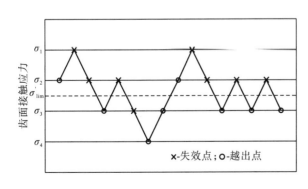

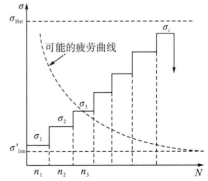

图 4-7　升降疲劳试验法示意图　　　　　图 4-8　Locati 齿轮接触疲劳极限快速测定法

3)常规组合法及少点组合法

图 4-9(a)为基于常规组合法的齿轮疲劳 *S-N* 曲线测试方法。常规组合法用于获取不同可靠度下的齿轮疲劳 *S-N* 曲线，试验时通常取 4～5 个应力级，在每个应力级下应有不少于 5 个试验点(不包括越出点)，同时最高应力级试验点循环次数应不少于 1×10^6 次，最低应力级至少有一个试验点越出。常规组合法多用于试验齿轮有限寿命区间内疲劳 *R-S-N* 曲线的精确测定，其试验周期及耗费与升降法相似。而当需要快速获得 *S-N* 曲线时，可采用少点组合法，其在多个应力级下进行少量疲劳试验得到疲劳 *S-N* 曲线，如图 4-9(b)所示。该试验方法用于 50%可靠度下疲劳 *S-N* 曲线的测定，通常取 4～10 个应力级，一般共需不少于 7 个试验点。

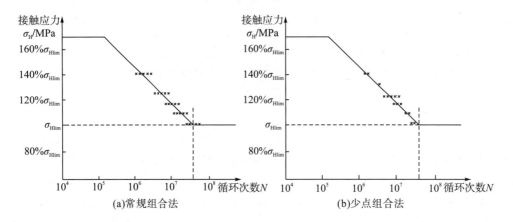

图 4-9　齿轮疲劳 *S-N* 曲线测试方法

✖为失效试验点

对于常规组合法及少点组合法，疲劳 *S-N* 曲线拟合过程如下：

(1)试验点寿命排序。

某一应力级下试验点总数为 *n*，其寿命值的排序为

$$N_{L1}\leqslant N_{L2}\cdots\leqslant N_{Ln-1}\leqslant N_{Ln} \tag{4-6}$$

对于任一寿命值 N_{Li} 的寿命经验分布函数的中位秩公式为

$$P(N_{Li})=\frac{i-0.3}{n+0.4} \tag{4-7}$$

式中，*n* 为试验点总数；*i* 为试验点按寿命值由小到大排列的顺序。

(2)分布函数假设与拟合。

正态分布：

$$\phi^{-1}[P(N_L)]=\frac{1}{\sigma_N}(N_L-\mu_N) \tag{4-8}$$

对数正态分布：

$$\phi^{-1}[P(N_{\mathrm{L}})] = \frac{1}{\sigma_{\ln N}}\left(\ln N_{\mathrm{L}} - \mu_{\ln N}\right) \tag{4-9}$$

威布尔分布：

$$\ln\ln\frac{1}{1-P(N_{\mathrm{L}})} = \beta\left[\ln\left(N_{\mathrm{L}} - \gamma\right) - \ln\eta\right] \tag{4-10}$$

式中，N_{L} 为齿轮接触疲劳寿命；μ_N 为正态分布函数母体平均值；σ_N 为正态分布函数母体标准差；$\mu_{\ln N}$ 为对数正态分布函数母体平均值；$\sigma_{\ln N}$ 为对数正态分布函数母体标准差；β 为威布尔分布函数的形状参数；η 为威布尔分布函数的尺度参数；γ 为威布尔分布函数的位置参数。

(3)分布函数的确定。

分布函数的拟合公式可以描述为 $Y=KX+B$ 的线性方程，然后采用相关系数优化法得到参数估计值，从而确定分布函数参数，并选用线性相关系数绝对值较大的分布函数。

(4) S-N 曲线的确定。

按确定的寿命分布函数计算不同可靠度 R 下的可靠寿命 $N_{\mathrm{L},R}$，并根据不同应力级下的计算寿命值拟合 S-N 曲线，拟合公式如下：

$$\sigma_{\mathrm{H}}^{m} N_{\mathrm{L},R} = C \tag{4-11}$$

4.2.3　喷丸对齿轮接触疲劳性能的影响结果

为了厘清喷丸强化对齿轮接触疲劳性能的影响规律，本节分别从常规喷丸、二次喷丸、微粒喷丸等工艺方面介绍其作用机理。

1) 常规喷丸对齿轮接触疲劳的影响规律

常规喷丸常采用气压等动力方式产生高速运动的弹丸流喷射零件表面，使金属表层产生强烈的塑性变形，形成喷丸强化层。Li 等[20]采用升降法和常规组合法对喷丸后 20CrMnMo 渗碳淬火齿轮进行接触疲劳试验，如图 4-10 所示的喷丸及未喷丸的 20CrMnMo 齿轮接触疲劳 R-S-N 曲线，发现经喷丸处理后齿轮残余压应力幅值达到 980MPa，99%可靠度下齿轮接触疲劳极限应力达到 1810MPa，相比喷丸前提高了 14.56%，如图 4-10 所示；Townsend 等[21]通过试验对比渗碳硬化和喷丸强化齿轮的表面耐久性，发现进行喷丸强化的齿轮残余压应力是渗碳磨削基准状态的 1.5 倍，而疲劳寿命是其的 1.6 倍，充分证明了喷丸及所引入的残余压应力对齿面接触疲劳的强化作用；Sim 等[22]对高碳钢进行滚动接触疲劳试验，发现在 90%可靠度下喷丸后滚动接触疲劳寿命最大提高了 278%；Gao[23]研究了渗氮与喷丸处理对滚动接触疲劳的影响，发现喷丸强化可以增加残余压应力出现的深度，因而改善滚动接触疲劳性能；徐劲力等[24]对不同参数喷丸处理后的钢板弹簧进行疲劳试验，经过喷丸强化处理的钢板弹簧疲劳寿命比未经喷丸强化处理的钢板弹簧疲劳寿命长。

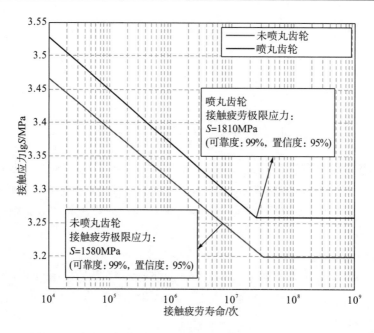

图 4-10 喷丸及未喷丸的 20CrMnMo 齿轮接触疲劳 R-S-N 曲线

从前面可以看出，喷丸强化可以改善齿轮的表面状态，增加残余压应力，有望提高齿轮的接触疲劳寿命。但有时对齿轮进行喷丸处理不仅不会起到提升作用，反而会降低接触疲劳性能，主要原因是喷丸也可能增加齿轮表面粗糙度，从而对齿轮接触疲劳性能产生负面影响。此外，喷丸强度并不是越高越好，喷丸时间不能太长也不能太短，它们有一个合理的范围，否则会对接触疲劳强度产生负面影响。Zammit 等[25]对球磨铸铁齿轮进行喷丸，发现喷丸后齿轮粗糙度大幅度提升，加剧了齿面磨损；Terrin 等[26]研究发现，与未喷丸相比，喷丸处理的圆盘接触疲劳强度没有显著改善；Vrbka 等[27]发现喷丸强化后滚子表面显示出更高的硬度，但对滚动接触疲劳(rolling contact fatigue，RCF)性能没有提升，他们认为 RCF 的减少可能是由于喷丸处理之后表面粗糙度增加。因此，提高齿轮接触疲劳性能需根据齿轮实际工作状态合理控制喷丸工艺。

2)二次喷丸对齿轮接触疲劳的影响规律

常规喷丸用于齿轮接触疲劳性能提升的主要疑虑是表面粗糙度可能增加，在某些情况下反而会降低齿轮接触疲劳强度。二次喷丸作为一项新兴表面强化技术，为解决这种问题提供了可能，且二次喷丸具有成本低廉、易操作等优点。Ho 等[28]通过试验验证发现，二次喷丸可被认为是一种有效的表面强化技术，其提高了表面和次表面的力学特性以及疲劳性能；Matsumura 等[29]使用了弹丸直径为 0.8mm+0.1mm 的二次喷丸技术，发现其主要影响较浅层(约 20μm)的残余应力分布，抑制疲劳断裂的第二阶段；戴如勇等[30]对 18CrNiMo7-6 钢进行了不同强度的一次及二次喷丸处理，发现二次喷丸可以进一步提高表面残余压应力及显微硬度，同时降低表面粗糙度；Fu 等[31]研究了多次喷丸对 18CrNiMo7-6 钢组织和力学性能的影响，结果表明多次喷丸处理能显著提高材料的力学性能。

3) 微粒喷丸对齿轮接触疲劳的影响规律

微粒喷丸是一种先进的金属表面改性技术，相比常规喷丸具有较小的粗糙度，已成为航空、能源动力等领域中一项重要的表面强化技术[32]。Inoue 等[33]采用直径为 0.6mm 的铸钢丸和 0.06mm 的陶瓷丸分别对 7075 铝合金进行常规喷丸及微粒喷丸试验，结果表明经常规喷丸后铝合金疲劳寿命只提高了 2.7 倍，而经微粒喷丸提高了 15~17 倍；Harada 等[34]研究了微粒喷丸处理后高速工具钢的疲劳寿命，结果表明微粒喷丸明显提高了高速工具钢的疲劳寿命；Lv 等[35]对 W6Mo5Cr4V2 齿轮钢进行微粒喷丸，发现疲劳强度显著提高。

为探究常规喷丸、二次喷丸、微粒喷丸对齿轮接触疲劳性能的影响规律，重庆大学针对 18CrNiMo7-6、AISI 9310 等不同材料齿轮开展了接触疲劳试验研究。对于 18CrNiMo7-6 齿轮接触疲劳 P-N 曲线，共进行了渗碳磨削、喷丸强化、滚磨光整、喷丸光整四组工艺下的测试，试验结果如图 4-11 所示[36]。在 2200MPa 接触压力下，50%失效概率的四种表面完整性状态的齿轮接触疲劳寿命分别为 1.14×10^6 次、4.43×10^6 次、2.98×10^6 次、5.76×10^6 次，喷丸强化、滚磨光整、喷丸光整相比渗碳磨削基准状态分别提升 288.6%、161.4%、405.3%。可以看出，不管是渗碳磨削后进行喷丸强化还是滚磨光整后进行喷丸强化，齿轮接触疲劳寿命均得到显著提升，这主要是因为喷丸后引入了较大的残余压应力及应力层深，并且提升了近表面显微硬度梯度。

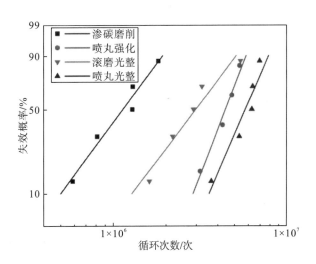

图 4-11　不同工艺状态下 18CrNiMo7-6 齿轮接触疲劳 P-N 曲线

采用 Locati 快速测定法对 18CrNiMo7-6 齿轮渗碳磨削、喷丸强化、二次喷丸、微粒喷丸等工艺进行了测试，如图 4-12 所示[37]。渗碳磨削基准态 50%可靠度下的齿轮接触疲劳极限为 1570MPa，喷丸强化的齿轮接触疲劳极限为 1765MPa，相对于渗碳磨削提升 12.42%，这主要是因为齿轮经过喷丸后残余压应力显著提升，增强了齿轮的抗接触疲劳性能；二次喷丸状态齿轮接触疲劳极限为 1877MPa，相对于渗碳磨削提升 19.55%，这主要是因为齿轮经过一次喷丸后残余应力、显微硬度梯度的显著提升以及二次喷丸后降低了齿面粗糙度，表面完整性的协同作用使得齿轮接触疲劳极限有所提升；预喷丸+二次喷丸+微粒喷丸状态的齿轮接触疲劳极限为 1941MPa，相对于渗碳磨削提升 23.63%，这种强度提升效果会带来相同载荷下寿命提升若干倍甚至几十倍。

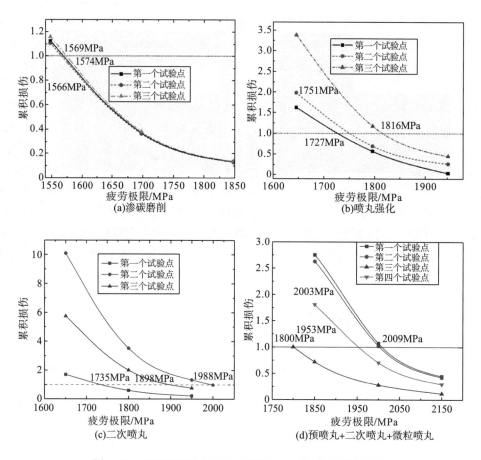

图 4-12　不同工艺状态下 18CrNiMo7-6 齿轮接触疲劳极限

对于 AISI 9310 航空齿轮钢滚动接触疲劳寿命，进行了 2500MPa 恒定接触压力下渗碳磨削、喷丸强化、二次喷丸、微粒喷丸等工艺下的测试，如表 4-1 所示[15]。渗碳磨削工艺共进行了 5 组试验，统计后在 50%失效概率下的滚动接触疲劳寿命为 4.6×10^6 次。该系列疲劳试验中涉及常规喷丸工艺包括 3 种，二次喷丸及微粒喷丸分别各 1 种，喷丸强度分别为 0.2mmA、0.35mmA、0.5mmA、0.35mmA+0.2mmA（二次喷丸）、0.1mmN（微粒喷丸），覆盖率均为 200%。它们在 50%失效概率下的滚动接触疲劳寿命分别为 4.83×10^6 次、5.86×10^6 次、5.5×10^6 次、8.08×10^6 次、7.12×10^6 次，相比磨削状态分别提高 4.8%、27.4%、19.6%、75.7%、54.8%。可以看出，经过不同的喷丸强化工艺处理后，滚动接触疲劳寿命皆有提高。该工况下 0.2mmA、0.35mmA、0.5mmA 喷丸强度的疲劳寿命分别为 4.83×10^6 次、5.86×10^6 次、5.5×10^6 次，说明滚动接触疲劳寿命并不一直随着喷丸强度的增加而增大，这可能是喷丸强度过大导致粗糙度过度增加(当喷丸强度分别为 0.2mmA、0.35mmA、0.5mmA 时，表面粗糙度依次为 0.81μm、0.88μm、0.96μm)等导致的。

表 4-1　不同工艺状态下 AISI 9310 航空齿轮钢滚动接触疲劳寿命　　　（单位：次）

工艺	试验 1	试验 2	试验 3	试验 4	试验 5	50%可靠度寿命/10^6
渗碳磨削	3672184	4141550	4376798	4769817	5829311	4.6
喷丸 0.2mmA	3057286	4045604	7383210			4.83
喷丸 0.35mmA	4265806	5217194	5493502	6607933	7500491	5.86
喷丸 0.5mmA	1546874	4747623	6349669	9388281		5.5
二次喷丸 0.35mmA+0.2mmA	4576744	9677399	10000000			8.08
微粒喷丸 0.1mmN	6296272	6878852	7437940			7.12

此外，基于 Locati 快速测定法测定了 AISI 9310 航空齿轮钢渗碳磨削、喷丸强化、滚磨光整、喷丸光整的滚动接触疲劳极限，结果如图 4-13 所示[15]。可以看出，他们的滚动接触疲劳极限分别为 2205MPa、2269MPa、2488MPa、2553MPa，喷丸强化、滚磨光整、喷丸光整相比渗碳磨削初始态分别提升 2.9%、12.8%、15.8%。喷丸强化、滚磨光整、喷丸光整等单一或复合强化工艺可以显著提高接触疲劳极限，可以为齿轮的抗疲劳设计提供相关指导。

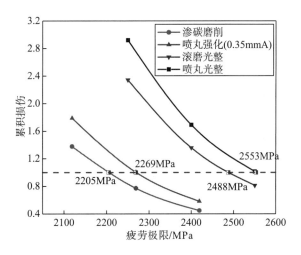

图 4-13　不同工艺状态下 AISI 9310 航空齿轮钢滚动接触疲劳极限

总之，常规喷丸、二次喷丸、微粒喷丸或结合滚磨光整等技术的复合强化工艺，都已探索出对齿轮接触疲劳性能的良好调控，也将有望成为未来广泛应用的抗疲劳技术手段。在这个过程中，应注意的是合理设置喷丸工艺参数，以防出现"欠喷""过喷"等现象，造成疲劳性能衰退。此外，不同喷丸工艺对不同表面完整性参数的影响不同，探索出全面提升表面完整性并显著提升喷丸性能的工艺组合也是未来一大方向。

4.3 喷丸对齿轮弯曲疲劳性能的影响

当前国内外用于风力发电机的齿轮设计寿命已达 25～30 年之久，以某兆瓦级风电齿轮箱中间级小齿轮为例，该齿轮在设计寿命内将经历过亿次载荷循环，具有明显的超高周疲劳特性，而国内某风场风电齿轮箱工作仅三个月即发生齿根完全折断事故，导致该机组被强制停机，经济损失达几百万元。图 4-14 展示了风电、直升机、汽车等领域典型的齿轮弯曲疲劳失效案例。

(a)风电齿轮齿根折断   (b)直升机齿轮齿根折断   (c)汽车齿轮齿根疲劳断裂

图 4-14 齿轮弯曲疲劳失效案例

随着高端装备对齿轮性能要求的不断提高，现代齿轮设计制造技术逐渐从"控形设计"向"形性协同可控设计"发展。而齿轮喷丸工艺是"形性协同可控设计"的一道重要保障，本节通过齿轮弯曲疲劳试验及喷丸对齿轮弯曲疲劳的影响规律介绍齿轮弯曲疲劳性能强化机理。

4.3.1 齿轮弯曲疲劳试验

齿轮弯曲疲劳失效过程本质上是齿轮疲劳损伤不断累积、力学属性不断劣化的过程。齿轮弯曲疲劳试验是评估齿轮弯曲疲劳性能的最直接手段，根据齿轮受载近似为悬臂梁这一简化，将齿轮在实际工况中的受载情况进行复现，从而快速评估齿轮弯曲疲劳性能。根据试验齿轮的安装形式以及试验机加载方式，齿轮弯曲疲劳试验可以分为运转型弯曲疲劳试验和脉动型弯曲疲劳试验。

1)运转型弯曲疲劳试验

运转型弯曲疲劳试验又称"A 试验法"，是将试验齿轮副安装在齿轮试验机上进行负荷运转的一种试验方法。因为这种试验装置可以在齿轮运转状态下进行试验，可以按齿轮实际工作所要求的转速，加上实际工作的试验载荷运转，所以可以很好地模拟齿轮工作状态下的实际情况。运转型弯曲疲劳试验的优点是能够模拟实际工况，而最大的缺点是试验周期太长，成本太高，且要确保齿轮在发生接触疲劳前先发生弯曲疲劳，因此基本很少采用。图 4-15 为常用的运转型弯曲疲劳试验台。

运转型弯曲疲劳试验机以齿轮副为试验对象,获取一组齿轮弯曲疲劳极限和 *S-N* 曲线需要约 25 对试验齿轮。试验齿轮副在一定转矩和转速下开展试验,与齿轮实际运行工况一致,能够真实反映齿轮在运转过程中的疲劳行为。但采用运转型弯曲疲劳试验台开展弯曲疲劳试验时可能会出现接触疲劳失效导致停机的现象,则该试验点不能作为弯曲疲劳试验有效点,导致试验齿轮浪费,因此为确保试验齿轮失效形式为弯曲疲劳失效,需要对试验齿轮几何结构进行特殊设计,对齿轮试件几何结构要求较高,通常需要定制专用滚刀加工试验齿轮。运转型弯曲疲劳试验机又可以分为功率封闭式和功率开放式,图 4-16 为 DU6019 R13 功率封闭式齿轮试验台及其工作原理。

  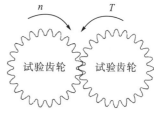

(a)功率封闭式齿轮试验台　　　　　　(b)工作原理

图 4-15　常用的运转型弯曲疲劳试验台　　　图 4-16　功率封闭式齿轮试验台及其工作原理

2)脉动型弯曲疲劳试验

脉动型弯曲疲劳试验又称“B 试验法”,脉动型弯曲疲劳试验机以单个齿轮为试验对象,试验时齿轮静止不动,采用专用压头对试验齿轮的轮齿施加脉动载荷。每次试验时仅需跨几颗轮齿,每个齿轮可进行多次试验,获取一组弯曲疲劳极限和 *S-N* 曲线需要约 10 个试验齿轮。同时开展脉动型弯曲疲劳试验时,试验齿轮失效形式均为弯曲疲劳失效,对试验齿轮的几何结构相比运转型弯曲疲劳试验要求较低,一般可以采用现有滚刀加工试验齿轮,大大降低试验成本。脉动型弯曲疲劳试验加载频率高(一般为 50～150Hz),可大大缩短试验周期。图 4-17 为脉动型弯曲疲劳试验机 Zwick/Roell Vibrophore 1000kN(下面简称为 Zwick)及其工作原理。

脉动型弯曲疲劳试验由于具有试件要求低、加载形式简单、同时单个试验齿轮可获得多个数据点且试验周期短等优点,下面以重庆大学开展的某脉动型弯曲疲劳试验为例讲述齿轮弯曲疲劳试验过程。

(1)试验设备。

试验是在重庆大学高端装备机械传动全国重点实验室配备的脉动型弯曲疲劳试验机 Zwick 上以单齿加载方式开展的。试验机基本参数如表 4-2 所示,其最大静载荷可达 1000kN,可适用于模数为 2.5～50mm、齿顶圆直径为 49～1000mm 的齿轮弯曲疲劳试验测试。试验机定期经认证单位校验合格。试验时由试验机的激振器产生激振力,当激振频率与系统固有频率一致时,系统产生共振,设备在共振状态下工作,试验加载频率为共振频率。试验齿轮的安装如图 4-18 所示,试验齿轮轮齿与上、下压头相切,上、下压头之间的距离为试验齿轮的公法线长度。开展试验时下压头固定不动,上压头对轮齿施加脉动载荷，直至轮齿失效或者越出。圆轴从试验齿轮中心孔穿过，防止轮齿失效时试验齿轮掉落损伤试验齿轮以及试验机。

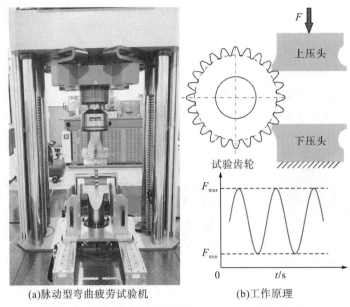

(a)脉动型弯曲疲劳试验机　　　　(b)工作原理

图 4-17　脉动型弯曲疲劳试验机 Zwick 及其工作原理

表 4-2　Zwick 弯曲疲劳试验机基本参数

基本参数	数值	基本参数	数值
最大静载荷/kN	1000	动态加载精度/%	2
静态加载精度/%	1	最大加载频率/Hz	150
最大动载荷/kN	±500	频率分辨率/Hz	0.01

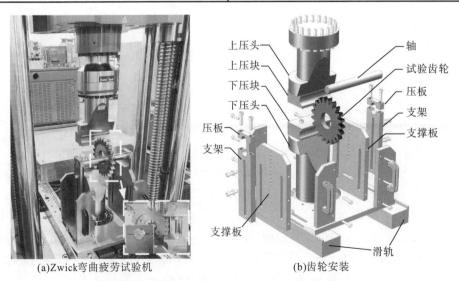

(a)Zwick弯曲疲劳试验机　　　　(b)齿轮安装

图 4-18　Zwick 弯曲疲劳试验机及齿轮安装

（2）试验齿轮。

对于齿轮弯曲承载能力试验，应选用圆柱齿轮，法向模数 m_n=2～6mm，精度应满足 GB/T 10095（所有部分）规定的 5～7 级，基本齿廓应符合 GB/T 1356—2001《通用机械和重型机械用圆柱齿轮标准基本齿条轮廓》的要求。以模数 m_n=5mm 试验齿轮为例，基本参数如表 4-3 所示，其图纸及实物图如图 4-19 所示。所有齿轮表面经渗碳淬火处理，表面显微硬度为 58～62HRC，芯部硬度为 30～45HRC，渗碳硬化层为 1.0～1.3mm。

表 4-3　试验齿轮基本参数

参数	数值	参数	数值
齿数 Z	24	齿顶高系数 h_a^*	0.914
模数 m_n/mm	5	变位系数 X	0.4860
压力角 α/(°)	20	表面显微硬度/HRC	58～62
全齿高 h/mm	11.57	精度等级	5

（3）加载点与安装尺寸。

根据试验齿轮的几何尺寸选择对称加载的方式，力的作用线与齿轮基圆相切。通过作图法确定加载点 E 点的位置。对于单齿加载形式，当确定加载点 E 点后，从 E 点到齿轮中心的向径 r_E 及 E 点的压力角就确定了。根据 E 点公法线长度 W，确定试验齿轮中心线高度 h_1，如图 4-20 所示。

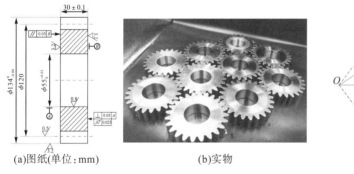

(a)图纸(单位:mm)	(b)实物	

图 4-19　试验齿轮图纸及实物图　　　　　图 4-20　单齿加载夹具的几何尺寸关系图

齿轮基圆半径为

$$r_b = \frac{m_n z}{2} \cos \alpha_n \tag{4-12}$$

E 点处压力角为

$$\alpha_E = \cos^{-1} \frac{d_b}{d_E} \tag{4-13}$$

过 E 点的公法线长度为

$$W = m_{n1}\cos\alpha_n\left[\pi(k-0.5)+z\operatorname{inv}\alpha_{n1}\right]+2x_{n1}m_{n1}\sin\alpha_{n1} \tag{4-14}$$

试验齿轮中心线高度为

$$h_1 = W/2 \tag{4-15}$$

本方案选取对称加载的方式，故 h_1 是公法线长度的一半。当 r_b、α_E、h_1、W 尺寸参

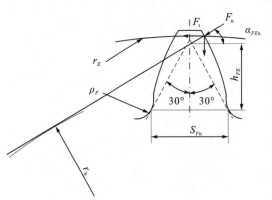

数以及选用的压头确定后，d_1 和 d_2 等参数即可确定。如图 4-21 所示，采用计算机辅助设计（computer-aided design，CAD）软件测量，得到上下安装尺寸 d_1 和 d_2。在安装齿轮时只需通过卡尺控制确定好 d_1 和 d_2，即可确定加载力作用于预先设定的加载点 E 点上。

（4）齿根应力计算。

单齿加载法以载荷作用于单对齿啮合区外界点为基础进行计算，根据已确定的 E 点位置，齿轮齿根应力按式(4-16)计算，即

图 4-21　确定轮齿的几何参数

$$\sigma_F' = \frac{F_t Y_{FE} Y_{SE}}{b m_n Y_{ST} Y_{NT} Y_{\delta relT} Y_{RrelT} Y_X} \tag{4-16}$$

式中，b 为工作齿宽；m_n 为法向模数；F_t 为与 E 所在圆相切的切向力；Y_{FE} 为载荷作用于 E 点的齿形系数；Y_{SE} 为载荷作用于 E 点的应力修正系数；Y_{ST} 为应力修正系数；Y_{NT} 为弯曲强度计算的寿命系数；$Y_{\delta relT}$ 为相对齿根圆角敏感系数；Y_{RrelT} 为相对齿根表面状况系数；Y_X 为弯曲强度计算的尺寸系数。参数 Y_{FE}、Y_{SE}、Y_{ST}、Y_{NT}、$Y_{\delta relT}$、Y_{RrelT} 和 Y_X 计算与确定过程如下。

①齿形系数 Y_{FE}。

齿形系数 Y_{FE} 是考虑载荷作用于 E 点时齿形对名义弯曲应力的影响。齿形系数 Y_{FE} 计算过程如下：

危险截面齿厚与模数之比为

$$\frac{S_{Fn}}{m_n} \tag{4-17}$$

弯曲力臂与模数之比为

$$\frac{h_{FE}}{m_n} \tag{4-18}$$

加载点压力角为

$$\alpha_{En} = \cos^{-1}\frac{d_b}{d_E} \tag{4-19}$$

加载点处的齿厚半角为

$$\gamma_E = \frac{1}{z_n}\left(\frac{\pi}{2}+2x\tan\alpha_n\right)+\operatorname{inv}\alpha_n - \operatorname{inv}\alpha_{En} \tag{4-20}$$

式(4-21)仅计算加载点 E 处的压力角，为进行加载力的分解，需要获得当量齿轮单齿啮合外界点载荷作用角。当量齿轮单齿啮合外界点载荷作用角为

$$\alpha_{FEn} = \alpha_{En} - \gamma_E \tag{4-21}$$

齿形系数 Y_{FE} 计算公式为

$$Y_{FE} = \frac{6 \dfrac{h_{FE}}{m_n} \cos \alpha_{FEn}}{\left(\dfrac{S_{Fn}}{m_n} \right)^2 \cos \alpha_n} \tag{4-22}$$

②应力修正系数 Y_{SE}。

应力修正系数 Y_{SE} 是将名义弯曲应力换算成齿根局部应力的系数。它考虑了齿根过渡曲线处的应力集中效应，以及弯曲应力以外的其他应力对齿根应力的影响。应力修正系数 Y_{SE} 计算如下：

齿根危险截面处齿厚与弯曲力臂的比值 L 为

$$L = \frac{S_{Fn}}{h_{FE}} \tag{4-23}$$

$$Y_{SE} = \left(1.2 + 0.13L\right)\left(\frac{S_{Fn}}{2\rho_F}\right)^{\frac{1}{1.21 + \frac{2.3}{L}}} \tag{4-24}$$

③应力修正系数 Y_{ST}。

Y_{ST} ——应力修正系数，根据 ISO 6336-5：2016（*Calcultion of Load Capacity of Spur and Helical Gears-Part5：Strength and Quality of Materials*）标准所给 Y_{ST} 值计算时取 2.0。

④寿命系数 Y_{NT}。

Y_{NT} ——弯曲强度计算的寿命系数，取值为 1。

⑤弯曲强度尺寸系数 Y_X。

Y_X ——弯曲强度计算的尺寸系数，$Y_X = 1.05 - 0.01 m_n$。

⑥相对齿根表面状况系数 Y_{RrelT}。

相对齿根表面状况系数考虑齿廓根部的表面状况，主要受齿根圆角处的粗糙度与齿根弯曲强度的影响。

$$Y_{RrelT} = 1.674 - 0.529\left(R_z + 1\right)^{0.1} \tag{4-25}$$

⑦相对齿根圆角敏感系数 $Y_{\delta relT}$。

相对齿根圆角敏感系数 $Y_{\delta relT}$ 表示在轮齿折断时，齿根处的理论应力集中超过实际应力集中的程度。相对齿根圆角敏感系数 $Y_{\delta relT}$ 的计算如下：

$$q_s = \frac{S_{Fn}}{2\rho_F} \tag{4-26}$$

$$q_{sT} = 2.5 \tag{4-27}$$

齿根危险截面处的应力梯度与最大应力比值为

$$X^* \approx \frac{1}{5}\left(1 + 2q_s\right) \tag{4-28}$$

试验齿轮齿根危险截面处的应力梯度与最大应力比值为

$$X_T^* \approx \frac{1}{5}\left(1 + 2q_{sT}\right) = 1.2 \tag{4-29}$$

材料滑移层厚度为

$$\rho' = 0.003\,\text{mm} \tag{4-30}$$

相对齿根圆角敏感系数为

$$Y_{\delta\text{rel}T} = \frac{1+\sqrt{\rho'X^*}}{1+\sqrt{\rho'X_{\text{T}}^*}} \tag{4-31}$$

由于疲劳试验机的限制，为避免零载荷造成加载压头对齿轮轮齿形成冲击以及夹具与试件的损坏，在试验中必须保证一定的最小载荷，即循环特性系数 $\gamma_F \neq 0$，应将实际齿根应力换算为 $\gamma_F = 0$ 时的脉动循环齿根应力 σ_F，单位为 N/mm^2，其转换公式为

$$\sigma_F = \frac{(1-\gamma_F)\sigma_F'}{1-\gamma_F\dfrac{\sigma_F'}{\sigma_b+350}} \tag{4-32}$$

式中，σ_b 为抗拉强度。

本方案取循环特性系数 γ_F 为

$$\gamma_F = \frac{F_{\min}}{F_{\max}} = 0.05 \tag{4-33}$$

(5)弯曲失效判据。

试验中，若出现下列情况之一，则判为弯曲失效：

①频率下降或上升 5%～10%(本方案选取 5%)导致试验机自动停机；

②齿轮齿根出现可见裂纹。

如果在应力循环 3×10^6 次内齿轮未失效，则应停止试验，该试验点称为"越出点"。

4.3.2　喷丸对弯曲疲劳性能的影响结果

喷丸强化工艺[38]作为一种常用的表面强化工艺，能够通过在表层引入残余压应力[39]和诱导塑性变形来提高机械构件[40]的疲劳寿命，同时渗碳材料经喷丸处理后，有利于残余奥氏体转变[31]、增加硬度、细化晶粒、增强残余压应力[41]，从而防止或延缓疲劳失效，被广泛应用于齿轮强化。本质上，在齿轮制造全流程中，齿轮的残余应力以及硬度梯度参数都将在一定程度上受到影响，进而最终改变齿轮弯曲疲劳性能。喷丸一方面通过为齿轮引入初始残余应力层，改变齿轮受载过程中的力学响应，另一方面通过强化齿根表面及次表层硬度、屈服强度等力学性能参数改变齿轮材料抵抗疲劳的性能，其能有效延缓裂纹的萌生和阻止裂纹的扩展。并且当齿轮承受载荷时，喷丸强化产生高残余压力层可以抵消部分因外部载荷所引起的张应力[42]。喷丸强化等工艺成为提高齿轮承载能力和疲劳性能的重要途径，也是面向高承载优化设计和高性能服役的重要调控内容[43,44]。

2011 年李贞子等[45]针对 20CrMoH 渗碳齿轮开展了未喷丸和喷丸强化的齿轮弯曲疲劳试验，发现喷丸能使齿轮弯曲疲劳极限提高 10%。2014 年樊毅崙[42]针对某坑口轮边齿轮因强度不足而频繁损坏的问题，结合影响齿轮弯曲疲劳强度的因素，提出优化方案。文献[46]和[47]研究发现，喷丸工艺可以引入残余压应力，齿轮进行喷丸强化后的残余压应力平均值为 860.3MPa，未喷丸强化的残余压应力平均值为 729.1MPa，喷丸强化齿轮齿根残

余压应力提高了 18%。对齿轮进行喷丸强化和提高加工精度后，齿轮弯曲疲劳极限相比原方案提高了 23.24%[46,47]。2019 年冯显磊等[48]针对渗碳淬火后的 22CrMoH 齿轮分别采用不同喷丸强化工艺，通过表面残余应力检测、弯曲疲劳试验及接触疲劳试验对比分析，发现喷丸能够显著提升齿轮的抗疲劳效果，最优喷丸强化工艺能够提高渗碳齿轮弯曲疲劳寿命 50%以上、提高接触疲劳寿命 25%以上，大大延长推土机传动齿轮的疲劳寿命[49,50]。2018 年 Lambert 等[51]对 3.9mm 20MnCr5 齿轮进行四种不同的喷丸强化工艺处理并开展弯曲疲劳试验，如图 4-22 所示。试验结果表明喷丸强化工艺能够显著提升齿轮弯曲疲劳强度（循环次数 1000 万次），未喷丸、钢丝切丸、铸钢丸 S230H、铸钢丸 S330H 以及铸钢丸 S330H+S110H 在 99%可靠度下的弯曲疲劳极限分别为 357MPa、1324MPa、1092MPa、1208MPa 和 1177MPa，与仅渗碳工艺齿轮相比，喷丸工艺对弯曲疲劳极限值最低提升 61%，远远超过了 ISO 6336-5：2016 中给出的喷丸强化工艺对渗碳钢弯曲疲劳极限提升的建议值（10%）。同时经喷丸强化处理的齿轮，试验标准差远小于渗碳齿轮，即喷丸强化工艺使得齿轮的工艺一致性得到提升[52]。2022 年 Fuchs 等[53]发现喷丸强化在齿轮表层中引入残余压应力，可以实现更高的齿根弯曲强度。然而，由于残余压应力，可能会发生鱼眼失效，并且会对高强度齿轮的耐用性产生决定性影响。为防止这种失效，可以进一步提高高强度齿轮的齿根弯曲强度。

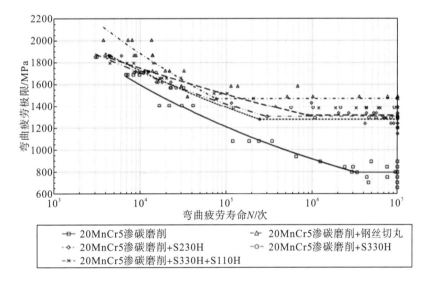

图 4-22　不同喷丸处理的齿轮弯曲疲劳 *S-N* 曲线

为探究喷丸对齿轮弯曲疲劳性能的影响规律，重庆大学针对 20CrNi24A、18CrNiMo7-6、20CrMnMo 等材料牌号齿轮开展了喷丸前后的齿轮弯曲疲劳 *S-N* 曲线及极限对比测试。喷丸强化对齿轮弯曲疲劳极限的提升效果如图 4-23 所示。弯曲疲劳极限为 460MPa 的基准状态（渗碳磨削）试验齿轮，因喷丸强化工艺参数不同，弯曲疲劳极限提升幅值分别为 133MPa（喷丸强度 0.45mmA、覆盖率 200%）和 143MPa（喷丸强度 0.35mmA、覆盖率 200%）。当基准状态弯曲疲劳极限小于 540MPa 时，喷丸强化工艺对齿轮弯曲疲劳极限提升的最低值为 133MPa，最高提升 192MPa，平均提升 154.8MPa，提升幅值与基准状态齿轮弯曲疲劳极限无明显关系。当基准状态弯曲疲劳极限为 540～600MPa 时，喷丸强化工艺对齿轮弯曲疲劳极限提升的最低值为 45MPa，最高提升 122MPa，平均提升 78.5MPa，喷丸强化工艺对齿轮弯曲疲劳极限的提升效果随着基准状态弯曲疲劳极限的增大而呈近似线性降低。当基准状态弯曲疲劳极限大于 600MPa 时，喷丸强化工艺对齿轮弯曲疲劳极限提升为 39MPa。综上可知，喷丸强化工艺对齿轮弯曲疲劳极限的提升效果与基准状态和喷丸工艺优化有关。因此，在合理控制材料以及良好的喷丸工艺参数下，应根据基准状态弯曲疲劳极限合理预估喷丸强化工艺对齿轮弯曲疲劳极限的提升效果。

  喷丸强化工艺对齿轮弯曲疲劳 S-N 曲线斜率 k 的提升效果如图 4-24 所示，可以发现喷丸强化工艺能够显著提升齿轮弯曲疲劳 S-N 曲线斜率，提升幅值为 0.00452～0.10870。弯曲疲劳 S-N 曲线斜率越大，斜线段越平缓，在同等寿命下，可承受的齿轮弯曲应力就越大，齿轮弯曲承载能力越高。喷丸强化工艺对齿轮弯曲疲劳 S-N 曲线斜率的提升效果与喷丸强化对弯曲疲劳极限的提升效果类似，喷丸强化工艺对弯曲疲劳 S-N 曲线斜率的提升幅值随着基准状态(渗碳磨削)齿轮弯曲疲劳 S-N 曲线斜率增大而呈近似线性降低。

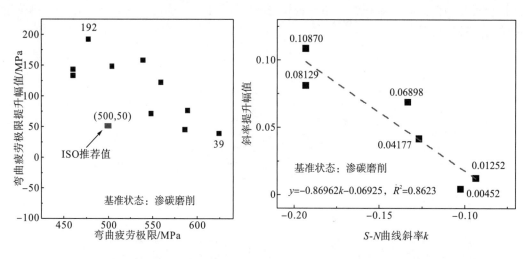

图 4-23　喷丸强化对齿轮弯曲疲劳极限的　　　图 4-24　喷丸强化对齿轮弯曲疲劳 S-N 曲线
　　　　　提升效果　　　　　　　　　　　　　　　　　斜率提升效果

  不同喷丸强化工艺在典型重载工况下对齿轮弯曲疲劳寿命的提升效果如图 4-25 所示，当弯曲应力 σ_F 为 800MPa 时，强化工艺对齿轮弯曲疲劳寿命的提升幅值为 3914～55788 次，提升百分比为 26.22%～395.11%。当弯曲应力 σ_F 为 750MPa 时，强化工艺对齿轮弯曲疲劳寿命的提升幅值为 12013～125758 次，提升百分比为 40.40%～535.53%。当弯曲应力 σ_F 为 700MPa 时，强化工艺对齿轮弯曲疲劳寿命的提升幅值为 35607～295273 次，提升百分比范围为 57.31%～729.97%。喷丸强化、滚磨光整工艺对齿轮弯曲疲劳寿命的提升效果随着弯曲应力降低而增大。当弯曲应力进一步降低至基准状态齿轮弯曲疲劳极限与强化后齿轮弯曲疲劳极限之间时，经过强化工艺处理后的齿轮进入无限寿命阶段，而基准状态齿轮仍然处于有限寿命阶段。

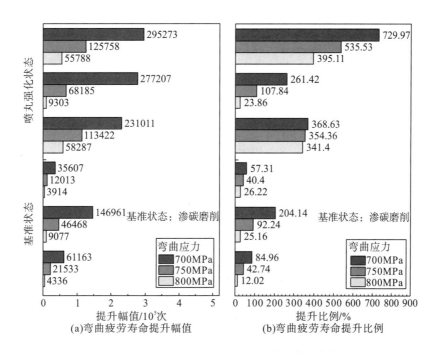

图 4-25　典型重载工况下喷丸强化工艺对齿轮弯曲疲劳寿命提升效果

4.4　齿轮抗胶合性能强化机理

齿轮胶合问题是齿轮行业永恒不变的研究主题之一,尤其是在高速重载工况下胶合失效问题更为突出,破坏性也更为严重,是航空传动等高速重载领域及润滑油系统设计等滑油系统中必须解决的重要科学问题和关键技术瓶颈。为了防止胶合,可采用黏度较大或抗胶合性能较好的润滑油及提高齿面硬度与降低表面粗糙度等措施。而喷丸对于表面完整性的提升作用,也有望用于提升齿面抗胶合性能方面。

4.4.1　齿轮胶合试验研究

试验是齿轮胶合研究的重要组成部分。通过试验研究可以直观了解齿轮的抗胶合性能,为实际齿轮传动提供基础数据指导。齿轮胶合承载能力试验如图 4-26 所示[54],齿轮胶合试验主要涵盖了试验设备、试验方法、试验材料、检测技术。最初齿轮胶合试验主要是用于研究不同润滑油对齿轮胶合失效的影响,试验的变量为齿轮的润滑油材料。随着试验研究不断深入开展,齿轮材料、结构、工况、界面特征等因素同样在齿轮胶合失效中发挥不可忽视的作用。因此,试验过程中对各类变量的控制尤为重要。齿轮胶合试验通常基于齿轮试验台的加载能力和工况特性,因此试验台和检测技术的开发往往是试验研究的核心竞争力。国际上拥有高端试验设备或自主设计开发能力的如德国慕尼黑工业大学 FZG、英国纽卡斯尔大学齿轮技术中心、美国俄亥俄州立大学、NASA、重庆大学高端装备机械传动全国重点实验室等均开展了大量齿轮胶合承载能力试验,其结果主要服务于汽车工业和航天航空领域。同时,随着技术的不断革新,常规低温、低转速下的试验结果不能全面满足现代齿轮的高速、重载、极端工况等要求,使得一些新型齿轮试验台和试验方法应运而生。

图 4-26　齿轮胶合承载能力试验

常用的齿轮胶合试验是 DIN 51354-1：1990-04（*Testing of Lubricants*；*FZG Gear Test Rig*；*General Working Principles*）中定义的 FZG 齿轮油 A/8.3/90 测试,它与 IP 334（*Determination of Load Carrying Capacity of Lubricants-FZG Gear Machine Method*）、DIN ISO 14635-1：2006-05（*Gears FZG Test Procedures Part 1：FZG Test Method A/8.3/90 for Relative Scuffing Load-carrying Capacity of Oils*）等标准等效。试验载荷被分为 12 个载荷级,齿轮载荷为 3.33~534.5N·m,使得齿面接触最大赫兹应力从 150MPa 逐级增大到 1.8GPa。定义齿轮节线速度为 8.3m/s,初始油温为 90℃,每个工况运转 15min,每一级载荷测试结束后观察齿面胶合情况。定义失效载荷级为当所有主动轮齿面受损部位的宽度和大于或等于一个齿宽时的载荷级。由于胶合试验结果受速度及载荷变动、旋转方向转换等因素影响,还有进阶测试 A10/16.6R/90 和冲击测试 S-A10/16.6R/90。通过测试结果也可计算临界胶合温度,引入 DIN 或 ISO 等齿轮标准作为齿轮胶合失效评价指标之一。

准确获取胶合承载能力,需要采用额外测试来阐明转速和温度对润滑油胶合承载能力的影响。推荐采用高速（16.6m/s 和 25m/s）和低温（油温 60℃和 30℃）,相比而言,标准的 A/8.3/90 测试在 8.3m/s 和 90℃下试验。该方法作为 DIN 3990-4（*Tragfähigkeits Berechnung von Stirnrädern*）的修正在标准计算程序 STplus 中应用,该程序由 FVA 开发用于齿轮承载能力的计算。DIN 3990-4 的修正的总接触温度方法考虑了胶合温度的时间和温度相关性。1944 年美国联邦标准发布了一种航空润滑油承载能力测定方法——Ryder 测试法[55]。Ryder 测试法试验齿轮转速在 10000r/min 时,润滑油喷油量为 5mL/min,润滑油喷油温度为 74℃，采用高转速和较少的润滑油供给使得齿轮更容易发生胶合损伤。目前 Ryder 测试法是国际上公认的航空润滑油承载能力标准，但该测试法条件严苛，测试设备昂贵，难以广泛开展。1986 年德国 Winter 和 Michaelis[56]改良了 Ryder 测试法，在 FZG 试验台的试验能力下形成了 FZG-Ryder，该方法可以获得 Ryder 同样的胶合失效结果，试验结果表明采用 FZG-Ryder 测试法可以得到与 Ryder 测试法相近的胶合渐进效果，并能够较好区分不同黏度及带有不同添加剂的航空润滑油抗胶合性能的区别，且试验成本降低为原有的四分之一。英国汽车工程师学会(institute of automotive engineer，IAE)齿轮试验方法分别规定了 2000r/min、4000r/min、6000r/min 三种转速水平下的齿轮胶合试验流程，以适用不同工况下的传动系统胶合承载能力评定。该试验方法对试验载荷级划分比 FZG A/8.3/90 更加精细，可以获得更加准确的齿轮胶合失效载荷，试验可重复性高。1976 年 Zaskal'ko 等[57]通过标准 IAE 试验方法测试了三类润滑油的承载能力，试验小齿轮转速为 4000r/min，润滑方式为 70℃喷油润滑。试验结果表明含磷和硫添加剂的润滑油具有最佳的极压性能和抗胶合性能，其齿轮胶合失效载荷比不含添加剂润滑油的失效载荷高 35%左右。

　　齿轮胶合承载能力试验一般采用阶梯加载的形式，不断提高齿轮负载直至齿轮发生失效，如常用的 FZG A/8.3/90[58]和 FZG A10/16.6R/90[59]齿轮胶合承载能力试验方法。齿轮在阶梯加载法试验的前几个载荷级通常都是作为齿轮的磨合阶段，可以降低齿面粗糙度防止齿轮胶合失效的突然发生，提高了齿轮试验结果的可重复性。但阶梯加载的试验方法每次都需要从较低载荷开始试验，使得该试验方法的效率较低，也有部分研究人员设计了固定载荷的齿轮胶合试验方法，如 FZG S-A10/16.6R/90[60]是一种固定载荷的齿轮胶合承载能力试验方法。该试验方法在没有齿轮跑合的情况下直接施加试验者预先估计的极限载荷，并通过试验结果再对极限载荷进行升降调整重新试验，以获得一些高性能齿轮与润滑油的承载能力。2012 年 Tuszynski 等[61]对 FZG S-A10/16.6R/90 试验测试方法进行改进，通过提高润滑温度(提高至 120℃)并改变涂层齿轮失效判定条件，研究了 a-C:H:W 涂层对齿轮抗胶合性能的提升作用，当大小齿轮均进行 a-C:H:W 涂层加工后承载能力最高，可达 FZG 12 级以上。

　　不同的试验方法通常取决于不同的试验台。FZG 试验台因其结构简单、价格便宜、历史悠久，是全世界最为通用的齿轮试验设备。FZG 齿轮试验台是功率封闭式的背靠背直齿轮试验台，通过在加载联轴器上的杠杆施加一定的砝码实现试验齿轮载荷的施加。试验台中心距为 91.5mm，通过高变位系数、大滑擦率设计的试验齿轮 FZG-A 型齿，齿轮极易发生胶合失效的再现现象。作为全世界最广泛通用的试验设备，围绕 FZG 齿轮磨损试验机形成了一系列的试验方法，即 FZG A/8.3/90、FZG A10/16.6R/90、FZG S-A10/16.6R/90、FZG R/46.5/7。然而，传统 FZG 试验台有 3 个缺点[62]，即齿轮可加载的最大载荷上限低、外加载荷变化间距大导致测量精度低、试验转速低无法覆盖一些高端传动领域。与 FZG 试验相比，试验目的相同的 IAE 试验台就有许多优点，在英国获得广泛应用[57]。IAE 试验台是由两对测试齿轮组成的机械功率封闭式试验台，润滑油由一个单独的油泵和循环系统馈送到每个齿轮副，润滑油泵喷油量为 0～3L/min，润滑油通过直径为 0.8mm 的喷嘴送入齿轮接触区域。IAE 试验台的加载能力可以使齿轮接触应力最大达 3491MPa，试验台转速为 2000～6000r/min，且试验台载荷级划分小、加载精度高。此外，英国纽卡斯尔试验台具有更高的载荷施加能力，其齿轮中心距为 160mm，最大扭矩可以施加到 4000N·m。2021 年李纪强等[63]在纽卡斯尔试验台上开展了 18CrNiMo7-6 渗碳淬火和 ISO-VG 220 润滑油组合传动齿轮胶合试验，明确了齿面接触温度与润滑油膜厚度在热胶合分析中的作用权重，所测定的热胶合失效边界温度为 220℃。

重庆大学与中国航发四川燃气涡轮研究院、中国航发中传机械有限公司、中国石化润滑油有限公司、中国民航局第二研究所等长期合作，开展高性能齿轮胶合失效机理与抗胶合试验研究，提出了考虑多热源和换热边界的综合影响，开发了固-液-气多相产/换热齿轮温度数值分析模型，可获取复杂换热条件下齿轮时变本体温度分布规律，经验证齿轮本体温度仿真结果对比试验测试值最大偏差不超过 5.4%[64]。将可靠性评估的方法引入齿轮胶合承载能力评价，提出了基于两参数威布尔分布的不同可靠度下的齿轮胶合温度计算方法，为齿轮胶合承载能力的评估提供高效支持工具[65]。进一步探索高胶合承载能力齿轮工艺研究，对高性能磨削齿轮分别开展了喷丸、光整和 DLC 涂层工艺，发现涂层齿轮具有优异的抗胶合性能，其胶合承载能力可达 FZG 14 级以上，有潜力应用于航发齿轮传动系统中[54]。未来联合研究团队将进一步开展高温高速齿轮胶合失效研究，研究在极端环境下齿轮胶合失效机理，开发齿轮几何-材料-工艺一体化的抗胶合主动设计方法，为高端齿轮装备安全可靠服役提供支撑。

由于齿轮零件成本较高，且开展性能试验费时费力，成本低、效率高的等效摩擦学试验十分受欢迎，被广泛应用于齿轮抗胶合性能的研究中。如四球法、环块法、销盘法、双盘法等胶合试验方法能获取等效零件的失效载荷。进一步将试验得到的材料与润滑油的失效载荷换算到零件或者润滑油的承载能力极限，从而对实际系统中机械零件的胶合失效风险进行评价。不同胶合等效试验方法如图 4-27 所示。

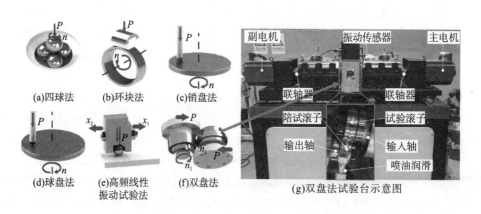

图 4-27　不同胶合等效试验方法示意图

四球法可以高效地获得润滑油的承载能力，Szczerek 等[66]对比了四球试验与 FZG 齿轮试验对几种润滑油的试验结果，四球法具有良好的分辨率，并且该试验方法更加快速廉价。四球法在国内外试验广受研究人员的欢迎，中国[67,68]、波兰[69]、葡萄牙[70]等各国研究学者都用四球法研究了含有不同添加剂的不同润滑油承载能力的区别。1973 年 Staph 等[71]通过 AISI 9310 钢的双盘试验发现粗糙度幅值和纹理方向对表面抗胶合性能有较大影响，较大的粗糙度幅值将会降低胶合极限载荷。2002 年 Yoon 等[72]采用环块法研究了润滑油下 SAE 50B38 钢的胶合失效特性，结果表明 50B38 钢的胶合失效过程分为轻微磨损、轻微胶合和严重胶合失效三个阶段，且其胶合极限载荷随滑动速度的增加而上升；2005 年 Hershberger 等[73]通过对 SAE 4340 钢的环块试件进行五种不同热处理的等效胶合试验，采用 X 射线衍射测量位错密度，验证了绝热剪切失稳理论胶合失效发生起始机制；2007 年 Lorenzo-Martin 等[74]研究了两种氧化锆(ZrO$_2$)陶瓷在润滑油下的胶合特性，采用环块试件施加步进载荷的胶合试验，试验结果表明陶瓷试件在临界载荷时突然发生剧烈的胶合失效，特征是摩擦系数和噪声突然上升；2013 年俄亥俄州立大学的 Li 等[75]在普拉特·惠特尼集团公司赞助下使用球盘摩擦磨损试验机(球直径为 20.64mm，球盘接触副综合粗糙度 Rq 为 0.53μm)，测得某航空钢在重载润滑油下的胶合极限是 450～500℃。

如何将等效试验得到的结果转化用于评价齿轮抗胶合性能需要进一步验证。Martins 等[70]采用标准 ASTM D4172-94(*Standard Test Method for Wear Preventive Characteristics of Lubricating Fluid (Four-Ball Method)*)四球法获取了含有极压和抗磨添加剂的矿物润滑剂(M0)和两种可生物降解的饱和酯的承载能力，并同时采用 FZG A/8.3/90 和 FZG A10/16.6R/90 标准齿轮试验方法对三种润滑性能进行测试，结果表明四球法试验结果与齿轮试验有较好的一致性；2010 年美国俄亥俄州立大学的 Liou[76]从理论和试验方面研究了滚子和齿轮的胶合问题，并搭建了双盘法试验台建立温度与相对滑动之间的联系，研究了不同速度、载荷、滑动条件下的抗胶合性能的测试；2022 年 Massocchi 等[77]设计了圆柱-圆盘试验(SRV test)，在 SRV 试验中圆柱-圆盘的赫兹接触应力与 FZG 载荷级下齿轮接触应力相同，发现在不同润滑油润滑下，SRV 试验和 FZG A/8.3/90 试验具有较好的一致性，两种试验方法失效载荷级误差为±1 级。

尽管许多研究已经表明等效试验方法可以得到与齿轮试验近似的结果，但定量地将等效试验胶合失效载荷级转化为齿轮胶合承载能力的转化方法仍然缺失。如何将等效试验得到的结果向齿轮胶合承载能力极限迁移的方法仍有待进一步探究，这不仅需要准确可靠的等效试验方法的建设和验证，还依赖大量试验数据积累才能形成具有统计意义的转化公式和结论。

4.4.2　齿轮温度测试

齿轮温度是齿轮运行过程中的重要参数，也是评价齿轮抗胶合性能的重要基础数据。齿轮温度受多种因素影响，转速、载荷、润滑、几何形状、工艺乃至材料都会对齿轮服役过程中的温度产生巨大影响。对齿轮温度的信号监测是抑制齿轮发生胶合、失效特征捕捉、修形设计、热变形控制、润滑油评价的必要前提。齿轮温度测试分为接触式测试和非接触式测试两类。一般非接触式测试方法包括红外检测[78]和测温晶体[79]。臧立彬等[78]测试了不同工况下运行的齿轮表面温度，经红外热成像仪测得齿轮最高温度位于接触面中心偏向齿顶的位置，涂层处理后的齿轮的最高温度明显低于未经涂层处理齿轮的最高温度。余国达等[80]采用红外热成像仪测试了在脂润滑下聚甲醛(polyfor-maldehyde，POM)齿轮的温升行为，有限元模型在预测脂润滑下 POM 齿轮的最高稳定运行温度与转矩关系时，预测精度超过 83%，在预测最高稳定运行温度与转速关系时，预测精度接近 95%。2017 年中国航发四川燃气涡轮研究院[79]针对航空发动机涡轮叶片温度测量的技术难题，采用测温晶体在发动机内高温、高压、高速燃气流冲击环境下的高速旋转涡轮叶片进行温度测试，试验测试完成率 100%。同时，一些新型传感监测技术为非接触式齿轮温度测试带来新的可能性，如声表面波（surface acoustic wave，SAW）温度传感器[81]有潜力在齿轮的非接触式温度测试上发挥作用。

接触式测试方法通常采用热电偶[82]，具有测温精度高和测试反应速度快等优点，是目前齿轮温度测试的主要手段。热电偶基于不同材料的热电效应对温度进行测量，在不同温度下热电偶两端会形成不同的热电动势。2007 年 Majcherczak 等[82]采用红外摄像机和热电偶试验研究了干滑动接触的热弹耦合问题；2015 年 Handschuh[83]对在航空航天旋翼机条件下运行的直齿轮进行了测试，热电偶用于测量齿轮上不同位置的温度，并且测试使用全场高速红外热成像系统，结果表明在出现润滑不良时轮体温度相比充分润滑下提升 80～275℃；2020 年 Navet 等[84]研究了乏油润滑下齿轮功率损失变化，试验齿轮为 FZG C 型齿轮，齿轮中装有嵌入式热电偶传感器以测量轮体温度，结果表明在乏油润滑条件下 3min 后齿轮本体温度上升超过 60℃；同时乏油润滑期间系统功率损失显著升高，3min 后损失增加 800W，相比充分供油状态有 60%的提升。但接触式温度测试方法一般需要引出导线，在复杂狭小的空间中往往不具备可行性，这给运转型试验中齿轮温度测试带来更大的挑战。因此，体积小、安装便捷、适用性广的无线齿轮温度测试是当前研究的热门；重庆大学的 Chen 等[64]设计了齿轮无线温度测试装置，如图 4-28 所示，该装置测温精度高、温度数据响应迅速、安装便捷，通过 PT-100 铂热电阻测量到胶合试验中齿轮温度变化信号，由无线传输到计算机端，结果显示不同载荷下齿轮温度测试值和仿真结果对比结果良好。

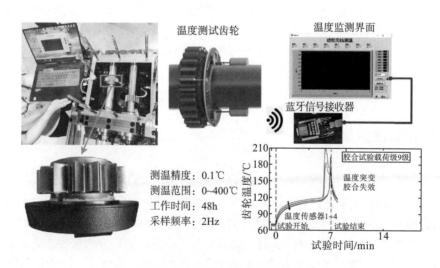

图 4-28　齿轮无线温度测试系统装置及本体温度测试

闪温作为诱发齿轮发生胶合失效的重要因素，因为存在时间极短、闪温层极薄，所以难以测量。目前对闪温的测量主要通过高速红外摄像[85]、拉曼光谱[86]等方法。2010 年法国梅斯大学的 Sutter 和 Ranc[85]提出了一种测量干接触条件下滑动表面闪温的试验方法，过程中记录摩擦表面上的温度场。摩擦体使用相同的中硬钢(C22)材料。试验表明，摩擦热产生的温度分布是由小热点组成的，这些小热点对应于在很短的时间内位于滑动表面的粗糙峰处的摩擦。根据观测推断，在直径小于 100μm 的区域周围，最高局部表面温度可超过约 1100℃。2020 年日本的 Miyajima 等[86]通过拉曼光谱法原位测量滑动接触的表面温度。接触区域包括一个固定的蓝宝石半球和一个旋转的碳钢盘，表面温度是根据蓝宝石的拉曼光谱估算的。该测量技术可以同时获取滑动表面的温度和化学状态，可以直接测量摩擦膜的温度和胶合期间的温度，并且可以有效地分析机理。

目前齿轮的温度测试需要克服复杂狭小以及高温高速环境下的准确测试的问题，这就要求测试装置需要朝着小型化、智能化方向发展，这对测试装置的传感器、供电、信号传输等方面提出了较高要求。此外，需要加强齿面闪温测量技术的研究，闪温由于其仅出现在齿面很薄的位置，且出现时间很短，难以准确捕捉测试。尽管曾馨雨等[87]已经对齿面闪温测量方法进行了初步探索，但是受到特定试验齿轮以及试验工况的限制，适用性更广的齿面闪温测量技术仍然需进一步完善。

4.4.3　喷丸对抗胶合性能的影响

为了保证齿轮在各种复杂工况下运行的可靠性，除了对齿轮材料进行必要强化，对齿轮齿面进行强化处理也是非常重要的。既有研究结果表明，提高齿面硬度、降低齿面粗糙度以及优化齿面微观形貌可以有效提高齿轮的抗胶合性能，而精密喷丸工艺以及叠加常规喷丸的复合喷丸工艺可以显著提高材料表面显微硬度，降低表面粗糙度，并具有一定的表面织构效果，因而可以有效地提高齿轮的抗胶合性能[88]。

齿轮经过喷丸工艺后，齿面硬度及残余压应力会得到显著提高，但往往会提升齿面粗糙度数值，从而抑制齿轮的抗胶合性能。故对于齿轮抗胶合设计，往往采用二次喷丸、微粒喷丸及其复合工艺等来进行加工。如图 4-29 所示，王文健等[89]分别采用常规喷丸、微粒喷丸、常规喷丸+微粒喷丸工艺对渗碳淬火齿轮钢 18CrNiMo7-6 进行表面处理，结果表明常规喷丸+微粒喷丸处理后试件的胶合载荷最大，其次为微粒喷丸，这与微粒喷丸提高了表面显微硬度和表面残余压应力、同时降低了表面粗糙度有关。宋青鹏[88]利用常规喷丸及精密喷丸工艺制备出试件，试验结果表明喷丸工艺可以显著提高齿轮的抗胶合性能。张宁[90]对两种活塞裙材料分别进行喷丸处理和喷锡镀膜处理，胶合试验表明微粒喷丸、喷锡和喷丸+喷锡复合处理都可改善摩擦性能、降低摩擦系数、减轻磨损、提高抗胶合性能。2016 年，Zammit 等[91]对未喷丸试件和喷丸试件进行抗胶合性能测试，结果表明喷丸试件发生胶合失效循环次数比未喷丸试件高 1 个载荷级。在乏油润滑工况下，由于喷丸形成的凹坑表面形貌有助于润滑油的存储，避免金属之间的直接接触从而避免胶合失效的发生。同时，由于喷丸引起表面显微硬度提高(约 535HV)以及耐磨性的提升同样有利于提升试件的抗胶合性能。同年，Zhang 等[92]设计了齿轮接触模型等效试件，通过胶合试验，从表面完整性方面揭示出喷丸后齿面硬度与齿轮抗胶合性能呈严格正比例关系；残余压应力增加了金属表面结构的内聚力，提高了齿轮抗胶合性能；通过降低齿面粗糙度，增加齿面间最小油膜厚度，可改善齿轮抗胶合性能。可见，喷丸后齿面残余应力、表面粗糙度、硬度与齿轮抗胶合性能直接相关[93]。

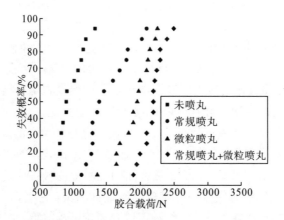

图 4-29　不同工艺喷丸处理前后试件胶合载荷的概率累计分布

从上述可知，对于齿轮抗胶合设计，可采用常规喷丸+微粒喷丸的方式进行加工。其中常规喷丸提供表面的高硬度和高残余压应力[91]，而微粒喷丸主要提供表面较小的粗糙度[94]。一般来说胶合承载能力与喷丸试件平均粗糙度 Ra 值成负相关，因此在齿轮喷丸工艺参数的选择时应该尽量控制齿面粗糙度 Ra 值。

此外，喷丸加工的时间同样对抗胶合性能产生影响。2022 年，Han 等[95]设计了球盘法胶合试验，对不同喷丸时间（0～5min）的试件开展试验测试，通过试件摩擦系数的测定判定胶合情况。图 4-30 显示了不同喷丸时间的摩擦系数变化，其中未喷丸试件和喷丸 5min加工的时间表现出明显的微胶合失效。在确定高胶合承载能力喷丸加工工艺时，喷丸丸粒选择、喷丸时间、喷丸速度等存在合理优化空间，以增强齿轮抗胶合性能。

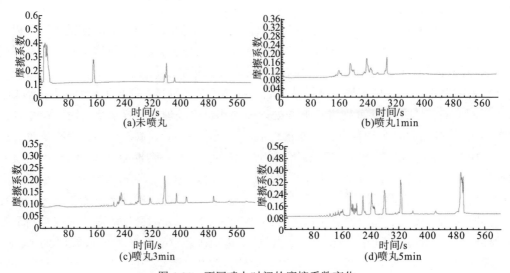

图 4-30　不同喷丸时间的摩擦系数变化

重庆大学根据改良后的 FZG A/8.3/90 试验方法进行了 26 组包括喷丸的不同工艺齿轮胶合承载能力试验，试验结果如图 4-31 所示。其中磨削齿轮胶合承载能力有 2 个载荷级的分散性，而喷丸为 1 个载荷级，表明喷丸强化能提高齿轮胶合承载能力的一致性。

König 等[96]采用传统 FZG A/8.3/90 齿轮胶合承载能力试验方法对磨削、光整、喷丸三种工艺状态齿轮胶合承载能力进行测试，如图 4-32 所示。可以发现基准态磨削工艺齿轮的胶合承载能力在 FZG 载荷级 6～7 级，光整工艺能够使载荷级提升至 9～10 级。然而在光整前进行喷丸处理并没有进一步带来好处，这是由于齿轮胶合损伤并不是疲劳现象，与预期试验结果相符。

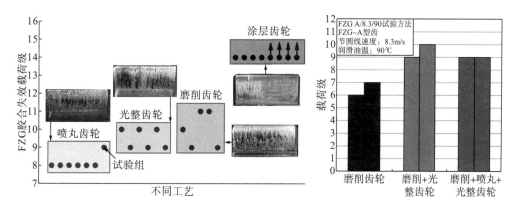

图 4-31　不同工艺齿轮胶合承载能力对比　　　图 4-32　三种工艺状态齿轮胶合承载能力对比

重庆大学设计了高速航空齿轮喷油润滑的胶合试验方法，研究了不同压力角、表面工艺状态对 9310AISI 航空齿轮胶合损伤演化规律与承载能力的影响，如图 4-33 所示。试验结果表明，不同几何-工艺状态齿轮发生胶合时的 Ryder 载荷级为 5～13 级，微粒喷丸工艺有效抑制了高载荷下齿轮胶合损伤扩展，使得高速航空齿轮承载能力提升 1 个 Ryder 载荷级，抗胶合扭矩传递能力提升 16.7%。

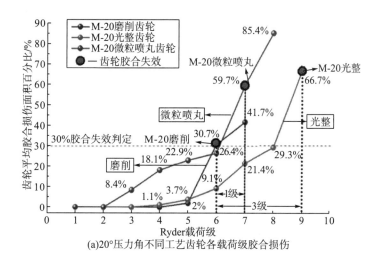

(a)20°压力角不同工艺齿轮各载荷级胶合损伤

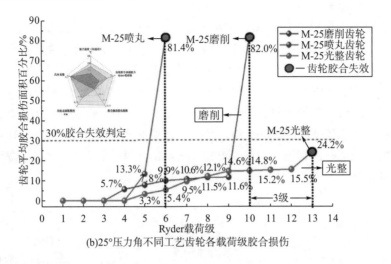

(b)25°压力角不同工艺齿轮各载荷级胶合损伤

图4-33　不同工艺高速航空齿轮胶合损伤演变

　　基于高速航空齿轮胶合试验结果，重庆大学团队探究了表面完整性参数与齿轮胶合承载能力之间的关联规律，如图4-34所示。基于Pearson相关系数法及RF算法确定显微硬度、表面粗糙度参数、热闪系数、表面纹理纵横比四个参数为齿轮胶合的关键特征参数，它们对齿轮胶合PV极限的贡献度分别为32%、31%、22%、15%，并采用多元线性回归提出了考虑表面完整性参数的高速航空齿轮胶合PV极限预测公式，预测误差控制在4%以内。

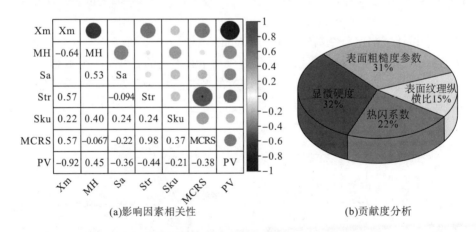

(a)影响因素相关性　　　　　　　　　　　(b)贡献度分析

图4-34　高速航空齿轮胶合影响因素相关性和贡献度分析

Xm-热闪系数；MH-显微硬度；Sa-表面粗糙度参数；Str-表面纹理纵横比；Sku-峰度；MCRS-表面残余应力；PV-齿轮胶合极限

4.5　本　章　小　结

　　本章结合齿轮接触疲劳、弯曲疲劳和胶合承载试验与分析，阐述了常规喷丸、二次喷丸、微粒喷丸等工艺对齿轮服役性能的作用规律。二次喷丸及微粒喷丸能改善齿面粗糙度，相比常规喷丸往往带来更大齿轮接触疲劳和抗胶合性能提升；而对于齿轮弯曲疲劳性能，在喷丸工艺设计中应尽量考虑更大的残余应力与硬度。由于喷丸光整等复合工艺对表面形貌及力学性能的综合改善作用，在未来也将具有广泛的应用前景。

参 考 文 献

[1] 刘滨春. 航空齿轮疲劳失效机理探究[J]. 中国科技信息, 2011(12): 108-109.

[2] Link H, LaCava W, van Dam J, et al. Gearbox reliability collaborative project report: Findings from phase 1 and phase 2 testing[R]. Golden: National Renewable Energy Laboratory(NREL), 2011.

[3] 曾正明. 实用工程材料技术手册[M]. 北京: 机械工业出版社, 2001.

[4] Bhaumik S K, Sujata M, Kumar M S, et al. Failure of an intermediate gearbox of a helicopter[J]. Engineering Failure Analysis, 2007, 14(1): 85-100.

[5] Fernandes P J L, McDuling C. Surface contact fatigue failures in gears[J]. Engineering Failure Analysis, 1997, 4(2): 99-107.

[6] 张学诚. 齿轮钢接触疲劳寿命的研究[J]. 山东冶金, 2020, 42(5): 31-32, 37.

[7] Townsend D P, Coy J J, Zaretsky E V. Experimental and analytical load-life relation for AISI 9310 steel spur gears[J]. Journal of Mechanical Design, 1978, 100(1): 54-60.

[8] Al-Tubi I S, Long H, Zhang J, et al. Experimental and analytical study of gear micropitting initiation and propagation under varying loading conditions[J]. Wear, 2015, 328-329: 8-16.

[9] 朱宝库, 宋宝玉, 李新元, 等. 一种新型接触疲劳试验机[J]. 试验技术与试验机, 1991, 31(6): 21-24, 41.

[10] 周井玲, 朱礼进, 陈晓阳, 等. 三点接触纯滚动轴承球的强化接触疲劳寿命试验机设计[J]. 中国机械工程, 2004, 15(7): 572-574.

[11] 杨建春. 新型滚动接触疲劳试验机研制及其加载系统动态特性研究[D]. 秦皇岛: 燕山大学, 2015.

[12] Merritt H E. Worm gear performance[J]. Proceedings of the Institution of Mechanical Engineers, 1935, 129(1): 127-194.

[13] Meneghetti G, Terrin A, Giacometti S. A twin disc test rig for contact fatigue characterization of gear materials[J]. Procedia Structural Integrity, 2016, 2: 3185-3193.

[14] Ahlroos T, Ronkainen H, Helle A, et al. Twin disc micropitting tests[J]. Tribology International, 2009, 42(10): 1460-1466.

[15] 吴少杰. 基于数据驱动的滚动接触疲劳性能预测研究[D]. 重庆: 重庆大学, 2022.

[16] 李嘉玮, 赵新浩, 李炎军, 等. 服役工况及喷丸强化对航空齿轮钢接触疲劳性能的影响[J]. 表面技术, 2023, 52(2): 14-24, 54.

[17] 中华人民共和国工业和信息化部. 金属材料 滚动接触疲劳试验方法[S]. YB/T 5345—2014. 北京: 冶金工业出版社, 2014.

[18] 李国华. 齿轮接触疲劳极限应力快速试验法[J]. 武汉工业大学学报, 1989, 11(1): 65-70.

[19] Miner M A. Cumulative damage in fatigue[J]. Journal of Applied Mechanics, 1945, 12(3): A159-A164.

[20] Li W, Liu B S. Experimental investigation on the effect of shot peening on contact fatigue strength for carburized and quenched gears[J]. International Journal of Fatigue, 2018, 106: 103-113.

[21] Townsend D P, Zaretsky E V. Effect of shot peening on surface fatigue life of carburized and hardened AISI 9310 spur gears[C]. SAE Technical Paper Series, Warrendale, 1988: 807-818.

[22] Sim C K, Oh S, Kim H S, et al. Effect of shot peening intensity on rolling contact fatigue life of high carbon chromium steel[C]. International Conference on Shot Peening, Montreal, 2017: 277-281.

[23] Gao Y K. Influence of deep-nitriding and shot peening on rolling contact fatigue performance of 32Cr3MoVA steel[J]. Journal of Materials Engineering and Performance, 2008, 17(4): 455-459.

[24] 徐劲力, 戴鹏, 夏威. 喷丸参数对钢板弹簧疲劳寿命的影响[J]. 热加工工艺, 2018, 47(2): 64-68.

[25] Zammit A, Bonnici M, Mhaede M, et al. Shot peening of austempered ductile iron gears[J]. Surface Engineering, 2017, 33(9): 679-686.

[26] Terrin A, Meneghetti G. A comparison of rolling contact fatigue behaviour of 17NiCrMo6-4 case-hardened disc specimens and gears[J]. Fatigue & Fracture of Engineering Materials & Structures, 2018, 41(11): 2321-2337.

[27] Vrbka M, Křupka I, Svoboda P, et al. Effect of shot peening on rolling contact fatigue and lubricant film thickness within mixed lubricated non-conforming rolling/sliding contacts[J]. Tribology International, 2011, 44(12): 1726-1735.

[28] Ho H S, Li D L, Zhang E L, et al. Shot peening effects on subsurface layer properties and fatigue performance of case-hardened 18CrNiMo7-6 steel[J]. Advances in Materials Science and Engineering, 2018, 2018: 3795798.

[29] Matsumura S, Hamasaka N. High strength and compactness of gears by WHSP(double hard shot peening) technology[R]. Heft: Komatsu Technical Report, 2006.

[30] 戴如勇, 于中奇, 刘忠伟, 等. 渗碳淬火18CrNiMo7-6钢的表面喷丸强化及表征[J]. 机械工程材料, 2013, 37(5): 100-102.

[31] Fu P, Zhan K, Jiang C H. Micro-structure and surface layer properties of 18CrNiMo7-6 steel after multistep shot peening[J]. Materials & Design, 2013, 51: 309-314.

[32] 李蕊芝, 周香林, 孙澄川, 等. 微粒子喷丸技术研究进展[J]. 航空制造技术, 2021, 64(6): 82-87, 95.

[33] Inoue A, Sekigawa T, Oguri K. Fatigue property enhancement by fine particle shot peening for aircraft aluminum parts[C]. International Conference on Shot Peening, Tokyo, 2008: 1-5.

[34] Harada Y, Fukauara K, Kohamada S. Effects of microshot peening on surface characteristics of high-speed tool steel[J]. Journal of Materials Processing Technology, 2008, 201(1-3): 319-324.

[35] Lv Y, Lei L Q, Sun L N. Effect of microshot peened treatment on the fatigue behavior of laser-melted W6Mo5Cr4V2 steel gear[J]. International Journal of Fatigue, 2017, 98: 121-130.

[36] Zhang X H, Wei P T, Parker R G, et al. Study on the relation between surface integrity and contact fatigue of carburized gears[J]. International Journal of Fatigue, 2022, 165: 107203.

[37] 张秀华. 渗碳齿轮接触疲劳试验与考虑表面完整性的性能预测研究[D]. 重庆: 重庆大学, 2022.

[38] Wu J Z, Liu H J, Wei P T, et al. Effect of shot peening coverage on hardness, residual stress and surface morphology of carburized rollers[J]. Surface and Coatings Technology, 2020, 384: 125273.

[39] Torres M A S, Voorwald H J C. An evaluation of shot peening, residual stress and stress relaxation on the fatigue life of AISI 4340 steel[J]. International Journal of Fatigue, 2002, 24(8): 877-886.

[40] AlMangour B, Yang J M. Improving the surface quality and mechanical properties by shot-peening of 17-4 stainless steel fabricated by additive manufacturing[J]. Materials & Design, 2016, 110: 914-924.

[41] Hassani-Gangaraj S M, Moridi A, Guagliano M, et al. The effect of nitriding, severe shot peening and their combination on the fatigue behavior and micro-structure of a low-alloy steel[J]. International Journal of Fatigue, 2014, 62: 67-76.

[42] 樊毅嗇. 齿轮弯曲疲劳强度影响因素分析及试验研究[D]. 重庆: 重庆大学, 2014.

[43] 王仁智. 金属材料的喷丸强化原理及其强化机理综述[J]. 中国表面工程, 2012, 25(6): 1-9.

[44] Mitsubayashi M, Miyata T, Aihara H. Phenomenal analysis of shot peening: analysis of fatigue strength by fracture mechanics for shot-peened steel[J]. JSAE Review, 1994, 15(1): 67-71.

[45] 李贞子, 何才, 王云龙, 等. 20CrMoH 齿轮弯曲疲劳强度研究[J]. 汽车工艺与材料, 2011, (9): 21-24.

[46] 陈毅. 20CrMnMo 齿轮齿根残余应力理论及试验研究[D]. 重庆: 重庆大学, 2013.

[47] 谢俊峰, 何声馨, 李纪强, 等. 喷丸强化对 18CrNiMo7-6 渗碳齿轮表面性能的影响[J]. 热加工工艺, 2017, 46(18): 179-181, 186.

[48] 冯显磊, 王忠, 率秀清, 等. 喷丸强化对 22CrMoH 渗碳齿轮疲劳性能的影响[J]. 金属加工(冷加工), 2019, (S2): 202-206.

[49] Liang D, Meng S, Chen Y, et al. Experimental analysis of residual stress and bending strength of gear tooth surface after shot peening treatment[J]. Shock and Vibration, 2020, 2020: 3426504.

[50] 赵虹桥, 肖继生, 钟振远, 等. 喷丸对 20MnCr5 渗碳齿轮弯曲疲劳特性影响的研究[J]. 机械强度, 2022, 44(5): 1064-1068.

[51] Lambert R D, Aylott C J, Shaw B A. Evaluation of bending fatigue strength in automotive gear steel subjected to shot peening techniques[J]. Procedia Structural Integrity, 2018, 13: 1855-1860.

[52] Winkler K J, Schurer S, Tobie T, et al. Investigations on the tooth root bending strength and the fatigue fracture characteristics of case-carburized and shot-peened gears of different sizes[J]. Proceedings of the Institution of Mechanical Engineers, Part C: Journal of Mechanical Engineering Science, 2019, 233(21-22): 7338-7349.

[53] Fuchs D, Rommel S, Tobie T, et al. In-depth analysis of crack area characteristics of fisheye failures influenced by the multiaxial stress condition in the tooth root fillet of high-strength gears[J]. Proceedings of the Institution of Mechanical Engineers, Part C: Journal of Mechanical Engineering Science, 2022, 236(10): 5581-5592.

[54] Chen T M, Wei P T, Zhu C C, et al. Experimental investigation of gear scuffing for various tooth surface treatments[J]. Tribology Transactions, 2023, 66(1): 35-46.

[55] Michaelis K, Winter H. Development of a high-temperature FZG-ryder gear lubricant load capacity machine[J]. Technical University of Munich, 1989: 45433-6563.

[56] Winter H, Michaelis K. Scoring tests of aircraft transmission lubricants at high speeds and high temperatures[J]. Journal of Synthetic Lubrication, 1986, 3(2): 121-135.

[57] Zaskal'ko P P, Kuznetsov E G, Krysin V D, et al. Evaluation of antiscuff properties of transmission oils in IAE tester by qualification test procedure[J]. Chemistry and Technology of Fuels and Oils, 1976, 12(7): 556-559.

[58] 中华人民共和国国家质量监督检验检疫总局. 齿轮 FZG 试验程序第 1 部分: 油品的相对胶合承载能力 FZG 试验方法 A/8.3/90[S].

[59] 国家市场监督管理总局, 国家标准化管理委员会. 齿轮 FZG 试验程序 第 2 部分: 高极压油的相对胶合承载能力 FZG 阶梯加载试验 A10/16.6R/120[S]. GB/T 19936.2—2024. 北京: 中国标准出版社.

[60] Höhn B R, Michaelis K, Eberspächer C, et al. A scuffing load capacity test with the FZG gear test rig for gear lubricants with high EP performance[J]. Tribotest, 1999, 5(4): 383-390.

[61] Tuszynski W, Michalczewski R, Szczerek M, et al. A new scuffing shock test method for the determination of the resistance to scuffing of coated gears[J]. Archives of Civil and Mechanical Engineering, 2012, 12(4): 436-445.

[62] Zaskal'ko P P, Krysin V D, Nekrasov V I. Evaluation of antipitting properties of gear and transmission oils[J]. Chemistry and Technology of Fuels and Oils, 1988, 24(5): 215-218.

[63] 李纪强, 李炎鑫, 陈超, 等. 变速变扭高承载齿轮传动胶合失效边界研究[J]. 机械传动, 2021, 45(1): 1-8.

[64] Chen T M, Zhu C C, Liu H J, et al. Simulation and experiment of carburized gear scuffing under oil jet lubrication[J]. Engineering Failure Analysis, 2022, 139: 106406.

[65] 张洪春, 朱才朝, 魏沛堂, 等. 18CrNiMo7-6 齿轮—4106 航空润滑油摩擦学系统胶合试验与数据管理[J]. 机械传动, 2023, 47(2): 149-156.

[66] Szczerek M, Tuszynski W. A method for testing lubricants under conditions of scuffing. Part I. Presentation of the method[J]. Tribotest, 2002, 8(4): 273-284.

[67] 王建华, 张博. 四球法区分舰船汽轮机油抗磨性研究[J]. 石油炼制与化工, 2018, 49(8): 74-78.

[68] Chern S Y, Ta T N, Horng J H, et al. Wear and vibration behavior of ZDDP-Containing oil considering scuffing failure[J]. Wear, 2021, 478-479: 203923.

[69] Tuszynski W, Szczerek M, Michalczewski R, et al. The potential of the application of biodegradable and non-toxic base oils for the formulation of gear oils—model and component scuffing tests[J]. Lubrication Science, 2014, 26(5): 327-346.

[70] Martins R, Cardoso N, Seabra J. Influence of lubricant type in gear scuffing[J]. Industrial Lubrication and Tribology, 2008, 60(6): 299-308.

[71] Staph H E, Ku P M, Carper H J. Effect of surface roughness and surface texture on scuffing[J]. Mechanism and Machine Theory, 1973, 8(2): 197-208.

[72] Yoon H, Zhang J, Kelley F. Scuffing characteristics of SAE 50B38 steel under lubricated conditions[J]. Tribology Transactions, 2002, 45(2): 246-252.

[73] Hershberger J, Ajayi O O, Zhang J, et al. Evidence of scuffing initiation by adiabatic shear instability[J]. Wear, 2005, 258(10): 1471-1478.

[74] Lorenzo-Martin C, Ajayi O O, Singh D, et al. Evaluation of scuffing behavior of single-crystal zirconia ceramic materials[J]. Wear, 2007, 263(7-12): 872-877.

[75] Li S, Kahraman A, Anderson N, et al. A model to predict scuffing failures of a ball-on-disk contact[J]. Tribology International, 2013, 60: 233-245.

[76] Liou J J. A theoretical and experimental investigation of roller and gear scuffing[D]. Columbus: The Ohio State University, 2010.

[77] Massocchi D, Lattuada M, Chatterton S, et al. SRV method: Lubricating oil screening test for FZG[J]. Machines, 2022, 10(8): 621.

[78] 臧立彬, 陈勇, 陈华, 等. 自动变速器表面涂层齿轮温度场特性的仿真与试验研究[J]. 汽车工程, 2018, 40(9): 1054-1061.

[79] 李杨, 殷光明. 航空发动机涡轮叶片晶体测温技术研究[J]. 航空发动机, 2017, 43(3): 83-87.

[80] 余国达, 刘怀举, 卢泽华, 等. 脂润滑条件下塑料齿轮稳态温度场仿真与试验研究[J]. 中国机械工程, 2022, 33(8): 890-898, 907.

[81] 殷斌. 基于集成声表面波传感器的滚动轴承状态监测系统研制[D]. 哈尔滨: 哈尔滨工业大学, 2019.

[82] Majcherczak D, Dufrenoy P, Berthier Y. Tribological, thermal and mechanical coupling aspects of the dry sliding contact[J]. Tribology International, 2007, 40(5): 834-843.

[83] Handschuh R F. Thermal behavior of aerospace spur gears in normal and loss-of-lubrication conditions[C]. American Helicopter Society Annual Forum and Technology Display, Virginia, 2015: E-19044.

[84] Navet P, Changenet C, Ville F, et al. Thermal modeling of the FZG test rig: Application to starved lubrication conditions[J]. Tribology Transactions, 2020, 63(6): 1135-1146.

[85] Sutter G, Ranc N. Flash temperature measurement during dry friction process at high sliding speed[J]. Wear, 2010, 268(11-12): 1237-1242.

[86] Miyajima M, Kitamura K, Matsumoto K, et al. In situ temperature measurements of sliding surface by Raman spectroscopy[J]. Tribology Letters, 2020, 68(4): 116.

[87] 曾馨雨, 陈伟. 齿面接触闪温测量系统的设计[J]. 厦门大学学报(自然科学版), 2020, 59(1): 116-122.

[88] 宋青鹏. 重载齿轮胶合性能及影响因素研究[D]. 成都: 西南交通大学, 2016.

[89] 王文健, 唐亮, 刘忠伟, 等. 喷丸对重载齿轮用 18CrNiMo7-6 钢抗胶合性能的影响[J]. 机械工程材料, 2019, 43(2): 43-46, 52.

[90] 张宁. 微粒子喷丸对活塞裙材料摩擦学性能改善研究[D]. 成都: 西南交通大学, 2016.

[91] Zammit A, Abela S, Wagner L, et al. The effect of shot peening on the scuffing resistance of Cu-Ni austempered ductile iron[J]. Surface and Coatings Technology, 2016, 308: 213-219.

[92] Zhang J W, Li W, Wang H Q, et al. A comparison of the effects of traditional shot peening and micro-shot peening on the scuffing resistance of carburized and quenched gear steel[J]. Wear, 2016, 368-369: 253-257.

[93] 朱鹏飞, 严宏志, 陈志, 等. 齿轮齿面喷丸强化研究现状与展望[J]. 表面技术, 2020, 49(4): 113-131, 140.

[94] Omiya Y, Fujii M, Ochiai R, et al. Influence of surface properties modified with fine shot peening on scuffing[J]. Journal of Surface Engineered Materials and Advanced Technology, 2018, 8(3): 58-69.

[95] Han X, Zhang Z P, Pang B, et al. The effect of shot-peening time on tribological behavior of AISI5160 steel[J]. Tribology Transactions, 2022, 65(5): 801-812.

[96] König J, Koller P, Tobie T, et al. Correlation of relevant case properties and the flank load carrying capacity of case-hardened gears[C]. ASME 2015 International Design Engineering Technical Conferences & Computers and Information in Engineering Conference, Boston, 2015: V010T11A006.

第5章 喷丸强化仿真分析方法

开展齿轮喷丸强化工艺与性能试验是探究喷丸强化机理、评估喷丸强化效果的重要手段，运用试验方法研究喷丸的强化效果具有很高的可信度，且取得了大量成果。但试验方法面临着周期长、成本高等问题，限制了大范围系统性试验研究的开展。随着计算机技术的发展，采用数值计算、仿真分析和机器学习等方法研究喷丸强化过程与机理逐步被研究人员广泛采用，对优化喷丸工艺参数、指导工程实际有着重要的意义。

5.1 喷丸强化预测模型

5.1.1 解析模型

喷丸时弹丸撞击靶材的过程是一个复杂的弹塑性变形过程，解析法就是对靶体进行应力应变的解析计算，建立喷丸参数与喷丸应力之间的关系，为预测喷丸变形和选取喷丸参数奠定基础。目前用于喷丸应力的解析模型主要有余弦函数模型、接触应力模型和球腔膨胀模型等。

1）余弦函数模型

余弦函数模型是 Al-Obaid[1]结合饱和试验测量的喷丸应力分布规律，将弹丸撞击产生的应力沿深度方向的分布用余弦曲线近似表示，通过余弦曲线函数关系计算不同喷丸速度下饱和喷丸应力对应的残余应力曲线，该模型计算中所用到的参数需通过饱和喷丸试验获得，计算结果的准确性依赖于试验的准确性。

该模型中，弹丸撞击产生的应力 σ 沿深度方向的分布可以近似表示为

$$\sigma = \frac{E\varepsilon_{\mathrm{m}}}{1-\mu}\left(\frac{12\lambda}{\pi h^*}(1-\alpha)\left(\frac{h^*}{2}-z\right)C_1 + \frac{2\lambda}{\pi}(1-\alpha)C_2 - \frac{\varepsilon(z)}{\varepsilon_{\mathrm{m}}}\right) \tag{5-1}$$

式中，$\lambda = h_{\mathrm{p}}/h^*$；$C_1 = C_2 - 2\lambda + \dfrac{4\lambda}{\pi}(1-\alpha)\cos\dfrac{\pi\alpha}{2(1-\alpha)}$；$C_2 = 1 + \sin\dfrac{\pi\alpha}{2(1-\alpha)}$；$h^*$ 为板料厚度；h_{p} 为塑性区的深度；αh_{p} 为最大残余压应力的深度位置；E 为材料的弹性模量；μ 为材料的泊松比；ε_{m} 为最大平面应变，假设长度为 L 的梁，弯曲后弧高为 δ，则

$$\varepsilon_{\mathrm{m}} = \frac{2}{3}\frac{\pi h\delta}{\lambda L^2(1-\alpha)C_1} \tag{5-2}$$

Al-Hassani[2]和 Al-Obaid[1]通过赫兹接触理论建立了喷丸参数与塑性应变层深度之间

的关系，其中弹丸半径 R 和弹坑深度 $\overline{Z}$ 与塑性区深度 h_p 之间的关系为

$$\frac{h_p}{R} = 3\frac{\overline{Z}}{h_p} \qquad (5\text{-}3)$$

将靶材假设为刚塑性材料，且假设弹丸撞击过程中与靶材的接触压力不变，则

$$\frac{\overline{Z}}{R} = \left(\frac{2}{3}\right)^{1/2}\left(\frac{\rho V_0^2}{\overline{p}}\right)^{1/2} \qquad (5\text{-}4)$$

式中，ρ 为弹丸密度；V_0 为弹丸初始速度；$\overline{p}$ 为平均接触压力，当进入全塑性状态之后认为 $\overline{p} = 3Y$，Y 为材料的屈服强度，进一步可得

$$\frac{h_p}{R} = \left(\frac{18\rho V_0^2}{Y}\right)^{1/4} \qquad (5\text{-}5)$$

通过上述关系可以计算饱和喷丸应力沿深度方向的分布，图 5-1 为用余弦函数模型计算的不同喷丸速度对应的残余应力分布曲线[1]。

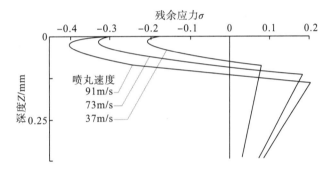

图 5-1　余弦函数模型计算的不同喷丸速度对应的残余应力分布曲线

Tan 等基于余弦函数模型，使用外切复合中心响应曲面法对 TC17 合金展开喷丸试验，并进行残余应力的预测[3,4]。研究选取了表面残余压应力 σ_{srs}、最大残余压应力 σ_{mcrs}、最大残余压应力所在深度 Z_m 和残余应力趋近于 0 的深度 Z_0 四个特征参数来揭示残余压应力的分布规律，试验设计矩阵和特征参数实测值如表 5-1 所示[3]。

表 5-1　试验设计矩阵和特征参数实测值

序号	编码值		响应值			
	X_1	X_2	σ_{srs}/MPa	σ_{mcrs}/MPa	Z_m/μm	Z_0/μm
01	−1	−1	673.23	778.38	10	58
02	1	−1	701.65	877.38	20	87
03	−1	1	679.30	830.38	12	67
04	1	1	725.04	931.71	25	125
05	−1.41	0	660.97	766.17	10	47
06	1.41	0	712.88	891.31	20	90

续表

序号	编码值		响应值			
	X_1	X_2	σ_{srs} /MPa	σ_{mcrs} /MPa	Z_m /μm	Z_0 /μm
07	0	−1.41	680.12	859.16	15	70
08	0	1.41	708.31	899.83	20	99
09	0	0	689.23	878.69	28	87
10	0	0	698.31	884.23	23	85
11	0	0	696.29	896.35	25	82
12	0	0	694.71	917.25	28	84
13	0	0	688.13	901.2	30	86

　　研究通过经验法确定了使用衰减余弦函数形式建立表征函数控制因子与工艺因子的关系模型，函数模型如式(5-6)所示：

$$\sigma = A_{\sigma 2}\mathrm{e}^{-\lambda_{\sigma 2}h}\cos(\omega_{\sigma 2}h + \theta_{\sigma 2}) + \sigma_{\mathrm{r}0} \tag{5-6}$$

式中，σ 为残余应力；$\sigma_{\mathrm{r}0}$ 为基体残余应力；$A_{\sigma 2}$、$\lambda_{\sigma 2}$、$\omega_{\sigma 2}$、$\theta_{\sigma 2}$ 为残余应力场梯度分布控制因子；h 为表面下深度。

　　完成 13 组喷丸强化试验后，研究使用式(5-6)对喷丸强化残余应力曲线进行拟合，拟合前对残余应力和表面下深度进行归一化处理，得到残余应力场梯度分布控制因子 $A_{\sigma 2}$、$\lambda_{\sigma 2}$、$\omega_{\sigma 2}$、$\theta_{\sigma 2}$，如表 5-2 所示[4]，其中校正的决定系数 R^2 均大于 0.97，说明拟合精度较高。可见使用余弦函数模型能够较精确地拟合 TC17 钛合金喷丸强化后的残余应力分布曲线。

表 5-2　衰减余弦函数拟合得到的喷丸强化残余应力场梯度分布控制因子

序号	控制因子				校正的决定系数 R^2
	$A_{\sigma 2}$	$\lambda_{\sigma 2}$	$\omega_{\sigma 2}$	$\theta_{\sigma 2}$	
01	−1.57780	5.61770	6.74131	−1.1449	0.98335
02	−1.99335	4.78936	4.73826	−1.22674	0.98228
03	−1.81232	5.52433	6.10933	−1.19767	0.98297
04	−2.6194	4.46541	3.51222	−1.3038	0.98307
05	−1.856	9.87512	8.18355	−1.20715	0.99654
06	−2.13827	5.34427	4.88259	−1.24073	0.98733
07	−1.94904	5.39443	5.85824	−1.22279	0.98310
08	−2.13504	4.37784	3.79200	−1.24919	0.98335
09	−2.26794	4.29874	3.61132	−1.27045	0.98159
10	−1.92346	4.13479	4.4452	−1.21868	0.98061
11	−1.99679	4.22004	4.64746	−1.23115	0.98116
12	−2.09655	3.81761	3.93936	−1.24768	0.97830
13	−1.89862	3.61938	4.25319	−1.22848	0.97676

其中，第 13 组试验的拟合结果如图 5-2 所示[4]，可见 TC17 钛合金在喷丸强化后残余应力呈典型的勺子形分布，试验数据均分布在衰减余弦函数预测的残余应力分布曲线附近，进一步证实了余弦函数模型对喷丸残余应力具有较好的预测效果。

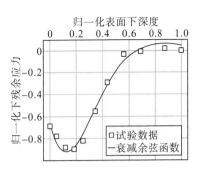

图 5-2　第 13 组试验拟合结果

2）接触应力模型

接触应力模型由 Li 等基于赫兹接触理论提出，是一种简单的残余应力计算模型，考虑了材料的硬化特性和弹坑周围材料的反向屈服，分为弹丸弹性加载、弹塑性加载及卸载三部分[5,6]。

在弹性加载阶段，即从弹丸接触靶材到靶材内的材料开始屈服前的阶段，撞击点之下靶材内部沿深度的应力分量[7]为

$$\sigma_x^e(z) = \sigma_y^e(z) = -p_0\left(-\frac{1}{2}A(z) + (1+v_t)B(z)\right) \tag{5-7}$$

$$\sigma_z^e(z) = -p_0 A(z) \tag{5-8}$$

式中，

$$A(z) = \left(1 + \left(\frac{z}{a_e}\right)^2\right)^{-1} \tag{5-9}$$

$$B(z) = 1 - \frac{z}{a_e}\tan^{-1}\left(\frac{a_e}{z}\right) \tag{5-10}$$

在弹塑性加载阶段，即从靶材内出现屈服到弹丸达到下止点的阶段，Li 等[5]引入一个系数 ξ 来计算弹塑性应变 ε_i^p，即

$$\varepsilon_i^p = \begin{cases} \varepsilon_i^e, & \varepsilon_i^e \leqslant \varepsilon_s \\ \varepsilon_s + \xi(\varepsilon_i^e - \varepsilon_s), & \varepsilon_i^e > \varepsilon_s \end{cases} \tag{5-11}$$

式中，ε_s 是对应于材料屈服应力 σ_s 的屈服应变；ξ 为理想塑性弹坑半径和弹性弹坑半径之比。

在卸载阶段，假设：①靶材材料为各向同性硬化材料；②在产生反向屈服前材料变形为弹性变形；③静水压力下不产生塑性变形。当等效应力 $\sigma_i^e < \sigma_s$ 时，单弹丸撞击残余应力为

$$\sigma_i^t = 0 \tag{5-12}$$

当 $\sigma_s \leqslant \sigma_i^e \leqslant 2\sigma_i^p$ 时，

$$\sigma_x^t = \sigma_y^t = \frac{1}{3}(\sigma_i^p - \sigma_i^e) \tag{5-13}$$

$$\sigma_z^t = -2\sigma_x^t \tag{5-14}$$

当 $\sigma_i^e > 2\sigma_i^p$ 时，材料发生反向屈服，如图 5-3 所示[8]，这时单弹丸撞击残余应力为

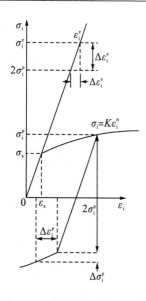

$$\sigma_x^t = \sigma_y^t = \frac{1}{3}\left(\sigma_i^p - 2\sigma_i^p - \Delta\sigma_i^p\right) \qquad (5\text{-}15)$$

$$\sigma_z^t = -2\sigma_x^t \qquad (5\text{-}16)$$

当饱和喷丸时，认为塑性变形层连续且稳定，喷丸应力在面内均匀分布。根据应力平衡方程，单弹丸撞击所计算的残余应力在厚度方向释放后可以推广到均匀喷丸应力，根据 Hooke 定律面内应力释放量为

$$\sigma_x^{relax} = \sigma_y^{relax} = \frac{v_t}{1-v_t}\sigma_z^t \qquad (5\text{-}17)$$

则使初始板料变形的饱和喷丸诱导应力为

$$\sigma_x^{ind} = \sigma_x^t - \sigma_x^{relax} \qquad (5\text{-}18)$$

$$\sigma_y^{ind} = \sigma_y^t - \sigma_y^{relax} \qquad (5\text{-}19)$$

$$\sigma_z^{ind} = 0 \qquad (5\text{-}20)$$

图 5-3　残余应力计算示意图　　　　图 5-4 为利用上述接触理论计算的饱和喷丸诱导应力及试验测量值，对比可见计算值能较好地反映实测值[5]。

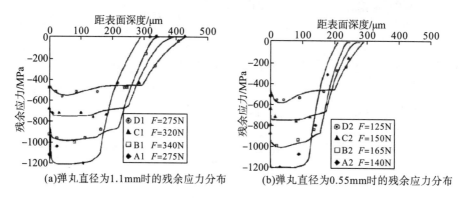

(a)弹丸直径为1.1mm时的残余应力分布　　　(b)弹丸直径为0.55mm时的残余应力分布

图 5-4　饱和喷丸后的残余应力计算值与试验值

　　章珈彬[9]基于单弹丸撞击的赫兹接触力学模型、诱导应力正弦函数，通过理论分析和试验相结合的手段，建立诱导应力和喷丸工艺参数对延展量的作用机制；并通过条带喷丸覆盖率与喷丸工艺参数的解析方程，提出了一个关于喷丸延展量、覆盖率和厚度三者关系的理论模型，如图 5-5 所示。研究将喷丸成形过程分成三个解析步骤进行理论建模，通过解析模型得出的喷丸诱导应力函数如图 5-6 所示，数值计算应力有较高的准确度，可用于预测喷丸后残余应力分布。

3) 球腔膨胀模型

　　球腔膨胀模型基于准静态加载和弹性-理想塑性材料的假设，通常用于计算钝性工具静压中材料的弹塑性变形，进而计算材料的硬度等，也可以用于计算单弹丸喷丸的残余压应力场[8]。

　　球腔膨胀模型如图 5-7 所示，外侧球面半径为 r_o 的球体内部有一个半径为 a 的球腔，球腔内表面上受一个向外的面压力。当内压力较小时，整个球壳处于弹性变形状态；增加内压力，当内应力达到一定值后，球壳内侧材料屈服，外侧材料仍处于弹性变形状态，塑性区与弹性区分界面的半径为 r_c。基于准静态加载和弹性-理想塑性材料的假设，球腔膨胀模型的经典理论给出了球壳中的径向和周向应力[10]。

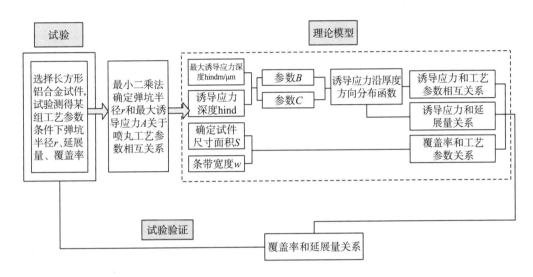

图 5-5　建立喷丸延展量、覆盖率和厚度的关系[9]

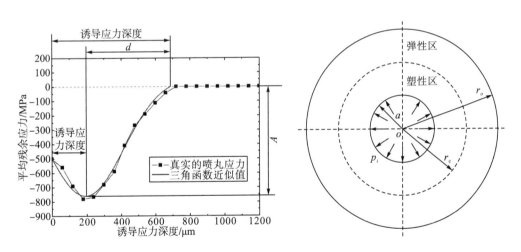

图 5-6　喷丸诱导应力函数[9]　　　　　　　图 5-7　球腔膨胀模型示意图[8]

　　在塑性区（$a \leqslant r \leqslant r_c$），径向应力为

$$-\frac{\sigma_r}{Y} = -2\ln\left(\frac{r_c}{r}\right) - \frac{2}{3}\left(1 - \frac{r_c^3}{b^3}\right) = \frac{\sigma_\theta}{Y} - 1 \tag{5-21}$$

　　在弹性区（$r_c < r \leqslant b$），径向应力为

$$\frac{\sigma_r}{Y} = -\frac{2}{3}\frac{r_c^3}{b^3}\left(\frac{b^3}{r^3}-1\right) \tag{5-22}$$

在塑性区和弹性区，周向应力的形式相同，即

$$\frac{\sigma_\theta}{Y} = -\frac{2}{3}\frac{r_c}{b^3}\left(\frac{b^3}{2r^3}+1\right) \tag{5-23}$$

式中，Y 为材料的屈服强度。

在板料喷丸成形中，将板料厚度看成球壳厚度，可以计算弹丸撞击板料后产生的喷丸应力。

肖旭东[8]在球腔膨胀模型中引入了 Johnson-Cook 材料本构模型，对单弹丸及多弹丸喷丸后的残余应力场进行了解析计算，同时引入了预应力场，使喷丸残余应力场的计算更加接近实际工况。

该球腔膨胀模型中球腔应力在球面坐标系中的平衡方程为

$$\sigma_{\theta\theta} - \sigma_{rr} = \frac{r}{2}\frac{\mathrm{d}\sigma_{rr}}{\mathrm{d}r} \tag{5-24}$$

在弹塑性变形区边界上的径向压力为

$$p_c = \frac{2\sigma_y}{3}\left(1-\frac{r_c^3}{r_o^3}\right) \tag{5-25}$$

应力场为

$$\sigma_{\theta\theta} = \frac{2\sigma_y}{3}\frac{r_c^3}{r_o^3}\left(1-\frac{r_o^3}{r^3}\right) \tag{5-26}$$

$$\sigma_{\theta\theta} = \sigma_{\varphi\varphi} = \frac{2\sigma_y}{3}\frac{r_c^3}{r_o^3}\left(1+\frac{r_o^3}{2r^3}\right) \tag{5-27}$$

等效应力为

$$\sigma_e = \sigma_{\theta\theta} - \sigma_{\theta\theta} \tag{5-28}$$

应变场为

$$\varepsilon_{rr} = -\frac{\sigma_y}{E}\frac{r_c^3}{r^3} \tag{5-29}$$

$$\varepsilon_{\theta\theta} = \varepsilon_{\varphi\varphi} = \frac{1}{2}\frac{\sigma_y}{E}\frac{r_c^3}{r^3} \tag{5-30}$$

位移场为

$$u_{rr} = \frac{1}{2}\frac{\sigma_y}{E}\frac{r_c^3}{r^3} \tag{5-31}$$

在此基础上，研究通过对球腔参数与弹坑尺寸、应变速率与喷丸速度、塑性应力应变场及位移场、喷丸参数与弹坑尺寸、弹丸回弹卸载、单弹丸撞击残余应力的推导，得到了单弹丸喷丸残余应力场的解析解，即

$$\sigma_{\rho\rho}^{\mathrm{one}} = \sigma_{\rho\rho} - \frac{\mu}{1-\mu}\sigma_{ww}^{\mathrm{rel}} \tag{5-32}$$

$$\sigma_{\varphi\varphi}^{one} = \sigma_{\varphi\varphi} - \frac{\mu}{1-\mu}\sigma_{ww}^{rel} \tag{5-33}$$

$$\sigma_{ww}^{one} = \sigma_{ww} - \sigma_{ww}^{rel} \tag{5-34}$$

研究使用有限元和球腔膨胀模型模拟了 APB1/8 弹丸以不同速度撞击铝合金 2024-T351 材料过程中的应力应变,发现球腔膨胀模型所计算的最大压应力与 Miao 模型[11] 所计算的最大压应力趋于一致,如图 5-8 所示;球腔膨胀模型所计算的应力曲线同时表达了压应力层和压应力层下拉应力区的应力,而 Miao 模型不能表达拉应力区的应力;由于该球腔膨胀模型考虑了弹坑位置材料的缺失,当弹坑尺寸较大时,通过该处理计算能够获得更为准确的板料成形曲率,相对于 Miao 模型,球腔膨胀模型更适合计算弹坑尺寸较大时的喷丸应力。

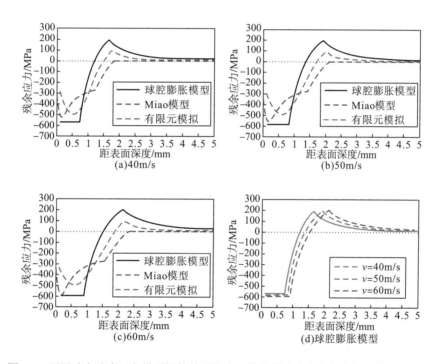

图 5-8 不同喷丸速度下各模型计算的弹坑中心线位置残余应力与有限元模拟值比较

表 5-3 为各喷丸强化解析模型的特点及适用范围。

表 5-3 喷丸强化解析模型的特点及适用范围

模型	特点	适用范围
余弦函数模型	结合饱和试验测量的喷丸应力分布规律,将弹丸撞击产生的应力沿厚度方向的分布用余弦曲线近似表示	计算不同喷丸速度下饱和喷丸应力对应的残余应力曲线
接触应力模型	考虑了材料的硬化特性和弹坑周围材料的反向屈服	在弹性加载阶段,即从弹丸接触靶材到靶材内部的材料开始屈服前的阶段,可以计算撞击点之下靶材内部沿深度的应力分量
球腔膨胀模型	可以考虑材料的初始应力,并可添加不同的材料本构	可以用于计算材料的弹塑性变形,进而计算材料的硬度等

5.1.2　随机多弹丸有限元仿真模型

有限元仿真是研究喷丸强化的重要手段,当前常用于喷丸强化仿真的有限元模型有单弹丸模型[12,13]、阵列多弹丸模型[14,15]和随机多弹丸模型[16-18]。随机多弹丸模型能够模拟随机分布的弹丸束对靶体的冲击过程,且可以与计算流体力学(computational fluid dynamics,CFD)、SPH 和 DEM 等方法进行耦合应用,得到了研究者的广泛应用。

1)模型原理

随机多弹丸模型考虑了实际喷丸强化过程中弹丸冲击靶体位置的随机性,弹丸在空间中的随机分布一般通过随机函数实现,下面将以基于 Python 二次开发的 Abaqus 随机多弹丸模型为例简述随机多弹丸模型的建立过程。

2)建模过程

将靶体简化成 4.4mm×4.4mm×10mm 的长方体,如图 5-9(a)所示。靶体被划分成喷丸区、过渡区和无限单元区三个区域,如图 5-9(b)所示。喷丸区和过渡区均采用 C3D8R 单元,为降低计算成本,仅对喷丸区的单元进行加密,喷丸区的单元边长为 0.02mm,过渡区单元尺寸由内到外逐渐变大。为了防止应力波在靶体边界处发生反射导致计算结果不收敛,需要在靶体四周添加 CIN3D8 无限单元。沿 Z 轴方向,为了降低计算成本、节省计算时间同时保证沿深度方向提取结果的准确性,仅对距靶体顶面 1mm 区域内的单元进行加密,靶体底面的约束类型为完全固定。网格划分后,整个靶体模型的单元总数是 590000 个,如图 5-10 所示。

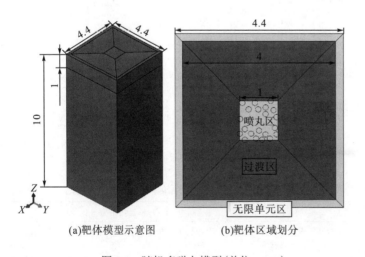
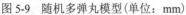

(a)靶体模型示意图　　　(b)靶体区域划分

图 5-9　随机多弹丸模型(单位:mm)

图 5-10　靶体网格划分

弹丸在空间中的随机分布依靠 Python 程序实现,当用户通过 Abaqus 建立有限元模型时,工作目录会实时生成一个包含生成该有限元模型所需 Python 代码的"rpy"文件,以

该 "rpy" 文件为基础可以编写生成随机弹丸的 Python 程序以减少建模过程中的大量重复性工作，用于生成随机弹丸流。

在生成随机弹丸流时，需要确定喷丸速度、喷丸覆盖率和弹丸数量。一般来说，喷丸速度可通过式(5-35)计算得到，即

$$V = \frac{163.5 \times p}{1.53 \times m + 10 \times p} + \frac{295 \times p}{0.598 \times D + 10 \times p} + 48.3 \times p \tag{5-35}$$

式中，V 为喷丸速度(m/s)；p 为喷射气压(MPa)；m 为喷射流量(kg/min)；D 为弹丸直径(mm)。此外，Nordin 等[19]对喷丸速度与喷丸强度的关系进行汇总，如图 5-11 所示。通过查图表的方式可以根据已知的喷丸强度和弹丸类型得出喷丸速度，这种方法目前仅适用于铸钢丸速度的估算，适用工艺范围比较有限。

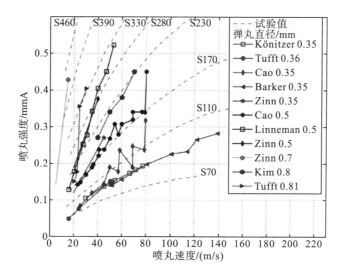

图 5-11　喷丸速度与喷丸强度的关系

由于靶体是平面，在确定喷丸覆盖率后，达到特定覆盖率所需要的弹丸数量可由 Avrami 公式进行计算，即

$$C = 100\% \times \left(1 - e^{-\pi r^2 N}\right) \tag{5-36}$$

式中，C 为喷丸覆盖率，一般达到 98%即可认为弹丸已完全覆盖材料表面；r 为弹坑半径(mm)；N 为 1mm² 面积达到指定覆盖率所需的弹丸数量。

编写 Python 随机多弹丸程序生成随机弹丸流，随机弹丸流的输入参数包括弹丸数量、弹丸直径、喷丸速度和弹丸沿 Z 方向的间距。脚本将在装配模块中按指定数量逐个添加弹丸，弹丸中心均分布在靶体中心的区域内。脚本每添加一个弹丸后都会创建该弹丸与靶体间的接触，接触为面对面显式接触，采用罚函数算法，摩擦因数为 0.3。弹丸添加完成后，脚本将根据弹丸数量与喷丸速度计算仿真所需的分析步时长并生成动力学显式分析步，最后为每个弹丸添加速度，完成随机弹丸流的生成，生成过程如图 5-12 所示。

所建立的随机多弹丸模型如图 5-13 所示，通过改变 Python 程序的输入参数，可探究多种喷丸工艺参数(如弹丸直径、喷丸速度、喷丸覆盖率等)对表面完整性的影响，为实际喷丸加工提供参考。

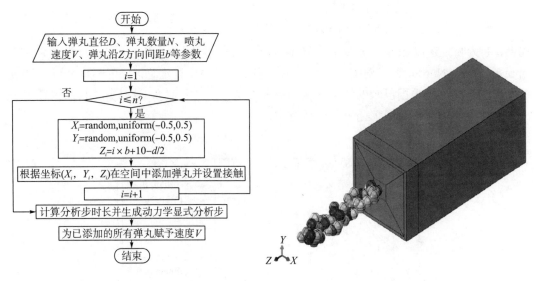

图 5-12 Python 随机弹丸流生成程序流程图   图 5-13   随机多弹丸模型

3)模型结果

下面将以 AISI 9310 航空齿轮钢的喷丸强化过程为例，简述随机多弹丸模型的应用及结果。AISI 9310 航空齿轮钢是一种低碳合金钢，常用于大型航空齿轮的制造。材料的基本参数为弹性模量 E =210GPa、泊松比 μ =0.3、密度 ρ =7850kg/m^3。由于喷丸强化是弹丸高速冲击靶体的过程，靶体表层将发生应变率较高的塑性变形，靶体选用 Johnson-Cook 本构模型，模型参数如表 5-4 所示。

表 5-4   AISI 9310 航空齿轮钢 Johnson-Cook 本构参数

参数	材料屈服应力/MPa	幂指系数/MPa	应变率敏感系数	温度敏感系数	硬化系数	材料熔点/K
数值	1102	1064	0.01	0.62	0.20	1723

使用该模型研究了 0.4~0.8mm 的弹丸直径、45~60HRC 的弹丸硬度和不同椭圆度的弹丸形状对喷丸强化效果的影响，喷丸速度均为 60m/s，覆盖率均为 100%，模型计算的应力云图如图 5-14 所示。研究发现，增大弹丸直径和弹丸硬度能增强喷丸引入的残余压应力场，但同时也将导致材料表面粗糙度增大；当椭球短轴与长轴长度之比 k 为 0.6~1.0时，弹丸形状对表面完整性的影响很小，其中弹丸越接近球形，喷丸引入的最大残余压应力越大，强化效果越好。

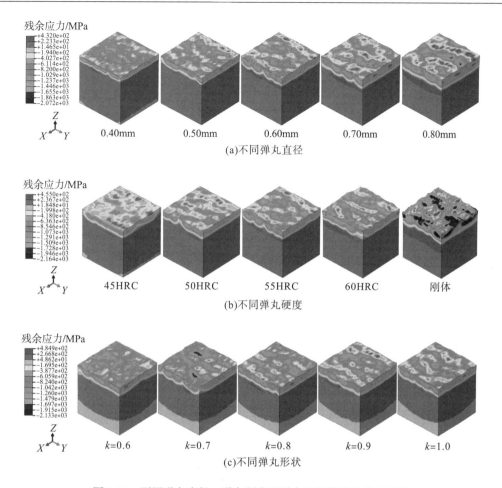

图 5-14　不同弹丸直径、弹丸硬度和弹丸形状的喷丸应力云图

5.1.3　CFD-FEM 喷丸强化模型

1）模型原理

喷丸过程包含流体气流与固体弹丸之间的动能传递机制以及材料在弹丸冲击作用下由塑性变形引发的表面改性机制。气动式喷丸工作过程如图 5-15 所示，空气经空气压缩机加压后进入储气罐中，储气罐起到存储和稳定压缩空气的作用。在管道中可布置一个或多个压力控制阀，以便于调节输送管道中的气压。气流离开储气罐时以低速沿着空气输送管道流动，然后达到喷管中，当混合着弹丸流的高压气体通过喷管时，气体的压力势能转换为气体的动能[20]，气体速度逐渐增大，带动弹丸做加速运动，喷丸速度的大小将直接影响喷丸强化的效果，在实际工程中，可通过调整喷丸气压、喷射流量、喷射距离等喷丸设备参数来控制喷丸速度，以达到预期的喷丸效果。喷丸速度可通过高速摄像机或者是 PIV 法测量得到，但是目前这两种测速方法在实际生产过程中并未普及，一般采用 Almen 试片法测得喷丸强度，来间接表示喷丸速度大小。

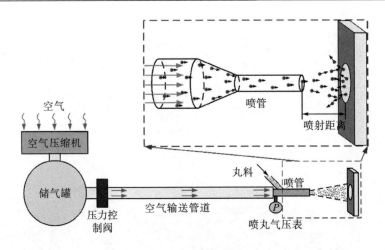

图 5-15　喷丸设备的气动系统结构

可采用 CFD 方法计算喷丸过程中的喷丸速度[21-24]，CFD 方法的计算流程如图 5-16 所示，该方法可用于研究气体流场分布特性、颗粒运动以及气流与颗粒之间的相互作用[25-30]，通过对喷管内部流体域进行建模，输入喷丸气压、喷射流量等参数即可计算得到喷丸速度分布。在边界条件合理设置的前提下，该方法的速度计算结果与试验结果误差较小，取得良好的预测精度，如图 5-17 所示。

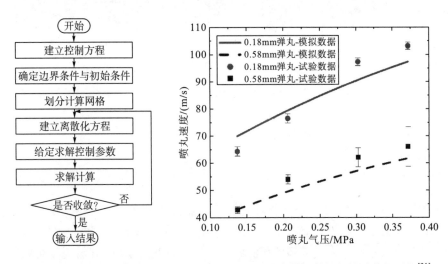

图 5-16　CFD 方法计算流程图　　　图 5-17　喷丸速度模拟数据与试验数据对比[31]

结合 CFD-FEM 喷丸数值模型(图 5-18)综合考虑喷丸过程中的流体气流与固体弹丸之间的动能传递机制以及材料在弹丸冲击作用下的由塑性变形引发的表面改性机制，该模型首先基于 CFD 方法建立喷丸气固两相流模型，分析喷丸气压、喷射距离、喷射流量等喷丸设备参数对喷丸速度的影响。在此基础上建立随机多弹丸喷丸有限元模型，采用基于位错的弹塑性本构，讨论喷丸速度、弹丸直径、喷射角度等参数对材料表面完整性的影响。刘雪梅等[32]使用 CFD-DEM 模型以喷丸入口压强、弹丸直径和喷射流量三个参数为变量计算了出口喷丸速度，并以一定覆盖率下的最小喷丸时间和最大能量利用率为目标进行了喷丸工艺参数的优化，为喷丸工艺参数决策提供了指导；高爱云[33]建立了 2Ma 超音速喷丸三维气固两相流模型，研究了丸粒入口位置和丸粒直径对丸粒速度场的影响规律，随后将仿真结果代入 E690 钢的多弹丸喷丸强化 Abaqus 仿真模型中，并展开相关试验，验证了仿真模型及结果的准确性。

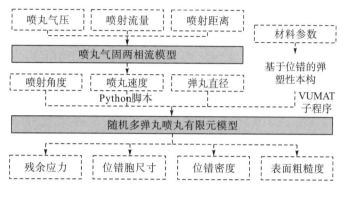

图 5-18　CFD-FEM 喷丸数值模型

下面以喷丸气固两相流模型和随机多弹丸模型为例，简述 CFD-FEM 喷丸数值模型的建立过程。

2) 建模过程

某气动式喷丸机内的文丘里喷管几何形状和尺寸参数如图 5-19(a)所示，喷管内部流通面积为先收缩后扩张的样式。可采用 Fluent 软件，基于图 5-19(a)中的喷管，建立喷丸两相流模型。喷管的内外流场计算域几何模型如图 5-19(b)所示。喷管入口为压力入口边界，喷管的内壁为壁面边界，外流场计算域的边界均为压力出口边界。为了减小出口边界对计算结果精度的影响，出口边界远离高梯度流场计算域。选择四边形网格对几何模型进行网格划分，对喷管内部及整个模型轴线附近区域的网格数量加密，以便能够准确地获取气体流场的压力与速度梯度分布，最小网格尺寸为 0.25mm。

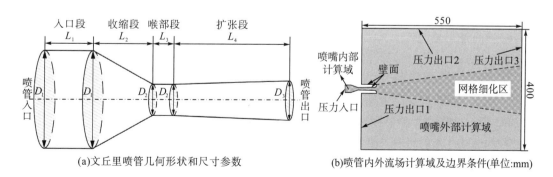

(a)文丘里喷管几何形状和尺寸参数　　　　　　(b)喷管内外流场计算域及边界条件(单位:mm)

图 5-19　某气动式喷丸机的文丘里管和内外流场计算域几何模型

弹丸在压缩气流的带动下做加速运动是一种气固两相流的问题。由于弹丸在两相流中所占的体积分数很小[30]，可采用欧拉-拉格朗日两相流模型。亚音速气体经过喷管膨胀加速后达到超音速，属于高速可压缩流动，故采用密度基求解器对气体流场求解。考虑计算精度与计算时间，采用标准 k-ε 湍流模型。理想气体湍流控制方程如下[34]：

连续性方程为

$$\frac{\partial \rho}{\partial t} + \nabla \cdot (\rho_a V) = 0 \qquad (5\text{-}37)$$

动量方程为

$$\frac{\mathrm{D}V}{\mathrm{D}t} = -\frac{1}{\rho}\nabla p + \frac{\mu_g}{\rho_a}\nabla^2 V + \frac{1}{3}\frac{\mu_g}{\rho_a}\nabla(\nabla \cdot V) \qquad (5\text{-}38)$$

理想气体状态方程为

$$p = \rho_a R T \qquad (5\text{-}39)$$

式中，ρ_a 为气体密度；V 为喷丸速度；p 为喷射气压；μ_g 为气体动力黏度系数，值为 1.789×10^{-5}Pa·s；T 为气体温度；R 为气体常数，值为 287.06J/(kg·K)。在求解气体流场的基础上进一步对弹丸的速度与运动轨迹进行求解。由于弹丸质量很小，忽略重力作用，弹丸主要受到空气曳力。弹丸的单位质量受力计算如下[35]：

$$\frac{\mathrm{d}V_p}{\mathrm{d}t} = \frac{3\mu_g}{\rho_p d_p}\frac{C_d \rho |V - V_p|}{4\mu_g}(V - V_p) \qquad (5\text{-}40)$$

式中，V_p 为喷丸速度矢量；ρ_p 为弹丸密度，值为 8030kg/m³；d_p 为弹丸直径(mm)，直径超过 0.2mm 的为常规弹丸，直径不大于 0.2mm 的为微粒弹丸；C_d 为阻力系数，值为 0.47[36,37]。

靶体模型与本章前面所述的随机多弹丸模型一致，材料为经过渗碳淬火的 18CrNiMo7-6 齿轮钢。靶体材料的基本参数为弹性模量 E=210GPa、泊松比 μ=0.3、密度 ρ=7850kg/m³。设弹丸为球形弹塑性体，材料为高碳合金钢，采用等向强化本构。弹丸的基本材料参数为弹性模量 E=210GPa、泊松比 μ=0.3、密度 ρ=8030kg/m³、初始屈服强度为 1300MPa、弹丸的单元类型为 C3D8R。模型中喷丸覆盖率的计算和随机弹丸流的实现方法参见文献[38]和[39]。随机多弹丸的输入参数可包括弹丸数量、喷丸速度、弹丸直径、喷射角度。

3) 仿真结果

喷管内外沿轴线方向气流与弹丸的速度分布如图 5-20 所示。在喷丸气压为 0.5MPa 的情况下，亚声速的气体流经喷管后，在喷管出口处达到了超声速，并形成周期性的膨胀波与压缩波。弹丸离开喷管后，由于喷丸速度低于气流速度，弹丸继续加速运动。当喷射距离达到一定程度时，喷丸速度趋向于稳定。对于直径为 0.01mm 的弹丸，其最大速度达到 380m/s，继续增大喷射距离将使得喷丸速度大于气体速度，使弹丸在气流阻力的作用下做减速运动，喷射距离对喷丸速度有明显的影响。喷射距离太短，弹丸不能得到充分的加速；喷射距离太长，则势必造成弹丸的散射范围增大，且不能有效提升喷丸速度，不利于喷丸工艺的稳定性。因此，应对喷射距离进行调控。在本节的后续讨论中，将喷射距离设为 200mm。

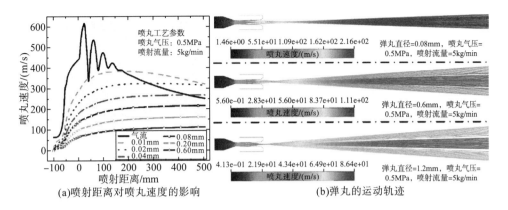

(a)喷射距离对喷丸速度的影响　　　　　　　　(b)弹丸的运动轨迹

图 5-20　喷管内外沿轴线方向气流与弹丸的速度分布

图 5-21 为 200mm 喷射距离处不同直径弹丸的喷丸速度随喷丸气压在 0.1～0.6MPa 变化的趋势,可以发现不同直径弹丸的速度随喷丸气压的变化趋势一致。当喷丸气压较小时,增大喷丸气压能够使喷丸速度显著增大,但是当喷丸气压达到 0.5MPa 以上时,继续增大喷丸气压并不能够使得喷丸速度有明显的提升。因此,喷丸气压并不是越高越好,过高的喷丸气压并不会提升喷丸强化效果,反而增加了设备的制造与运行成本。

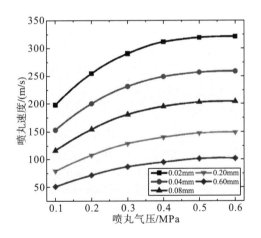

图 5-21　不同直径弹丸的喷丸速度随喷丸气压的变化

喷丸速度是评价弹丸流能量大小以及冲击力度的重要参数,而且喷丸强度已被证明与喷丸速度几乎呈正比关系[19,40],因此可以通过研究喷丸速度对材料表面完整性的影响来体现喷丸强度的作用。当用于喷丸强化处理的弹丸类型被确定时,通过调整喷丸气压、喷射距离和喷射流量能够得到不同的喷丸速度。由喷丸气固两相流模型计算得到的喷射距离为 200mm、喷射流量为 5kg/min 时,0.6mm 直径的弹丸在不同喷丸气压下的喷丸速度如表 5-5 所示。

表 5-5   0.6mm 直径弹丸在不同喷丸气压下的喷丸速度

喷丸气压/MPa	0.1	0.2	0.3	0.4
喷丸速度/(m/s)	51	71	86	95

靶体的残余应力梯度如图 5-22 所示,经过喷丸后,表层材料内部产生呈梯度分布的残余压应力层,残余压应力值随深度增大呈现出先增大后减小的趋势。由图可知,增大喷丸速度能够有效加深最大残余应力深度位置和残余压应力层深度,且能够略微增大次表层最大残余压应力值,但是几乎不影响表面残余压应力值的大小。上述残余应力随喷丸速度的变化趋势结果与文献[41]~[43]中试验结果吻合。

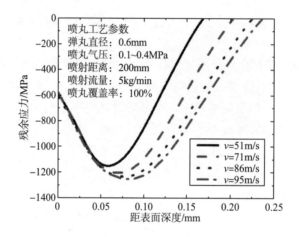

图 5-22   不同喷丸速度下的残余应力分布

图 5-23(a)为不同喷丸速度下材料的表面形貌。在喷丸过程中大量的弹丸冲击材料表面,造成表面上相互重叠的弹丸冲击印痕,形成峰-谷交错的表面形貌。喷丸速度越大,材料挤压变形程度越大,粗糙峰越为明显。如图 5-23(b)所示,表面粗糙度参数 Sa、Sz 和 S5z 随着喷丸速度的增大而增大。

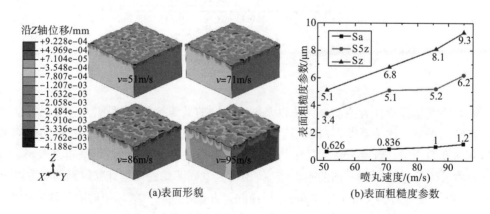

图 5-23   不同喷丸速度下材料的表面形貌和表面粗糙度参数

5.1.4　SPH-FEM 喷丸模型

SPH 法是无网格算法的一种，最初用来解决属于离散系统的三维空间天体物理学问题，现已广泛应用于具有大变形的流体动力学问题。1977 年，无网格 SPH 法首次被提出来解决天体物理问题[44,45]，20 世纪 90 年代后期，这一方法进一步被用于处理高速冲击问题[46,47]。

SPH 法是一种典型的基于拉格朗日框架的无网格数值仿真算法，因此能够准确模拟物质边界的运动，跟踪物质点的运动轨迹，实现三维空间复杂流场的计算。同时，由于 SPH 法的无网格特性，计算精度不受物质变形大小的影响，适用于处理不连续性、大变形以及高应变率问题，且无需网格重构，并能保证计算精度不受损。因此，SPH 法非常适于高速或超高速碰撞等离散介质的冲击动力学问题。而 FEM 由于是以网格为背景的，适用于连续介质建模分析。因此，在分析离散介质冲击问题方面，如大量弹丸冲击金属工件，SPH 法更具有优势。1977 年，Gingold 等[48]提出使用 SPH 法；1997 年，Monaghan 等[49]成功使用 SPH 法解决冲击模拟问题。随后，SPH 法还被应用于模拟脆性固体断裂、金属成形等问题，现今多被应用于高速冲击、高能爆炸以及自由表面流、高度可压流等具有大变形的流体动力学问题，均取得良好的效果。

1. 模型原理

核近似法和粒子近似法为 SPH 法最为关键的两个步骤，核近似法将场变量偏微分方程转换成积分方程，粒子近似法则将连续形式的积分方程转换成离散形式的常微分方程，这两个步骤不仅确保了方程的稳定性，还使方程便于求解。

在 SPH 法中，粒子场变量函数 $f(x)$ 表示为

$$f(x) = \int_{\Omega} f(x')\delta(x - x')\mathrm{d}x' \tag{5-41}$$

式中，$\delta(x - x')$ 为狄拉克 δ 函数，可表示成

$$\delta(x - x') = \begin{cases} 1, & x = x' \\ 0, & x \neq x' \end{cases} \tag{5-42}$$

在式(5-41)中，Ω 为 x 的积分域。由于应用了狄拉克 δ 函数，在积分域 Ω 内，式(5-42)使用的积分表达式是精确的、严密的。

首先使用核近似法将场变量偏微分方程转换成积分方程，将狄拉克函数用光滑函数 $w(x - x', h)\mathrm{d}x'$ 来取代，则 $f(x)$ 可表示为

$$f(x) = \int_{\Omega} f(x')w(x - x', h)\mathrm{d}x' \tag{5-43}$$

式中，由于光滑函数不是狄拉克函数，需要满足以下条件：

(1) 光滑函数在其支持域上必须满足正则化条件，即

$$\int_{\Omega} w(x - x', h)\mathrm{d}x' = 1 \tag{5-44}$$

该性质既保证了在光滑函数支持域上的积分是归一的，同时又确保了函数积分表达式的零阶连续性。

(2)光滑函数在其支持域上必须满足紧支性条件，即

$$w(x-x',h)\mathrm{d}x'=0, |x-x'|>kh \qquad (5\text{-}45)$$

式中，h 为光滑长度；k 为比例因子；$|x-x'|>kh$ 决定了粒子的支持域大小。该性质近似将场变量方程从全局坐标转化为局部坐标，提高方程求解效率。

(3)在支持域内任意一点处有形 $x-x'>0$。如果在支持域内光滑函数出现负值将导致一些非物理参数的出现，如负密度、负能量等。

(4)在粒子支持域内，如果两个粒子之间的距离增大，则光滑函数值单调递减。该性质说明距离较近粒子的场变量对相关粒子具有更大的影响，离得越远对相关粒子影响越小。

(5)当光滑长度 h 趋向于 0 时，光滑函数具有狄拉克函数条件，即

$$\lim_{h\to 0}w(x-x',h)\mathrm{d}x'=\delta(x-x') \qquad (5\text{-}46)$$

在以上性质中用到了支持域的概念，场点 $x=(z, y, z)$ 的支持域是这样一个区域，即在该区域内所有点的场变量均被用于决定在 x 处的点的相应场变量。如图 5-24 所示，粒子 x 的场变量均由位于半径为 $2h$ 的支持域内的粒子相关场变量来描述[50]。

随后使用粒子近似法将使核近似法形成的连续形式的积分方程转换成离散形式的常微分方程，即转化为支持域内所有粒子叠加求和的离散化形式。

若用粒子体积 ΔV_j 表示积分中粒子 j 处的无穷小体元 $\mathrm{d}x'$，则 $f(x)$ 可表示为

$$
\begin{aligned}
f(x) &= \int_{\Omega} f(x')w(x-x',h)\mathrm{d}x' \\
&\approx \sum_{j=1}^{N}\int_{\Omega} f(x_j)w(x-x',h)\Delta V_j \\
&\approx \sum_{j=1}^{N}\int_{\Omega} f(x_j)w(x-x',h)\frac{1}{\rho_j}\left(\rho_j\Delta V_j\right) \\
&\approx \sum_{j=1}^{N}\int_{\Omega} f(x_j)w(x-x',h)\frac{m_j}{\rho_j}f(x_j)w(x-x',h)
\end{aligned}
\qquad (5\text{-}47)
$$

因此在粒子 i 处，$f(x)$ 的表达式可近似为

$$f(x_i)=\sum_{j=1}^{N}\int_{\Omega}\frac{m_j}{\rho_j}f(x_j)w(x_i-x'_j,h) \qquad (5\text{-}48)$$

式(5-48)表明在粒子 i 处的任意场变量值可以通过应用光滑函数在其支持域内所有粒子相对应的场变量值进行加权平均取得。

SPH 法在模拟大变形、离散介质动力问题时有较大的优势，但计算效率低、耗时长，而 FEM 在计算连续介质的固体力学问题时有更高的准确性和效率，因此在小变形区域使用 FEM，在大变形或者离散介质的情况下使用 SPH 法能最大限度发挥两种算法的优势。这种既保证计算精度又提高计算效率的算法称为 SPH-FEM 耦合算法，如图 5-25 所示，图中的左半部分为 SPH 算法流程，图中的右半部为 FEM 算法流程。两个算法可以在 LS-DYNA 软件中通过接触类型"CONTACT_AUToMATlC_NODES_TO_SU"来实现耦合。在计算的每一时步内，程序会自动检查各从节点是否穿透主表面，如果穿透，则根据罚函数法在从节点与被穿透主表面间引入一个较大的界面力，这样就将 SPH 粒子的作用力传递到了有限元单元上[51,52]；如果没有穿透则不进行任何处理。

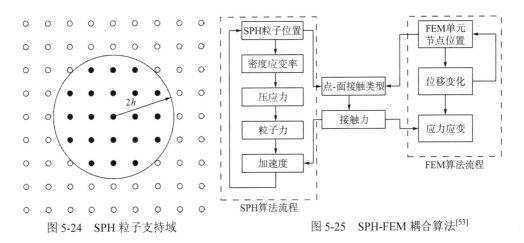

图 5-24　SPH 粒子支持域　　　　　　　　图 5-25　SPH-FEM 耦合算法[53]

2. 建模过程

使用 SPH-FEM 耦合算法，可利用 ANSYS、LS-DYNA、Abaqus 等有限元软件进行建模分析。本建模案例参考山东大学刘飞宏使用 LS-DYNA 建立喷丸强化仿真模型[53]，其中工件材料使用 Lagrange 网格建模，材料模式为 Johnson-Cook 材料。弹丸和空气的混合模型在 LS-PrePost 中采用 SPH 粒子模拟，材料模型采用状态方程表示，以建立其压力和密度变化的关系。由于状态方程形式多样，一般采用半经验半理论公式，方程中的主要参数由试验确定。

1) 金属材料本构方程

考虑金属工件表面发生高速塑性变形（应变率将达到 $10^{-4} s$ 以上[53]），材料选用 Johnson-Cook 材料。本参考建模案例采用 AISI 304 奥氏体不锈钢，为方便仿真结果与试验数据对比，验证仿真模型及结果的正确性，根据文献[53]的试验数据，其 Johnson-Cook 及 Gruneisen 状态方程参数在 k 文件中的设定如图 5-26 所示，Johnson-Cook 材料使用关键字"*MAT_JOHNSON_COOK"来定义，Gruneisen 状态方程采用关键字"*EOS_GRUNEISEM"来定义。其中 e_0 是初始内能，常温下通常设为 0；v_0 是初始相对体积，即相对没有任何变形的体积，初始无体应变时则设为1。

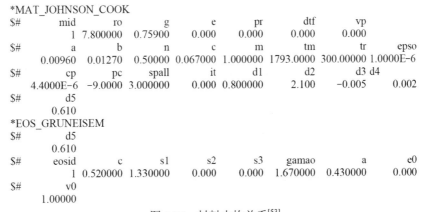

图 5-26　材料本构关系[53]

2) 弹丸材料模式

根据文献[54]中试验结果，弹丸采用铸铁丸。在 LS-PrePost 中使用 SPH 粒子建模，弹丸流材料本构关系模型使用 Null 材料模型。由于在实际喷丸过程中，弹丸夹杂着大量空气形成弹丸流，在建立弹丸状态方程时需考虑空气的作用[55]。

弹丸流压力 P 与密度 ρ 的关系式为

$$P = C_0^2(\rho - \rho_{mix}) \tag{5-49}$$

式中，C_0 为铸铁丸材料的声速；ρ_{mix} 为弹丸和气体的初始混合密度。

$$\rho_{mix} = (1 - \alpha_0)\rho_{shot} + \alpha_0\rho_{air} \tag{5-50}$$

式中，ρ_{shot} 为铸铁丸材料的声速；ρ_{air} 为空气的密度；α_0 为弹丸流中空气的体积百分比，可根据喷射流量算出。

将式(5-49)转化成多项式形式，即

$$P = a_1\eta + a_2\eta^2 + a_3\eta^3 + (b_0 + b_1\eta + b_1\eta^2)E \tag{5-51}$$

弹丸流材料的密度变化率为

$$\eta = \frac{\rho}{\rho_{mix}} - 1 \tag{5-52}$$

将式(5-46)~式(5-52)进行联立计算，可得

$$P = C_0^2\rho_{mix}\eta \tag{5-53}$$

式中，C_0=5.2km/s，为铸铁中声速。

在 LS-DYNA 的 k 文件中，Null 材料用关键字"*MAT_NULL"来定义，线性多项式方程用关键字"*EOS_LINEAR_POLYNOMIAL"来定义。图 5-27 为弹丸材料在 k 文件中的描述。

```
*MAT_NULL
$#       mid        ro        pc        mu     terod     cerod        ym        pr
          2  7.800000     0.000     0.000     0.000     0.000     0.000     0.000
*EOS_LINEAR_POLYNOMIAL
$#     eosid        c0        c1        c2        c3        c4        c5        c6
          2     0.000  1.050000     0.000     0.000     0.000     0.000     0.000
$#        e0        v0
       0.000     1.000
```

图 5-27 弹丸本构关系[53]

3) 模型描述

喷丸模型数值图如图 5-28 所示，Ⅰ 为工件，材料为 AISI 304 奥氏体不锈钢，为节约计算成本、提高计算效率，金属工件尺寸采用 6mm×6mm×12mm，其四个侧面采用非反射边界以避免应力波在边界上的反射，底部为全约束。在工件中心接触部分进行局部网格细化，以提高计算精度，其他非接触区域网格较粗。工件采用 Lagrange 网格共划分 44800 个单元，单元类型为 8 节点实体单元 solidl64。Ⅱ 为铸铁弹丸模型，采用 SPH 粒子建模，共建立 800 个粒子，用以模拟 800 颗弹丸。在 k 文件中通过定义关键字"CONTACT ATUOMATIC NODES TO SU"实现金属工件与弹丸的接触算法，模拟弹丸与工件的相互作用，如图 5-28 所示[50]。

3. 仿真结果

采用上述模型对喷丸全过程进行数值仿真分析。当喷丸速度为 50m/s 时，不同时刻弹丸的打击效果如图 5-29 所示。

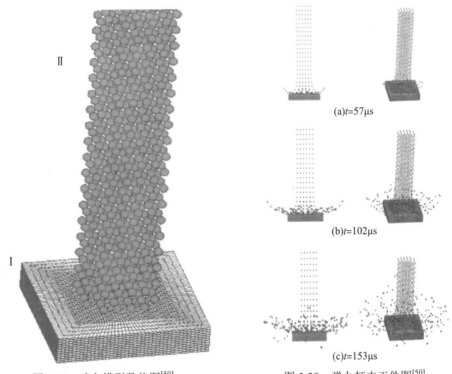

(a)$t=57\mu s$

(b)$t=102\mu s$

(c)$t=153\mu s$

图 5-28 喷丸模型数值图[50]　　　　图 5-29 弹丸打击工件图[50]

为合理采集应力数值，将工件平面分为三个不同区域，如图 5-30 所示。撞击前，A 区域处于四个弹丸的中心，在整个过程中始终没有被弹丸直接打击；B 区域处于两个丸粒之间；C 区域处于弹丸冲击的影响区域内。通过对不同区域残余压应力分布的测试，模拟得出了相关工艺参数对工件残余压应力分布的影响规律，并从能量的角度分析了整个喷丸过程中的能量利用率[50]。

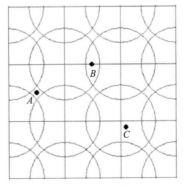

图 5-30 撞击前弹丸在工件表面分布图[50]

打击次数对不同区域应力分布的影响如图 5-31～图 5-33 所示，模拟弹丸直径为 0.8mm，喷丸速度为 45m/s，覆盖率为 120%。图中同时绘出了来自于文献[54]的试验结果以便于比较。由图 5-31～图 5-33 可以看出，在打击速度一定的条件下，随着打击次数的增加，A 区域残余压应力值增大；B 区域残余压应力值略有增大，最大残余压应力大小基本不变；C 区域残余压应力值则明显减小。从图中可以看出，虽然在第 1 次打击时各区域的残余压应力分布相差很大，但是随着打击次数的增加，工件表面的残余压应力分布逐渐趋于一致。

图 5-34 为在 10 次打击之后，三个区域的残余应力分布与试验结果的对比图，如由图可以看出残余压应力值均趋于稳定，并与试验结果相吻合[50]。

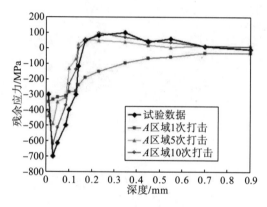

图 5-31 A 区域打击次数与残余应力分布[50]   图 5-32 B 区域打击次数与残余应力分布[50]

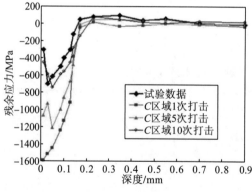
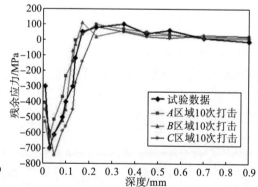

图 5-33 C 区域打击次数与残余应力分布[50]   图 5-34 10 次打击后三个区域残余应力分布[50]

图 5-35 表示了高覆盖率(120%)和低覆盖率(75%)弹丸在工件表面的覆盖情况。分别模拟弹丸直径为 0.8mm、喷丸速度为 45m/s，两种覆盖率的喷丸情况，当二者工件表面残余压应力分布趋于稳定时，将它们三个区域的应力结果进行平均，图 5-36 为高、低覆盖率下的残余压应力分布曲线。

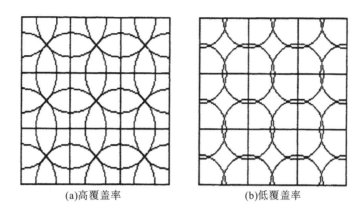

(a)高覆盖率   (b)低覆盖率

图 5-35 高、低覆盖率在工件表面的排布[53]

由图 5-36 可见，在低覆盖率情况下，由于 C 区域仍处于弹丸影响区域内，只有 C 区域的残余压应力分布与实际相符合，A、B 区域则由于弹丸间距的增大，残余压应力锐减。这说明不完全覆盖率将在工件表面形成不一致的残余压应力分布，影响喷丸强化效果。

图 5-37 为弹丸直径为 0.8mm，覆盖率为 100%，喷丸速度为 35m/s、45m/s 和 55m/s 时的均布残余应力曲线。随着喷丸速度的增加，残余应力层的深度和最大值都有所增加。这表明在适当范围内提高喷丸速度能够增强喷丸效果，使工件疲劳强度增加。由于本仿真案例仿真模型中，弹丸流由大量随机分布的丸粒组成，可通过弹坑附近的残余应力研究大量丸粒撞击下的喷丸结果。最大残余应力值和其深度均随速度的增加而增加，因此在实际生产中，应根据最大残余应力及应力层深度要求合理选择喷丸速度。

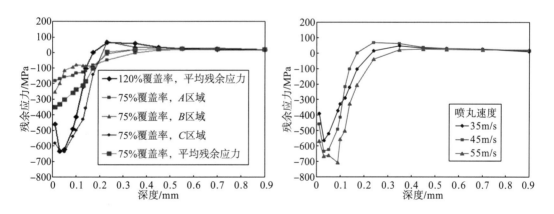

图 5-36 不同喷丸覆盖率下三个区域残余应力分布[50]   图 5-37 不同喷丸速度下残余应力分布[50]

综上所述，尽管刚开始打击时，工件表面不同区域的应力状况相差较大，但随着打击次数的增加，表面残余应力分布趋于稳定。不完全的喷丸覆盖率将在工件表面产生不均匀的残余压应力分布，A、B 区域残余应力值远小于 C 区域，从而影响喷丸强化效果。喷丸速度对喷丸强化效果有着重要的影响，适当提高喷丸速度能够增大残余应力值和其应力层的深度。由于入射流和反射流的相互作用，弹丸间相互碰撞而造成其动能损失，在特定的速度范围内存在能量利用率的最佳值。

5.1.5　DEM-FEM 喷丸模型

1. 模型原理

DEM 最早是 1980 年由 Cundall 等[56]提出的一种不连续数值方法模型离散元理论。将需求解的物体离散化为颗粒(离散单元)，然后根据具体的问题将单元连接起来，根据牛顿第二定律记录每个单个离子的运动及其与其他离子表面的相互作用，再通过接触力学定律将粒子间的弹性力与粒子变形联系起来。目前 DEM 在工业领域的应用逐渐成熟，已拓展至工业过程与工业产品的设计与研发领域，并在诸多工业领域取得了重要成果，DEM 示意图如图 5-38 所示。

近年来，DEM 逐步应用至喷丸领域。采用 DEM 来模拟丸粒的喷射和运动状态，如图 5-39 所示，丸粒和靶体之间的撞击过程则主要依赖于 FEM 进行，即 DEM-FEM 耦合方法。熊天伦等[57]在 Abaqus 中同时进行有限元和离散元的建模、耦合计算、输出结果等过程，实现 DEM-FEM 耦合模型，并通过喷丸强化工艺过程的算例来证明其耦合模型的可行性，最后分析其优势与不足。严宏志等[58]以 20CrMnTi 材料制造的齿轮钢为受喷目标，建立了喷丸的 DEM-FEM 模型，研究了不同沙漏刚度对模型结果的影响，获得了有效控制沙漏模式的沙漏刚度，同时研究了不同覆盖率对齿轮钢残余应力的影响；张博宇等[59]在 Abaqus 中采用 DEM-FEM 相结合的方法，构建了考虑初始残余应力与硬化层梯度的随机多弹丸微粒喷丸弹塑性模型，探究了微粒喷丸的喷丸速度与覆盖率对残余应力分布和表面粗糙度的影响规律。然而这种方法将丸粒假设为刚体，忽略了丸粒自身的形变和丸粒形

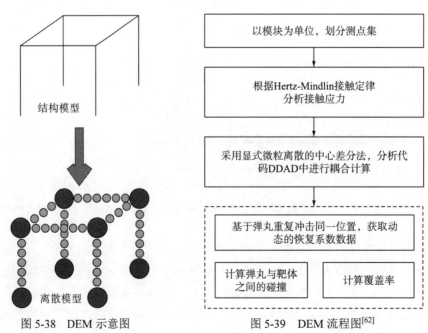

图 5-38　DEM 示意图　　　　　　　　　图 5-39　DEM 流程图[62]

变损耗的能量,更适合用于靶体与丸粒硬度相差较大的情况。如果靶体与丸粒硬度相差不大,可引入阻尼力抵消丸粒形变消耗的能量[60-62]。

接下来本节以机器人关节用谐波传动中的柔轮微粒喷丸强化为例,简述 DEM-FEM 建模过程。

2. 建模过程

试件为某公司的双圆弧谐波柔轮,材料为 30CrMnSiA。加工工艺为热处理—淬火—回火。其弹性模量为 210GPa,泊松比为 0.3,屈服强度为 835MPa,硬度为 $500HV_{0.1}$。该双圆弧谐波柔轮齿廓如图 5-40 所示,齿数为 200 个,模数为 0.315,分度圆直径为 63mm。用 25kg/min 的喷射流量,150mm 的喷射距离,分别为 0.15MPa、0.3MPa、0.4MPa、0.6MPa 的气压对柔轮进行喷丸,以研究喷丸气压对性能的影响。微粒喷丸过程中工件随着下方圆盘匀速旋转,转速为 1.571rad/s。采用标准 N 型 Almen 试片进行强度检测,喷丸时间为 21s 时达到覆盖率 200%,几种气压对应的微粒喷丸强度分别为 0.07mmN、0.09mmN、0.12mmN、0.15mmN。

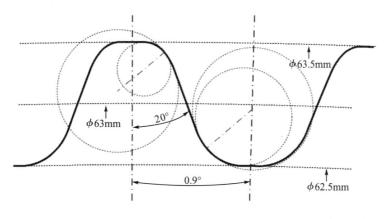

图 5-40　双圆弧谐波柔轮齿廓

建模步骤如下:①在 SolidWorks 软件中建立双圆弧谐波柔轮齿廓并导入 Abaqus 中。②建立柔轮弹塑性有限元模型。考虑到计算代价,只截取 1.5 个齿的几何模型。柔轮材料为 30CrMnSiA,采用随动强化本构。在柔轮齿面上选取宽为 0.5mm 的齿廓区域建立关注区域并加密该部分的网格,大小为 5μm,采用 ALE(arbitrary Lagrangian-Eulerian,任意拉格朗日-欧拉)自适应网格保证收敛性。保持柔轮绕着轴心匀速转动。③添加离散元模块模拟随机喷丸喷射过程。采用 0.5mm×0.5mm 大小的正方形模拟喷枪,将其法向与柔轮的径向保持一致并置于距离柔轮分度圆 150mm 处。修改"inp"文件并在其中添加离散元语句,使正方形可以喷射出随机微粒弹丸。微粒弹丸喷射方向与其法向保持一致,丸粒直径为 0.05mm。由于丸粒相对于柔轮直径小且速度快,本模型将微粒弹丸设置为刚体。④求解。采用 Abaqus/Explicit 求解器的显式时间积分算法进行求解,建立的柔轮微粒喷丸仿真模型如图 5-41 所示。

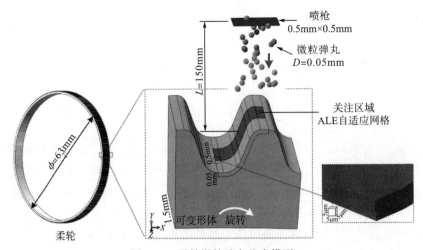

图 5-41　柔轮微粒喷丸仿真模型

如果靶体是平面，则可以采用式(5-36)来计算达到某一覆盖率所需的弹丸数量。但由于齿形的存在且柔轮在不断旋转，弹丸相对于齿面的入射角较为多变，使用该公式来计算覆盖率显然是不明智、不便捷的。因此，在建模过程中，将模型的参数与试验参数保持一致，包括工作台转速、喷射流量、喷丸速度[63,64]等参数，来保障微粒喷丸仿真模型的覆盖率和强度与试验一致。

3. 模型结果

不同气压下微粒喷丸之后的齿根处表面微观形貌如图 5-42 所示，与初始表面相比，经过微粒喷丸处理之后的表面，各向异性的机加工痕迹完全消除，表面形貌波动剧烈，呈

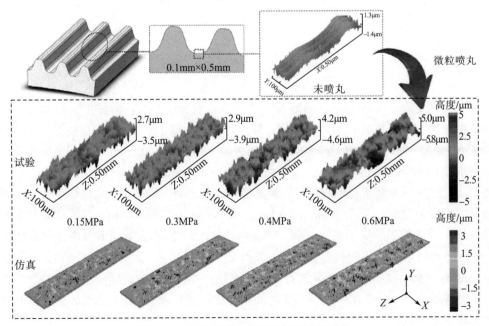

图 5-42　不同气压下的齿根表面微观形貌

现不均匀不规则的峰和谷，有利于油膜的形成。随着喷丸气压的增大，表面形貌波动逐渐剧烈，高度偏差从 6.2μm 增大到 10.8μm。仿真与试验的结果在数值与趋势上吻合良好，并均可发现采用微粒喷丸时齿根处受喷均匀，常规喷丸中常出现的齿根漏喷的情况基本可以避免。

　　由于在垂直于喷丸入射方向的平面上，各方向的残余应力具有各向同性，在本模型中只提取了轴向(Z 方向)残余应力。仿真得到的在不同气压下中心区域的残余应力云图如图 5-43 所示。可以发现，表面残余应力值波动较为剧烈，残余拉应力与残余压应力并存，这种现象在常规喷丸中也普遍存在。从截面处可以看出，形成的残余压应力层厚为 0.02~0.04mm，这与常规喷丸的 0.05~0.1mm 有所差异。齿顶与齿根处的残余应力层厚度较大，节圆处残余应力层较薄，这是由入射角度有所差异造成的。并且随着喷射气压的增加，丸粒速度逐渐增加，残余压应力层深度逐渐增加，但最大残余压应力值变化不大。

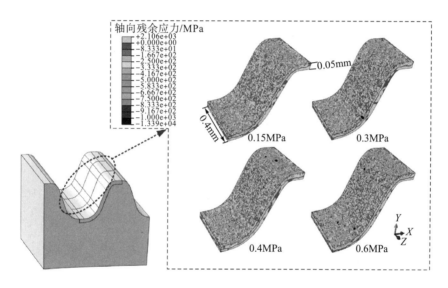

图 5-43　不同气压下中心区域的残余应力云图

5.1.6　机器学习模型

1)基于神经网络的数据驱动方法

　　使用基于神经网络的数据驱动方法无需知道喷丸具体作用机理，只需根据已有的喷丸工艺数据进行学习，即可对表面完整性参数进行预测，该方法已被广泛用于机械零件的寿命预测、故障诊断研究。

　　下面本节将以 18CrNiMo7-6 滚子的喷丸强化有限元仿真为例，简述基于神经网络的喷丸表面完整性参数预测模型。

　　选取弹丸直径(D)、喷射角度(α)、喷丸速度(V)、覆盖率(C)、弹丸类型(M)5 个因素设计正交试验，其中弹丸直径为 4 个水平，喷射角度为 4 个水平，喷丸速度为 4 个水平，覆盖率为 3 个水平，弹丸类型为 3 个水平。由于本喷丸工艺试验各因素的水平数不相等，为混合水平的多因素试验，采用拟水平法进行处理。将覆盖率的水平 4 用水平 1 替换，弹丸类型的水平 4 用水平 1 替换。喷丸工艺正交试验因素水平如表 5-6 所示，最终的喷丸工艺正交试验方案如表 5-7 所示。

表 5-6 喷丸工艺正交试验因素水平[65]

水平	因素				
	D/mm	α/(°)	V/(m/s)	C/%	M
1	0.5	45	60	100	铸钢丸
2	0.6	60	80	200	钢丝切丸
3	0.7	75	100	300	高硬度钢丝切丸
4	0.8	90	120		

表 5-7 喷丸工艺正交试验方案

编号	D/mm	α/(°)	V/(m/s)	C/%	M
1	0.5	45	60	100	铸钢丸
2	0.5	60	80	200	钢丝切丸
3	0.5	75	100	300	高硬度钢丝切丸
4	0.5	90	120	100	铸钢丸
5	0.6	45	80	300	铸钢丸
6	0.6	60	60	100	高硬度钢丝切丸
7	0.6	75	120	100	钢丝切丸
8	0.6	90	100	200	铸钢丸
9	0.7	45	100	100	钢丝切丸
10	0.7	60	120	300	铸钢丸
11	0.7	75	60	200	铸钢丸
12	0.7	90	80	100	高硬度钢丝切丸
13	0.8	45	120	200	高硬度钢丝切丸
14	0.8	60	100	100	铸钢丸
15	0.8	75	80	100	铸钢丸
16	0.8	90	60	300	钢丝切丸

以弹丸直径、覆盖率、喷丸速度、喷射角度、弹丸类型和距表面深度为模型的输入参数，残余应力及表面粗糙度为输出参数，则模型的输入层节点数为 6，输出层节点数为 2，神经网络的隐藏层取 2，将有限元仿真所得到的数据按照 3:1 的比例随机划分为训练集和测试集。喷丸表面完整性参数预测的神经网络结构拓扑如图 5-44 所示。

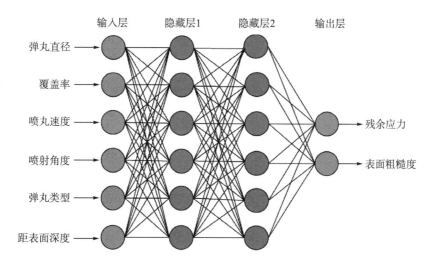

图 5-44　喷丸表面完整性参数预测的神经网络结构图

　　常用的喷丸性能预测神经网络模型精度评价参数有决定系数(R^2)、均方根误差(root mean square error，RMSE)、平均相对误差(mean relative error，MRE)。决定系数用来衡量自变量预测因变量的精度，其值为 0~1，数值越接近 1，说明模型的预测精度越高。确定隐藏层节点数经验公式如(5-54)所示。R^2、RMSE、MRE 计算公式如式(5-55)~式(5-57)所示。

$$k = \sqrt{l+g} + a \tag{5-54}$$

式中，k 为隐藏层节点数；l 为输入层节点数；g 为输出层节点数；a 为 1~10 的常数。

$$R^2 = 1 - \frac{\left(\sum_{i=1}^{n}\left(y_i - \hat{y}_i\right)^2\right)/n}{\left(\sum_{i=1}^{n}\left(y_i - \overline{y}_i\right)^2\right)/n} \tag{5-55}$$

$$RMSE = \sqrt{\frac{1}{n}\sum_{i=1}^{n}\left(y_i - \hat{y}_i\right)^2} \tag{5-56}$$

$$MRE = \frac{1}{n}\sum_{i=1}^{n}\frac{\left|y_i - \hat{y}_i\right|}{y_i} \tag{5-57}$$

式中，y_i 为实际残余应力或表面粗糙度值；$\hat{y}_i$ 为神经网络预测的残余应力或表面粗糙度值；$\overline{y}_i$ 为数据集中实际残余应力或表面粗糙度的平均值；n 为数据集中残余应力和表面粗糙度数据的个数。

　　采用遗传算法(genetic algorithm，GA)对喷丸强化性能预测的反向传播(back propagation，BP)神经网络模型权值和偏置进行优化，以残余应力、表面粗糙度的预测值和实际值之间的误差平方和作为适应度函数，如式(5-58)所示。采用实数编码的方法对待优化的参数进行编码，编码完成后，经选择、交叉、变异寻找出最优数值，建立基于 GA-BP 神经网络的喷丸表面完整性参数预测模型。

$$F = \frac{1}{\sum_{i=1}^{n}(y_i - \hat{y}_i)^2}$$ (5-58)

隐藏层神经元节点个数对喷丸表面完整性参数预测模型的精度影响显著。根据式 (5-54)初步确定隐藏层节点数为4~12，以决定系数 R^2 为精度评价参数，运用试错法得到喷丸表面完整性预测模型的精度随隐藏层节点数的变化曲线，如图5-45所示。可以看出，当节点数为4~6时，决定系数 R^2 随着节点数的增加而增大；当节点数为6时，R^2 最大，为0.9978；当节点数为7~12时，R^2 总体逐渐减小，随后稳定在0.91左右。

由表5-7的正交试验方案共得到16组残余应力曲线，其中试验组数为2、8、11、15组的数据为测试集。计算了第2、8、11、15组测试集的表面残余应力、最大残余压应力、残余压应力层深、最大残余压应力层深和表面粗糙度5个喷丸主要评价参数的神经网络预测值和有限元仿真值的相对误差，结果如图5-46所示。可以看出，最大残余压应力的相对误差为0.41%~2.29%，测试集中最大相对误差小于7%，预测结果的精度在喷丸工艺的可接受范围内。

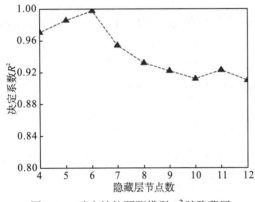

图5-45　喷丸性能预测模型 R^2 随隐藏层
节点数的变化曲线

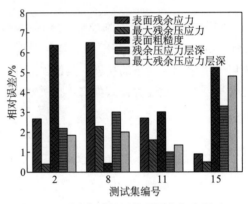

图5-46　测试集神经网络预测值与有限元
仿真值的相对误差

喷丸表面完整性参数预测模型的精度评价参数有 R^2、RMSE、MRE，以 R^2 为主要评价参数，预测模型精度评价表如表5-8所示。可以看出，4组测试集的残余应力决定系数 R^2 均大于0.99，平均相对误差 MRE 均低于7%，其中第8组的预测精度最高，R^2 为0.9967。采用4组测试集来验证模型精度，说明预测模型的泛化能力及鲁棒性，且在喷丸领域，此精度满足工程需求，可以为喷丸工作人员提供相关参考。

表5-8　测试集的 R^2、RMSE、MRE 值

测试集编号	R^2	RMSE/MPa	MRE/%
2	0.9958	29.42	6.83
8	0.9967	32.46	6.72
11	0.9954	31.34	4.45
15	0.9961	31.04	5.46

2) 数据填补案例

针对工程实际中表面完整性参数的表征数据往往存在缺失,导致喷丸强化工艺参数反向预测有困难,提出一种基于机器学习的数据填补方法,并建立了 CatBoost 喷丸工艺参数多层预测模型,将二者相结合,在减小表面完整性数据填补误差的同时,克服缺失数据对训练模型的障碍,提高了模型对喷丸工艺参数的反向预测精度和稳定性。

数据缺失状态下喷丸工艺参数预测模型框架如图 5-47 所示。通过试验获取含缺失数据的各喷丸工艺下的残余应力和硬度梯度,随后,设计一种基于机器学习的阶梯回归缺失数据填充方法,同时利用缺失特征自相关性和某深度其他参数相关性对缺失数据进行估计,将缺失数据填充完整。最后,基于集成学习算法建立喷丸工艺预测模型,将填充后完整可信的不同喷丸工艺所对应的残余应力和硬度梯度等参数用于该模型的训练,而后实现喷丸强度、弹丸直径和喷丸覆盖率依次分层预测。

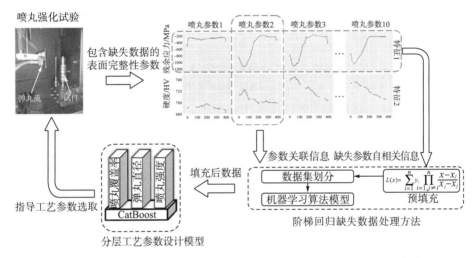

图 5-47　基于表面完整性参数缺失数据填充的喷丸工艺参数预测模型框架

提出一种将插值法作为预填充,基于机器学习算法的阶梯回归缺失数据处理方法,其主要流程框架如图 5-48 所示。(a)部分将试验获取的存在缺失的残余应力、硬度或其他参数沿深度梯度进行展开,输入(b)部分缺失数据处理方法模型,最后(c)部分得到完整的残余应力和硬度分布曲线。其中,(b)部分缺失数据处理方法首先对输入参数的各列缺失比例进行排序,Ⅰ部分选择缺失比例最小参数列作为第一轮填充目标列,其他列各自采用插值法进行预填充,即获得仅存在单列缺失的临时数据集。Ⅱ部分将临时数据集中目标列存在缺失值的各行数据作为测试集,其他完整数据作为训练集。Ⅲ部分将训练集输入机器学习算法模型,依据各参数之间的关联规律,获得目标列缺失数据估计值。随后,返回Ⅰ部分选择缺失比例第二小的参数列作为第二轮填充目标列,该列上一轮预填充的数据清除,即为临时数据集,重复上一轮步骤。该方法按缺失比例阶梯增加顺序进行机器学习回归模型来估计缺失数据,经过多轮填充后获得完整的表面完整性参数,实现阶梯回归缺失数据处理,可用于更多列表面完整性参数甚至其他类数据集缺失数据处理。

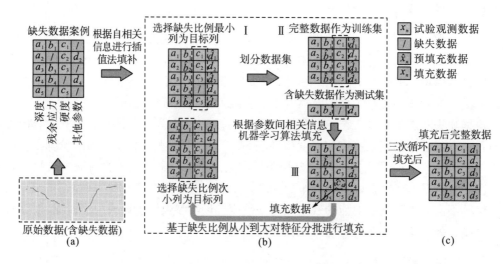

图 5-48 阶梯回归缺失数据处理方法框架

填充完后获得完整的数据集，采用 Prokhorenkova 等[66]提出的 CatBoost 方法搭建喷丸强化工艺参数反向预测模型，CatBoost 采用有序增强代替基于梯度提升决策树(gradient boosting decision tree，GBDT)[67]的梯度估计方法，克服了由于梯度偏差引起的预测偏移，进一步增强了模型的泛化能力[66]。并且 CatBoost 以对称决策树作为弱学习器，采用同一个拆分标准[68]，所得模型的决策树是平衡的，不容易发生过拟合现象。CatBoost 算法原理是将初始样本 Data 输入模型用于训练对称决策树，通过上一轮的学习结果不断更新样本权重形成权重数据，从而逐步降低噪声点带来的偏差，最后将所有弱学习器的回归值加权得到最终结果。相比于其他传统机器学习算法，CatBoost 更加适用于含有噪声样本数据和小样本数据的回归问题，且模型具有更好的鲁棒性。

为实现基于残余应力和硬度梯度的多目标工艺参数反向预测并提高其精度，依据上述贡献度分析结果和 CatBoost 算法，提出一种多层预测模型，其框架如图 5-49 所示，首先将测量点深度、强化后残余应力和硬度作为初始数据输入第一层 CatBoost，获得预估的喷

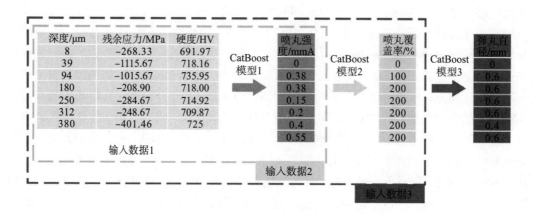

图 5-49 喷丸工艺参数多层预测模型框架

丸强度，再将所得喷丸强度纳入输入数据，通过第二层 CatBoost 输出喷丸覆盖率，然后将喷丸覆盖率也纳入输入数据，最后通过第三层 CatBoost 获得弹丸直径，从而实现喷丸工艺参数的预测。

为后续评价模型预测性能，选取使用最广泛且效果较好的指标之一——平均绝对误差（mean absolute error，MAE）作为评价指标[69]，其定义为

$$MAE = \frac{1}{n}\sum_{i=1}^{n}\left|Y_{i,\exp} - Y_{i,\text{pre}}\right| \tag{5-59}$$

式中，$Y_{i,\exp}$ 为样本 i 的真实试验数据；$Y_{i,\text{pre}}$ 为样本 i 的预测数据；n 为总样本数。MAE 表示预测值与试验值之间的平均误差距离，其值越小，表明模型方法效果越佳。

为全面评估基于 CatBoost 填充的喷丸强化工艺参数反向预测模型的性能，将完整的表面完整性参数数据按照 7∶3 的比例随机划分为训练集和测试集。按照 1%～20%缺失比例随机抽取训练集数据，得到未填充的不同缺失比例下训练样本集；对该样本集继续分别采用传统插值法和三种机器学习算法（线性回归、RF 和 CatBoost）进行填充，获得不同缺失比例下、各方法处理后的训练样本集。获取样本集后分别采用无填充、传统插值法、线性回归填充、RF 填充和 CatBoost 填充五类方法训练喷丸工艺参数多层预测模型，随后将同一测试集中表面完整性参数输入 5 种方法训练后的预测模型，反向输出各样本数据对应的喷丸强度、弹丸直径和喷丸覆盖率，与真实试验的喷丸工艺参数对比，进而分析本书所提出的包含缺失数据处理方法的预测模型精度，其预测结果如图 5-50 所示。

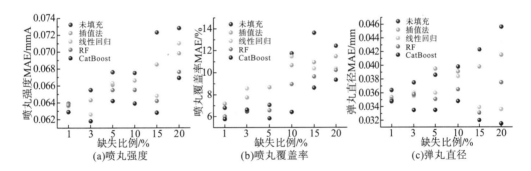

图 5-50　不同缺失数据处理方法下喷丸工艺参数预测 MAE

结果表明，经 CatBoost 阶梯回归缺失数据填充后，模型对喷丸强度、喷丸覆盖率和弹丸直径预测 MAE 都是最小，分别为 0.0667mmA、9.33%、0.0315mm，在所有模型中效果最好，说明该方法有效提高了模型精度，相对于未填充处理其 MAE 分别下降了 8.63%、24.99%、30.92%。基于 RF 的阶梯回归填充方法同样对提高模型精度有较大帮助，因为该算法不会非常依赖样本量，与未填充预测模型相比，MAE 分别下降了 7.40%、17.84%、17.76%。而线性回归提升效果较小，其喷丸强度 MAE 仅下降了 2.74%，噪声点数据或者缺失比例过大对该方法影响较大。传统的插值法提升效果最差，其 MAE 分别仅下降了 4.38%、7.85%、8.99%。

5.2　齿轮喷丸的承载能力仿真模型

5.2.1　齿轮喷丸的接触疲劳仿真

齿轮疲劳试验研究费时费力，使得齿轮接触疲劳理论模型成为研究齿轮接触疲劳失效和寿命预测不可或缺的重要途径。齿轮接触疲劳理论涉及多学科交叉，经过近百年的发展，相关研究理论与方法也各有不同。从寿命预测角度上，齿轮接触疲劳模型可分为确定型模型和统计型模型。

确定型模型本质上是基于理论，使用疲劳准则结合有限元技术，计算齿轮内部材料在接触过程中的完整应力-应变行为，并获得相应材料的疲劳参数。大多数观点认为齿轮接触疲劳以裂纹萌生寿命为主，考虑齿轮循环接触中的多轴应力应变状态，采用基于裂纹萌生的多轴疲劳寿命准则似乎是合适的。确定型模型总体的发展历程如图 5-51 所示。

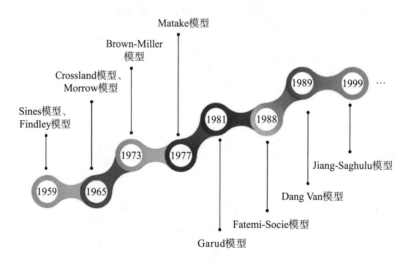

图 5-51　确定型模型发展历程

Dang Van 多轴疲劳准则是以应力为主导的多轴疲劳准则的典型代表，通过考虑水静应力与剪切应力幅值的线性组合来计算材料点所承受的等效应力，以此评估疲劳失效风险。该准则常被用在齿轮或轴承的高周滚动接触疲劳无限寿命设计之中。Dang Van 多轴疲劳准则中的疲劳失效风险 FP 可表示为

$$FP(\theta,t) = \frac{\Delta\tau_{\max}(\theta_c,t) + \alpha_D \cdot \sigma_H(t)}{\lambda} \tag{5-60}$$

式中，$\Delta\tau_{\max}$ 为最大剪应力幅值；σ_H 为水静应力；α_D 和 λ 为材料参数。

多轴疲劳准则的 FP 越大，则失效的可能性越高。当 $\Delta\tau_{max}$ 达到最大时，基于 Dang Van 多轴疲劳准则材料点的临界面将被确定。Conrado 和 Gorla[70]采用 Dang Van 和 Liu-Zenner 多轴疲劳准则用于齿轮和轮轨接触疲劳极限的预测；Beretta 和 Foletti[71]基于 Dang Van 多轴疲劳准则很好地预测了轴承、齿轮、轮轨三种不同钢材的疲劳裂纹萌生行为；Reis 等[72]基于 Dang Van 多轴疲劳准则，预测了在随机载荷波动下轮轨材料的疲劳裂纹萌生。但由于 Dang Van 多轴疲劳准则基于弹性安定理论来研究材料的疲劳失效行为，在材料局部微塑性流动疲劳失效的应用还有待研究，且其只能计算出单个材料点的疲劳失效风险，不能计算出准确的寿命，也是该准则的一大短板。

Brown 与 Miller 基于临界面法推导了一种多轴疲劳准则，该准则认为疲劳裂纹最先出现在最大剪应变所在平面(临界面)，临界面上的剪应变幅值与正应变幅值共同影响疲劳性能。Brown-Miller 准则属于有限疲劳寿命范畴内的准则，可以根据应力应变历程计算出每个材料点具体的疲劳寿命值。同时，Brown-Miller 准则可以给出大部分延展性金属最符合实际的疲劳寿命预测值，是常规材料在室温下首选的疲劳准则，在工程上得到了广泛的认可，是很多疲劳寿命计算商业软件默认使用的准则之一。该准则表达为

$$\frac{\Delta\gamma_{max}}{2} + S\Delta\varepsilon_n = A\frac{\sigma'_f}{E}(2N_f)^b + B\varepsilon'_f(2N_f)^c \tag{5-61}$$

式中，$\Delta\gamma_{max}$ 和 $\Delta\varepsilon_n$ 分别为临界面上的最大剪应变幅值和正应变幅值；$2N_f$ 为材料点的疲劳寿命；b 和 c 分别为疲劳强度指数和疲劳延性指数；σ'_f 与 ε'_f 分别为疲劳强度系数和疲劳延性系数；S 为一个可以通过经典扭转和拉压疲劳试验来确定的材料常数。

根据文献[73]，另外两个材料常数分别计算为 $A = 1.3 + 0.7S$ 和 $B = 1.5 + 0.5S$。随后 Morrow 对 Brown-Miller 模型进行了平均正应力修正[74]，得到常用的 Brown-Miller-Morrow 疲劳寿命模型。Brown-Miller 准则在各种零件的疲劳寿命预测中得到广泛应用，Zheng 等[75]提出了一种基于 Brown-Miller 多轴疲劳准则的车轮动态转弯疲劳寿命模型，并与试验结果吻合较好；Tomazincic 等[76]采用仿真与试验相结合的方法，提出 Brown-Miller 多轴疲劳准则更适用于复杂结构的疲劳寿命分析；Zhang 等[77]采用 Brown-Miller-Morrow 多轴疲劳准则与实测表面微观形貌，建立了齿轮弹塑性接触疲劳模型，阐述了齿轮点蚀与微点蚀之间的竞争机制，如图 5-52 所示。

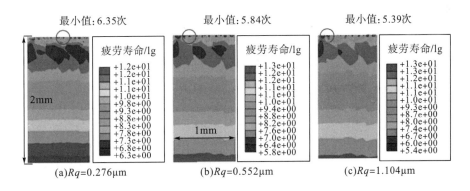

图 5-52 Brown-Miller-Morrow 多轴疲劳准则应用[75]

材料疲劳破坏的本质与局部塑形诱发产生的微裂纹息息相关,在重载工况下,齿轮的滚动接触疲劳问题同样受局部塑形的影响。Fatemi 和 Socie[78]提出了应变主导的多轴疲劳寿命模型,以最大剪应变幅值和最大正应力为损伤参量研究每一有效载荷循环的疲劳累积,表达为

$$\frac{\Delta\gamma_{max}}{2}\left[1+k\frac{\sigma_{max}}{\sigma_{ys}}\right]=\frac{\tau'_f}{G}(2N_f)^b+y'_f(2N_f)^c \tag{5-62}$$

式中, $\Delta\gamma_{max}$ 为临界面上的最大剪应变幅值; σ_{max} 为最大正应力; σ_{ys} 为该材料点的屈服强度; τ'_f 与 y'_f 分别为剪切疲劳强度系数和剪切疲劳延展性系数; $2N_f$ 为材料点的疲劳寿命; b、c 分别为疲劳强度指数和疲劳延性指数; G 为剪切模量。

Fatemi-Socie 模型引入了应力项以考虑材料非比例附加强化对多轴疲劳损伤的影响。在非比例加载条件下,预测效果相对较好。Sauvage 等[79]通过该准则确定最大剪切应变幅值平面(临界面)及该平面的最大法向正应力,计算轴承疲劳裂纹萌生寿命;Kiani 和 Fry[80]采用三维有限元开发了基于该准则的疲劳损伤轨轮模型来预测次表面疲劳裂纹的行为;Basan 和 Marohnić[81]基于该准则开发了滑滚线接触疲劳模型,认为该准则可以预测裂纹萌生位置和临界面方向;重庆大学 Liu 等[82]考虑硬化层梯度特性和残余应力分布,结合 Fatemi-Socie 准则预测了风电渗碳齿轮接触疲劳寿命,发现 Fatemi-Socie 准则可以体现残余应力拉压不同状态对疲劳性能的区别性影响。

齿轮在喷丸强化后,其表面完整性参数(如表面粗糙度、硬度和残余应力等)产生了巨大的变化,影响了齿轮的接触疲劳行为。因此,在采用确定型模型分析喷丸强化后的零件接触疲劳问题时,有必要考虑表面完整性参数的影响。可以建立滚子的弹塑性有限元模型以模拟强化后齿轮的疲劳行为,该模型包含实测的喷丸后表面完整性参数,然后采用某一多轴疲劳准则计算各材料点的疲劳寿命。这里以 AISI 9310 钢辊子表面性能和 Brown-Miller-Morrow 多轴疲劳准则为例。弹塑性滚动接触模型(图 5-53)的建模过程如下:

(1)在 Abaqus 中建立滚子有限元模型。滚子外圆半径为 30mm,内圆半径为 15mm。在去除滚子的曲率后,分别提取 3 种状态下沿滚子切向的 2.6mm 粗糙度曲线。

(2)导入 MATLAB 中进行"dmey"三阶小波变换去除尖点。经过处理之后的试件与测量得到的平均粗糙度值基本一致。用 Python 在主试件表面分别导入粗糙曲线,副试件表面保持光滑。

(3)试件的弹性模量为 206GPa,泊松比为 0.3。采用运动硬化本构方程,硬化模量设为 10.5GPa。

(4)测量得到的硬度通过公式 Pavlina-Tyne 转化为材料的屈服强度,在 PART-1 中将材料属性赋予到相应的深度。PART-1 芯部材料以及 PART-2 滚子的屈服强度为 1300MPa。

(5)通过添加预应力场的方法将测量得到的残余应力添加至对应的深度位置。

主试件的网格大小随着深度的增加而逐渐增加,表面处网格大小尺寸为 2μm×2μm,与实际测量的粗糙度数据点距基本一致;PART-2 的网格大小一致,为 0.5mm×0.5mm。

(6)在副试件中心施加载荷 2602N,保证滑差率为 10%。考虑材料的安定行为,取第

五次加载结果进行疲劳寿命计算。

（7）采用 Brown-Miller-Morrow 多轴疲劳准则计算材料点的疲劳寿命。

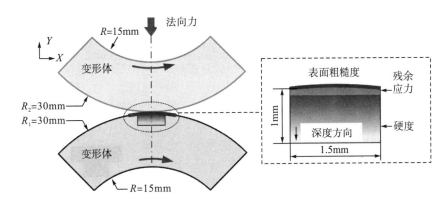

图 5-53　弹塑性滚动接触模型

以磨削、喷丸和微粒喷丸处理之后的滚子疲劳模型仿真结果为例，滚动接触疲劳试验结果如图 5-54 所示，仿真分析结果如图 5-55 所示。50%失效概率的滚动接触疲劳寿命为 4601039 次，10%失效概率的滚动接触疲劳寿命为 3316870 次。在 50%和 10%失效概率下的喷丸试件的疲劳寿命分别为 5861465 次和 3922395 次。微粒喷丸处理后滚子在 50%和 10%失效概率下的疲劳寿命分别为 6688184 次和 3639106 次。三种情况下，仿真得到的最小疲劳寿命均出现在近表面，分别为 2779713 次、3999447 次和 3639150 次。与 10%失效概率试验结果相比，磨削、喷丸和微粒喷丸处理之后的滚子寿命模拟误差分别为 16.19%、1.96%和 0.01%。结果表明，所建立的接触疲劳模型能够准确预测滚动接触疲劳寿命。

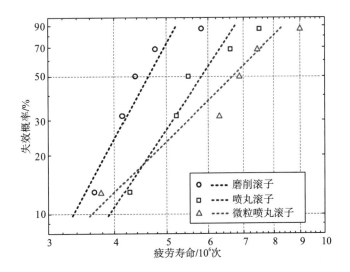

图 5-54　滚动接触疲劳试验结果

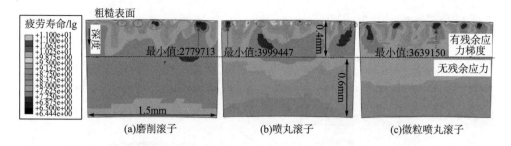

图 5-55　磨削、喷丸和微粒喷丸处理之后的滚子疲劳模型仿真结果

统计型模型本质上为基于经验面向工程的模型，大多数变量通过大量试验获得，具有较高的准确性与可靠性，已在工程实际中广泛应用，统计型模型总体的发展历程如图 5-56 所示。

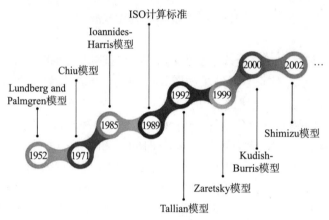

图 5-56　统计型模型发展历程

Lundberg 和 Palmgren[83]在滚动接触疲劳(rolling contact fatigue，RCF)方面做了很好的先驱性工作，在 Weibull 关于材料强度统计特性研究的基础上，将 RCF 次表面裂纹萌生寿命的存活概率表达为最大正交剪应力、存活循环次数、最大正交剪应力所在深度以及遭受应力材料体积的指数函数，形成了第一个被广泛接受的基于赫兹理论的轴承疲劳寿命预测模型(称为 L-P 模型)，如式(5-63)所示：

$$\ln \frac{1}{S} \propto \frac{\tau^{c} N^{e} V_{s}}{z_{0}^{h}} \tag{5-63}$$

式中，τ^{c} 为最大正交剪应力；z_0 为最大正交剪应力发生的深度；e 为在威布尔概率纸上绘制的试验寿命数据的威布尔斜率；c 为应力指数；h 为深度指数，可以通过试验数据确定；V_s 为高应力影响区域的体积；N 为应力循环次数，即疲劳寿命。

基于轴承疲劳寿命试验发现，即使接触应力高达 3~5GPa，可能仍不会发生失效的现象，1985 年 Ioannides 和 Harris[84]对 L-P 模型进行修正并提出式(5-64)(称为 I-H 模型)：

$$-\ln \Delta S \propto \frac{N^{e}(\sigma_{i} - \sigma_{ui})\Delta V_{s}}{z^{h}} \tag{5-64}$$

式中，ΔS 为幸存概率增量；ΔV_s 为应力体积单元；N 为疲劳寿命；z 为所计算材料点的深度；σ_i 和 σ_{ui} 分别为受载应力和疲劳极限应力，只有当 $\sigma_i - \sigma_{ui} > 0$ 时，其对应的体积部分才会发生疲劳。因此，如果载荷足够低，以至于在整个体积区域 $\sigma_i - \sigma_{ui} < 0$，则材料和零件具有无限寿命。

除了 L-P 模型、I-H 模型，常用于 RCF 寿命预测的还有 Tallian 模型[85]、Zaretsky 模型[86]等，其中后者常被应用在一些混合润滑 RCF 失效研究中[87]。如今在齿轮和轴承等 RCF 频繁出现的工业应用中，已经有多种基于统计型的 RCF 理论可以采用，基于统计型的齿轮接触疲劳寿命预测方面也开展了很多研究。20 世纪七八十年代，在 NASA 的资助下 Coy、Townsend 和 Zaretsky 发表了一系列基于 L-P 理论的直、斜齿轮接触疲劳寿命预测方法[88]。

对于喷丸强化之后的齿轮，在采用统计型模型分析表面强化后的零件接触疲劳问题时，也有必要考虑表面完整性参数的影响。可以采用修正的式(5-63)计算齿轮的疲劳寿命。对于 AISI 9310 滚子，考虑表面完整性参数的修正 L-P 公式为

$$N_{50} = 1.12 \times 10^{63} \left[\frac{\ln \frac{1}{0.5} z_0^{2.33}}{\left(\tau_0 (0.1757 Sa + 1.006) + 0.2869 \sigma_r \right)^{17.57} V} \right]^{\frac{1}{2.5}} \times \exp[0.1(SH - 57.5)] \quad (5-65)$$

需要指出的是，该修正模型可用于与 AISI 9310 材料性能相似的渗碳滚子，需要保证流体润滑状态。该公式更适用于表面粗糙度不超过 1μm 且发生次表面破坏的情况。如果没有测量设备或检测条件，二维表面粗糙度 Ra 可以代替 Sa 使用[89,90]。

原 L-P 疲劳模型和修正 L-P 疲劳模型的平均试验疲劳寿命和预测结果散点图如图 5-57 所示。与原 L-P 模型的灰色散点相比，修正的 L-P 模型的彩色散点更接近于 $y=x$ 这条线，这说明预测结果与试验结果更为相近。从原 L-P 模型来看，微粒喷丸 FPP-0.05mmN、滚磨光整 SF-30min 和常规喷丸 SP-0.35mmA+滚磨光整 SF-30min 强化后的预测结果不到这些试验结果的一半，而修正后的疲劳寿命预测误差小于 1.5 倍误差范围。

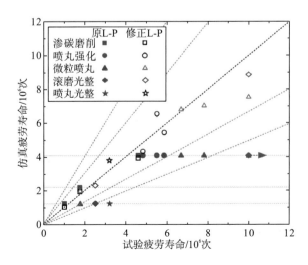

图 5-57　原 L-P 疲劳模型和修正 L-P 疲劳模型的平均试验疲劳寿命和预测结果散点图

表 5-9 给出了预测疲劳寿命在误差方面的一些细节。$N_{50,E}$ 代表平均试验疲劳寿命。$N_{50,LP}$ 和 $N_{50,MLP}$ 分别为原 L-P 疲劳模型和修正 L-P 疲劳模型预测的疲劳寿命。可以发现，原公式的绝对误差为 10.932%~60.962%，而修正 L-P 疲劳模型的绝对误差范围小于 24.385%。修正 L-P 疲劳模型更准确，更适合于预测滚子强化后的疲劳寿命。

表 5-9　修正公式与原公式的预测结果

试件及工艺	接触应力/MPa	$N_{50,E}$ /10^6 次	$N_{50,LP}$ /10^6 次	绝对误差 $|N_{50,E}-N_{50,LP}|/N_{50,E}$/%	$N_{50,MLP}$ /10^6 次	绝对误差 $|N_{50,E}-N_{50,MLP}|/N_{50,E}$/%
G	2500	4.601	4.098	10.932	3.936	14.451
G	2750	1.762	2.199	24.801	1.953	10.843
G	3000	1.010	1.250	23.762	1.041	3.061
SP-0.2mmA	2500	4.829	4.098	15.138	4.341	10.099
SP-0.35mmA	2500	5.861	4.098	30.080	5.461	6.812
SP-0.5mmA	2500	5.509	4.098	25.613	6.553	18.967
FPP-0.05mmN	2500	10	4.098	59.020	7.562	24.385
FPP-0.05mmN	3000	1.782	1.250	29.854	1.981	11.170
FPP-0.1mmN	2500	6.688	4.098	38.726	6.841	2.291
FPP-0.15mmN	2500	7.809	4.098	47.52	7.051	9.708
SF-30min	2500	10.000	4.098	59.020	8.880	11.203
SF-30min	3000	2.520	1.250	50.397	2.312	8.253
SP-0.35mmA+SF-30min	3000	3.202	1.250	60.962	3.788	18.308

修正 L-P 疲劳模型能够给出较准确的线接触强化滚子疲劳寿命评估结果。齿轮在啮合时也处于线接触状态。对于齿轮，由于几何结构的不同，赫兹接触应力和接触半宽度的计算公式会有所差异。因此，式(5-65)不能直接用于预测齿轮的疲劳寿命，但可以通过变形公式，进而计算出不同表面强化处理后试件的预测疲劳寿命之比 N_1/N_2。

在相同载荷和不同表面完整性条件下，试件的预测疲劳寿命之比可以表示为

$$\frac{N_1}{N_2}=\left[\frac{\tau_0(a_1 Sa_2+a_2)+a_3\sigma_{r2}}{\tau_0(a_1 Sa_1+a_1)+a_3\sigma_{r1}}\right]^9\times\exp[0.1(SH_1-SH_2)] \qquad (5\text{-}66)$$

式中，$a_1=0.1757$；$a_2=1.0060$；$a_3=0.2869$；Sa_1、σ_{r1} 和 SH_1 表示一组齿轮表面完整性参数，N_1 为其预测的疲劳寿命；Sa_2、σ_{r2} 和 SH_2 表示另一组齿轮的表面完整性参数，N_2 为其预测的疲劳寿命。

如果已知处于某一表面完整状态下的齿轮疲劳寿命，则可以根据式(5-66)预测同种载荷下其他状态的齿轮接触疲劳寿命。

5.2.2　齿轮喷丸的弯曲疲劳仿真

与接触疲劳不同，齿轮弯曲疲劳失效往往由萌生于齿根表面处的疲劳裂纹引起，疲劳裂纹从萌生至形成弯曲疲劳折断等失效具有发生时间短、难以提前预判等特点，因此极易

引发人机安全事故，具有更大的危害性。虽然齿轮弯曲疲劳试验与接触疲劳试验相比效率高，但仍然需要耗费大量人力物力。因此，齿轮弯曲疲劳仿真是研究齿轮弯曲疲劳性能的主要手段，弯曲疲劳损伤与裂纹萌生扩展是弯曲疲劳仿真的重要内容。

齿轮弯曲疲劳失效体现为损伤逐渐累积、力学性能逐渐退化的动态演变过程。在齿轮服役过程中，循环载荷作用所引起的应力应变响应使得材料点疲劳损伤不断累积，进而导致以弹性模量等为代表的材料力学性能逐渐衰退，而力学性能的演变进一步导致应力应变场重新分布以及损伤的非均匀累积。采用损伤的概念研究疲劳问题，关键在于选取合适的损伤驱动应力，进而构造出合理的损伤求解方程。针对不同的疲劳损伤问题，学者们提出了大量不同的损伤率公式。早在 1989 年，Chaboche 和 Nouailhas[91]便提出了几种线性以及非线性随动强化准则用以分析拉压状态下的棘轮损伤，并基于 316 不锈钢开展疲劳试验验证。随后，Lemaitre 等[92]也提出了一个非线性损伤累积模型描述材料疲劳损伤规律。通过修正 Lemaitre 提出的损伤模型，Xiao 等[93]给出了考虑平均应力作用的高周疲劳损伤率公式。2000 年，Jiang[94]基于临界面法提出了考虑平均应力以及载荷次序影响的损伤率公式，并用于分析多轴疲劳状态下的损伤演化规律。随后，Ringsberg[95]则借助多轴应力状态以及临界面的概念推导了滚动接触疲劳的损伤率方程，并通过建立双盘对滚以及铁路轨道接触有限元模型进行滚动接触疲劳仿真。2009 年，Kang 等[96]提出了耦合损伤的黏弹性本构方程分析42CrMo 钢单轴棘轮失效问题。2013 年，Hojjati-Talemi 等[97]提出了适用于微动疲劳的损伤率方程。2016 年和 2017 年，Zhan 等[98-100]推导了用于分析钛合金、铝合金等结构疲劳裂纹的损伤率方程，并基于大量疲劳试验进行试验验证。2017 年，Shen 等[101]则开发了考虑残余应力的焊接材料弹塑性疲劳损伤模型，用于分析焊接区域多孔状态下的疲劳寿命，而 Ma 等[102]通过提出温度与损伤量的关联规律，构建了用于分析高温条件下的低周疲劳损伤模型。同年，Guan 等[103]提出了考虑微结构的损伤模型，实现了微结构状态下的接触疲劳仿真。而近年来，Sadeghi 课题组[104-112]也通过构建不同的疲劳模型研究了粗糙度、残余应力、硬度梯度、夹杂物、微结构等表面完整性参数对接触疲劳寿命的影响。表 5-10 展示了学者们提出的部分损伤控制方程。

表 5-10　损伤率控制方程

作者	时间	损伤率公式
Chaboche 和 Nouailhas[91]	1989 年	$\dfrac{\mathrm{d}D}{\mathrm{d}N} = \left[1 - (1 - D^{1+\beta})^{\alpha}\right]\left[\dfrac{\Delta\sigma}{M(1-D)}\right]^{\beta}$
Lemaitre 等[92]	1993 年	$\dfrac{\mathrm{d}D}{\mathrm{d}N} = D^{\alpha}(\sigma_{\max}, \sigma_{\mathrm{m}})\left[\dfrac{\sigma_{\max} - \sigma_{\mathrm{m}}}{M(\sigma_{\mathrm{m}})}\right]^{\beta}$
Xiao 等[93]	1998 年	$\dfrac{\mathrm{d}D}{\mathrm{d}N} = \left[1 - (1 - D)^{2q}\right]^{\alpha}\left[\dfrac{\sigma_{\max} - \sigma_{\mathrm{m}}}{M(\sigma_{\mathrm{m}})(1 - D)}\right]^{2q}$
Jiang[94]	2000 年	$\dfrac{\mathrm{d}D}{\mathrm{d}N} = (\sigma_{mr} - \sigma_0)^m \left(1 + \dfrac{\sigma}{\sigma_{\mathrm{f}}}\right)\mathrm{d}Y$
Kang 等[96]	2009 年	$\dfrac{\mathrm{d}D}{\mathrm{d}N} = A_2 + \dfrac{A_1 - A_2}{1 + \exp\left[(SP - A_3)/A_4\right]}$

续表

作者	时间	损伤率公式
Warhadpande 等[112]	2010 年	$$\frac{\mathrm{d}D}{\mathrm{d}N}=\left[\frac{\sigma}{\sigma_R(1-D)}\right]^m$$
Hojjati-Talemi 等[97]	2013 年	$$\frac{\mathrm{d}D}{\mathrm{d}N}=A\frac{\left(\sigma_{\mathrm{eq,max}}^{m+2\beta}-\sigma_{\mathrm{eq,min}}^{m+2\beta}\right)R_{\mathrm{v}}^{\beta}}{(1-D)^{m+2\beta+2}}$$
Zhan 等[113]	2017 年	$$\frac{\mathrm{d}D^{\mathrm{p}}}{\mathrm{d}N}=\left[\frac{\sigma_{\mathrm{eq}}^2 R_{\upsilon}}{2ES(1-D)^2}\right]^s\dot{p}$$
Shen 等[101]	2017 年	$$\frac{\mathrm{d}D}{\mathrm{d}N}=a\left[\frac{A_{\mathrm{II}}(1+d_{\max}^c)}{(1-3b\sigma_{H,\mathrm{mean}})(1-D)}\right]^{\beta}$$
Ma 等[102]	2017 年	$$\frac{\mathrm{d}D}{\mathrm{d}N}=\frac{c_3\Delta w^{c4}}{L}$$
Guan 等[103]	2017 年	$$D_i=\begin{cases}1-(1-D_{i-1})F_i\ \sigma_{\max}\geqslant S_{\mathrm{e}}\\ D_{i-1}\ \sigma_{\max}<S_{\mathrm{e}}\end{cases}$$
He 等[114]	2019 年	$$\frac{\mathrm{d}D^{\mathrm{e}}}{\mathrm{d}N}=\left[\frac{\Delta\tau}{\tau_R\left(1-\frac{\sigma_{m,r}}{S_{\mathrm{us}}}\right)(1-D)}\right]^m,\ \frac{\mathrm{d}D^{\mathrm{p}}}{\mathrm{d}N}=\left[\frac{\sigma_{M,\max}^2}{2ES\left(1-\frac{\sigma_{m,r}}{S_{\mathrm{us}}}\right)^2(1-D)^2}\right]^q\dot{p}$$

齿轮的弯曲疲劳寿命由齿轮疲劳裂纹的萌生以及扩展两部分构成，20 世纪 90 年代 Zhou 等[115]便开发了考虑裂纹萌生和扩展寿命的滚动接触疲劳模型。随后，Singh[116]对金属齿轮的弯曲疲劳裂纹萌生、扩展寿命展开了试验研究，发现在轻载下，裂纹萌生寿命可占据总疲劳寿命的 90%。2008 年，Podrug 等[117]通过施加在齿廓上移动的载荷来模拟真实的齿轮载荷工况，并用以分析载荷对疲劳寿命的影响，发现随着载荷的减小，裂纹萌生寿命逐渐主导整个疲劳阶段。NASA[118]在高频疲劳试验机上对 AISI 9310 航空齿轮渗碳钢进行低周疲劳试验也得到相同结论，且发现在所试验的载荷范围内，应力和裂纹萌生寿命是半对数关系，而应力与裂纹扩展寿命具有线性关系。事实上，大量研究表明[113,119-121]，在齿轮服役过程中，裂纹萌生主导了齿轮的整个服役过程，因此学者往往将裂纹萌生寿命视为齿轮弯曲疲劳寿命，并因此产生了大量基于裂纹萌生的齿轮弯曲疲劳寿命模型。尽管齿轮弯曲疲劳裂纹扩展阶段对齿轮服役生命周期影响较小，但不同的裂纹扩展路径将显著改变弯曲疲劳失效形式，因此针对齿根裂纹扩展，各国研究学者也进行了大量的研究。其中，线弹性断裂力学(linear elastic fracture mechanics，LEFM)[122]是解决这一问题最为常用的方法。1977 年，Ahmad 和 Loo[123]首先使用断裂力学研究齿根裂纹问题，随后 Honda 和 Conway[124]基于断裂力学仿真了齿根裂纹扩展问题并计算了应力强度因子等裂纹参数，根据计算出的裂纹参数预估了裂纹齿轮的载荷阈值。1984 年，Flasker 和 Jezernik[125]借助断裂力学计算了齿根应力强度因子并据此预测了齿根裂纹扩展寿命。2011 年，Podrug 等[126]提出了一个用于分析不同载荷下渗碳硬化齿轮齿根裂纹扩展的模型。通过结合边界元、有限元以及断裂力学理论，断裂研究小组开发了二维和三维疲劳裂纹仿真软件 FRANC2D 和 FRANC3D，此后被各国学者广泛用于齿轮的裂纹扩展研究[127-132]。然而，在常规有限元

中，疲劳裂纹的存在引起了材料间的不连续问题，导致裂纹扩展仿真必须进行网格重画，Ciavarella 和 Demelio[133]便开发了可根据齿轮参数进行边界元和有限元网格自动划分的齿轮疲劳裂纹扩展仿真软件，从而简化了网格不断重画的过程。而美国西北大学 Belytschko 等[133,134]提出的扩展有限元法（extended finite element method，XFEM）通过将网格与结构几何以及物理界面独立解决了这一弊端，使得近年来 XFEM 逐渐被应用于齿轮裂纹扩展分析中[134,135]。2015 年，意大利都灵理工大学 Curà 等[136,137]借助 XFEM 探究了腹板厚度、轮缘厚度对齿轮齿根疲劳裂纹扩展路径的影响，随后[137]又探究了转速对薄腹板齿根疲劳裂纹扩展路径的影响规律。2018 年，Verma 等[138]基于 XFEM 分析了齿根裂纹对齿轮时变啮合刚度的影响规律。2020 年，北京交通大学 Wang 等[139]利用 Abaqus 软件中的 Dload 子程序为齿面施加移动载荷仿真齿轮啮合过程，并借助该软件的扩展有限元模块模拟了齿根裂纹扩展。2019 年，中南大学 Wei 和 Jiang[140]通过在 Abaqus 软件中建立双齿有限元模型，在 XFEM 框架内仿真了齿根疲劳裂纹扩展，发现当初始裂纹在最大主应力所在平面时，齿轮疲劳裂纹扩展寿命最小，图 5-58 展示了不同载荷循环次数下的裂纹扩展状态。

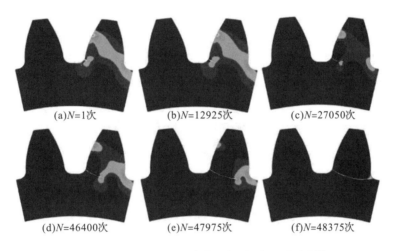

(a)N=1次　　　　(b)N=12925次　　　　(c)N=27050次

(d)N=46400次　　　　(e)N=47975次　　　　(f)N=48375次

图 5-58　不同载荷循环次数下的裂纹扩展状态[140]

　　喷丸强化工艺引入的残余应力、硬度梯度等表面完整性参数对齿轮弯曲疲劳性能产生显著影响。因此，在采用有限元模型仿真时需要考虑残余应力与硬度梯度对齿轮弯曲疲劳性能的影响。本节以风电、舰船、盾构等行业常用的 18CrNiMo7-6 渗碳钢齿轮为例，结合疲劳损伤耦合齿轮弹塑性有限元模型以及齿轮疲劳损伤控制方程，开展考虑残余应力与硬度梯度的齿轮弯曲疲劳损伤分析。其流程（图 5-59）如下：

　　（1）步骤 1。基于齿轮几何参数、载荷力场参数以及表面硬化齿轮材料参数，编写耦合损伤的齿轮弹塑性本构材料子程序 Umat，并建立相应弯曲疲劳有限元模型，齿轮模数为 5mm，压力角为 20°，变位系数为 0.486。

　　（2）步骤 2。基于载荷力场参数对耦合损伤的齿轮弯曲疲劳有限元模型施加循环载荷。

　　（3）步骤 3。调用有限元求解器，求解循环载荷下含损伤齿轮的应力、应变场。

(4) 步骤 4。基于求解出的应力应变场结果,借助齿轮疲劳损伤控制方程计算各材料点弹、塑性损伤率,并根据循环跳跃算法获取损伤增量进而获取累积损伤量。

(5) 步骤 5。寻找齿根区域弯曲疲劳损伤最大值,并将该值与损伤阈值比较,若齿根最大损伤小于 1,则跳转到步骤 6,否则说明已发生齿轮弯曲疲劳失效,此时对应的疲劳循环次数即为该齿轮特定载荷下的弯曲疲劳寿命。

(6) 步骤 6。基于步骤 5 计算的齿根疲劳损伤,更新齿轮弹性模量等材料本构参数,获取最新损伤状态下的齿轮有限元模型,进而跳转到步骤 2。

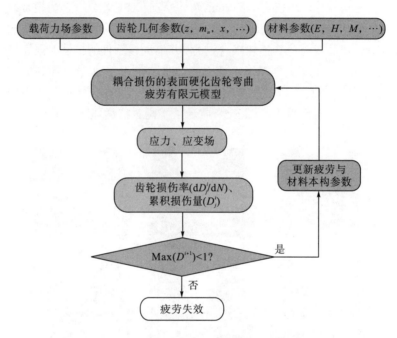

图 5-59　硬化齿轮弯曲疲劳损伤仿真流程图

仿真结果的准确性依赖于是否能建立反映真实工况的模型,因此建立一个可考虑主要因素的等效模型尤其关键。对于沿齿宽方向几何形状完全相同的齿轮,根据平面应变假设,仅需建立等效二维齿轮模型即可对齿根疲劳进行研究,从而提高仿真效率。根据齿轮弯曲疲劳试验相关参数,本节建立齿轮弯曲疲劳仿真有限元模型,如图 5-60(a)所示。其中,齿轮齿廓通过 Python 脚本编程实现自动化建模,模型约束与试验保持完全一致,下支承压头固定,上加载压头仅有 Y 轴方向的移动自由度,载荷 F_n 均匀施加在上加载压头平面,且该面的中心线经过齿轮加载点以避免偏载。夹持区域局部放大图如图 5-60(b)所示,由于弯曲疲劳所采用的应力比大于 0,在整个弯曲疲劳试验过程中,齿轮始终受到载荷作用,故而试验中未采用附属夹具限制其 X 方向以及旋转方向的自由度。然而,在疲劳仿真中,考虑到疲劳仿真收敛性,在模型中将齿轮中心点与齿轮内孔区域耦合,并限制中心点的上述两个自由度,齿轮与上加载压头、齿轮与下支承压头的接触区域设置为无摩擦接触。图 5-60(c)展示了疲劳试验与仿真中加载压头的加载历程,其从 0 逐渐增加到最大值 F_n,然后减小至最小值 $0.05F_n$,完成一个载荷循环,也即载荷应力比为 0.05。需要说明的是,尽管在疲劳试验中设置了不为 0 的应力比，但由于该值很小，本节不考虑应力比对齿轮弯曲疲劳的影响。

　　为兼顾求解精度与求解效率，本节在不同区域采用不同的网格尺寸。其中，在压头与齿轮接触区域以及受载齿轮齿根区域进行网格细化，如图 5-60(d) 所示，其他区域根据距齿根区域距离采用渐疏网格。在细化区域，设置网格最小尺寸为 0.05mm，整个仿真模型单元总数为 51633。由于足够细化的网格已能保证齿根应力求解的精度，网格单元选择常用的一阶平面应变单元 CPE4R。

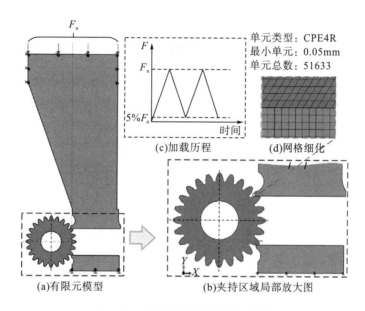

图 5-60　齿轮弯曲疲劳有限元模型

　　图 5-61 给出了载荷为 78kN 时，不同残余应力与表面显微硬度下的齿轮弯曲疲劳寿命图。由图可知，残余应力与表面显微硬度同时增加将极大延长齿轮弯曲疲劳寿命，例如，在该载荷下，表面显微硬度为 650HV、残余压应力为 400MPa 工况对应的弯曲疲劳寿命为7400 次，而硬度为 750HV、残余压应力为 1000MPa 工况对应的弯曲疲劳寿命为 33.92 万次，疲劳寿命增加近 45 倍，说明以喷丸为代表的表面强化工艺通过为齿面引入高残余压应力以及表面显微硬度极大改善了齿轮弯曲疲劳性能。

　　喷丸与未喷丸齿轮弯曲疲劳寿命预测分散带如图 5-62 所示。对于未喷丸齿轮，其弯曲疲劳寿命试验值与预测值对比点均在 2 倍分散带以内。同时可以发现即使针对硬度梯度、残余应力状态均与未喷丸齿轮不同的喷丸齿轮，其疲劳仿真模型依旧具有较高的预测精度，所有寿命试验值与预测值的对比点也均在 2 倍寿命分散带以内。通过未喷丸与喷丸齿轮弯曲疲劳寿命试验值与预测值的对比，可以发现本节提出的弯曲疲劳寿命预测模型在不同硬度梯度、残余应力状态下都具有较高的精度，验证了本节模型可适用于不同残余应力与硬度状态下的齿轮弯曲疲劳寿命预测。

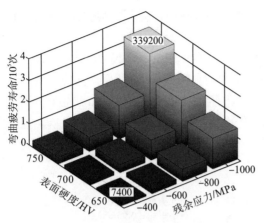

图 5-61   残余应力与表面显微硬度对齿轮
            弯曲疲劳寿命的综合影响

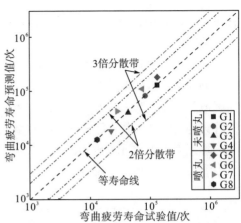

图 5-62   喷丸与未喷丸齿轮弯曲疲劳
            寿命预测分散带

5.2.3   齿轮喷丸的抗胶合性能仿真

1)齿轮胶合仿真概述

随着齿轮传递载荷的不断提高,重载齿轮在服役过程中不可避免地发生胶合失效。胶合失效不同于点蚀、剥落等接触疲劳失效,其具有瞬发性的特点,一旦发生胶合,齿轮副的运行状况将迅速恶化,导致咬死、断齿等严重后果,并有可能损坏其他机械部件,严重威胁机械系统的安全性和可靠性。胶合现象是载荷、润滑状态、加工精度及材料表面性能等诸多因素综合作用的结果,提高齿面硬度、降低齿面粗糙度以及优化齿面微观形貌可以有效提高齿轮的抗胶合性能,而喷丸强化工艺可以显著提高材料表面显微硬度、降低表面粗糙度,并具有一定的表面织构效果,因而可以有效提高齿轮的抗胶合性能。

齿轮在运转过程中的温度直接影响胶合失效的发生和发展。目前被广泛接受的是以Blok 闪温理论为基础的齿轮胶合失效判定准则。Blok 闪温理论认为当齿轮的瞬时接触温度超过齿轮的胶合极限时就会发生胶合失效,同种齿轮材料和润滑油所组成的摩擦学系统的极限胶合温度基本是确定的。在热源的移动速度与材料的热传导速度相比足够快的条件下,Blok 的近似求解公式可较为精确地估计闪温,因此这一方法广泛应用于评价齿轮的抗胶合性能。Handschuh[141]通过建立热弹流润滑模型预测闪温,结果与 Blok 经验公式较为吻合,并进一步结合试验和仿真结果建立了高速工况下齿轮表面的胶合极限预测准则;Jie 等[142]基于 Blok 闪温理论提出齿轮温度预测的 FEM,开发了齿轮闪温数值模型,将齿轮温度预测结果与 ISO 结果进行对比,发现齿轮有限元闪温模型更接近实际齿轮和热负荷的形式,而且可以直接叠加齿轮整体温度模型。

随着对齿轮热分析和热损伤(胶合)机理认识的不断推进,国内外学者提出了许多不同胶合失效模型。Lee 等[143]在一系列试验基础上提出了临界温度-压力(critical temperature-pressure,CTP)模型,能够预测在工作条件下胶合失效的开始时间;Li 等[144]提出了一种齿轮接触的胶合模型,该模型首先基于热弹流润滑的摩擦热流计算本体温度,本体温度的结果需要反馈回热弹流润滑模型，进而获得接触区域的闪温温升，最后得到齿面最大温度，并将最大温度与胶合极限进行比较，预测的效果与试验吻合良好；Fatourehchi 等[145]提出了一种基于摩擦生热模型和 CFD 散热模型组成的综合数值方法，采用热弹流润滑模型，计算了啮合循环中的功率损耗和由此产生的接触温升，并建立了齿轮齿面散热的三维 CFD 模型；Castro 等[146]研究了质量温度对齿轮胶合的影响，提出了一个新的矿物基础油润滑齿轮的胶合参数，可以预测矿物齿轮油的其他黏度等级的临界温度，而无需进行额外的胶合试验；Xiao 等[147]研究了非牛顿瞬态微热-弹-流体动力学接触中高速重载修形齿轮的热力特性，从油膜和齿轮副的刚度合成刚度模型；重庆大学甘来等[148]研究了螺旋锥齿轮在重载混合润滑条件下的热胶合失效问题，采用有限元软件分析齿轮本体温度场和啮合过程中的闪温变化，所得结果与国际标准 ISO 结果进行了对比；王红[149]基于 MASTA 商业软件对齿轮胶合特性进行仿真，并讨论了润滑油、齿轮微观修形、摩擦因素等对齿轮胶合特性的影响；闽佳音等[150]基于模糊综合判断重载齿轮热胶合和稳态温度场，通过齿轮载荷系数的模糊综合判断修正齿轮实际工作中的齿间载荷分配系数；王文健等[151]研究了喷丸对重载齿轮用 18CrNiMo7-6 钢抗胶合性能的影响，发现常规喷丸和微粒喷丸处理后试验钢的胶合承载载荷增大。

与理论公式计算相比，有限元仿真优势显著，可以准确预测齿轮在服役过程中齿面温度分布和变化情况。2018 年 Fernandes 等[152]采用有限元热模型来预测齿轮的本体温度和闪温，利用齿轮摩擦功率损失模型，提出一种能够准确预测齿轮温度上升和温度分布情况的模型，齿轮瞬态温度变化模拟结果如图 5-63 所示。2021 年余国达等[153]建立了塑料齿轮啮合温度场有限元数值模型，基于 POM 热黏弹本构方程，获取摩擦热流和滞后热通量作为热源；通过对塑料齿轮稳态啮合温度场与材料弹性模量相互作用关系迭代计算，获取齿轮稳态啮合温度和齿面闪温，稳态温度和闪温分析结果分别与红外测温试验和 Blok 闪温理论结果吻合良好。

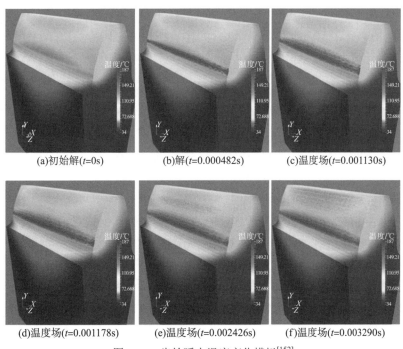

(a)初始解(t=0s)　　　(b)解(t=0.000482s)　　　(c)温度场(t=0.001130s)

(d)温度场(t=0.001178s)　　　(e)温度场(t=0.002426s)　　　(f)温度场(t=0.003290s)

图 5-63　齿轮瞬态温度变化模拟[152]

虽然喷丸强化对齿轮抗胶合性能提升的机理尚不明确，但已经有部分研究人员构建了齿轮胶合仿真模型，以阐述喷丸对齿轮胶合承载能力的提升机理。齿轮的抗胶合性能与齿面粗糙度、硬度和表面微观形貌等因素相关。喷丸工艺在提升齿面硬度、改变齿面微观形貌的同时提高齿面粗糙度水平，因此喷丸对齿轮抗胶合性能会产生复杂的影响。西南交通大学的宋青鹏[154]通过 Archard 模型和弹流润滑模型分别阐述了表面显微硬度、表面粗糙度对齿轮抗胶合性能的影响。由于齿轮胶合属于剧烈的黏着磨损，基于黏着磨损的 Archard 模型可以通过磨损量描述摩擦副的工作状态。由 Archard 模型方程可知，表面显微硬度越高摩擦副的抗胶合性能越好。而在粗糙度对齿轮抗胶合性能的影响研究方面，可以根据弹流润滑理论，建立以控制方程(即雷诺方程)为核心的线性方程组，通过数值模拟计算得到特定工况下的油膜厚度和油膜压力，进而评价工件抗胶合性能。数值计算结果显示喷丸所引起的粗糙度增大会导致在齿轮润滑接触过程中最小膜厚减小，会在一定程度上促进胶合的产生。通过对试验结果和弹流润滑数值计算结果的分析发现，表面显微硬度越高、表面粗糙度越小，试件的抗胶合性能越好；同时，喷丸工艺的表面织构效果有助于提高试件的抗胶合性能。因此，喷丸工艺的调控会对齿轮抗胶合性能产生较大影响，综合考虑以齿面硬度提升和粗糙度的控制为目标的工艺能够达到最优抗胶合性能的提升。

2) 齿轮胶合仿真过程

从数学上讲，温度场问题是连续介质问题，可用偏微分方程来描述，这使得通过求出满足定解条件的偏微分方程的解实现温度场的数值分析成为可能。在齿轮中任取一微分单元，根据能量守恒原理及传热原理可得热平衡方程，即

$$k_x \cdot \frac{\partial^2 T}{\partial x^2} + k_y \cdot \frac{\partial^2 T}{\partial y^2} + k_z \cdot \frac{\partial^2 T}{\partial z^2} + q' = \rho C \frac{\partial T}{\partial t} \tag{5-67}$$

式中，k_x、k_y、k_z 分别为齿轮材料在 x、y、z 方向上的导热系数；q' 为微分单元上内部生热率；ρ 为齿轮材料的密度；C 为齿轮材料的比热容；T 为齿轮微分单元温度；t 为时间。

由于计算齿轮稳态温度场时温度不随时间变化，$\partial T / \partial t = 0$。且齿轮是一个无内热源的稳定场，因此 $q' = 0$。根据齿轮的传热分析，齿轮外部摩擦热源 q、外部温度边界 T_f、边界换热系数 α_1 等热边界条件决定了最后齿轮温度分布情况。根据热力学第二类和第三类边界条件可以建立齿轮偏微分方程组，如式(5-68)所示。通过试验结合理论计算的方式完成齿轮摩擦产热、对流换热边界的确定，从而对偏微分方程求解即可获取齿轮稳态温度场。近年来由于试验技术和计算机技术的发展，这一方法已很少采用。

$$\begin{cases} k_x \cdot \dfrac{\partial^2 T}{\partial x^2} + k_y \cdot \dfrac{\partial^2 T}{\partial y^2} + k_z \cdot \dfrac{\partial^2 T}{\partial z^2} = q \\ k_x \cdot \dfrac{\partial^2 T}{\partial x^2} + k_y \cdot \dfrac{\partial^2 T}{\partial y^2} + k_z \cdot \dfrac{\partial^2 T}{\partial z^2} = \alpha_1 \cdot \left(T - T_f\right) \end{cases} \tag{5-68}$$

式中，q 为齿轮外部摩擦热源；T_f 为外部温度边界；α_1 为边界换热系数。

齿轮啮合界面的热分析关键要确定热量的产生与传递机制。啮合齿间的摩擦生热是齿轮传动能量损失的最主要因素，各齿面与润滑油或空气之间的对流换热是齿轮主要的散热方式，齿轮产/换热分析如图 5-64 所示。1976 年 Wang[155]对齿轮闪温的理论分析方法进

行了进一步的发展，运用 FEM，假设齿轮轮齿各面换热系数相等，对直齿轮的轮体温度进行分析。然而，需要注意的是，由于齿轮转动、润滑液种类、输入温度、供油压力及喷嘴位置等润滑冷却系统设计和运行条件的多样化，都会对齿轮啮合面的强制对流冷却和齿轮端面在润滑液与空气混合状态下的对流散热产生极大影响，使得齿轮对流传热系数计算成为一个困难且重要的课题。Patir 和 Cheng[156]进一步发展了齿轮对流换热系数的分析方法并给出了其估算公式，使齿轮的轮体温度场计算进一步接近了实际应用；2022 年 Chen 等[157]基于齿面摩擦产热和轮齿与润滑油散热建立了齿轮温度仿真模型，模拟了对齿轮胶合试验过程中齿轮温度场。在输入转速为 1455r/min 的 FZG A/8.3/90 齿轮胶合试验工况下，各载荷级齿轮本体温度仿真结果对比试验测试值最大偏差不超过 5.4%。

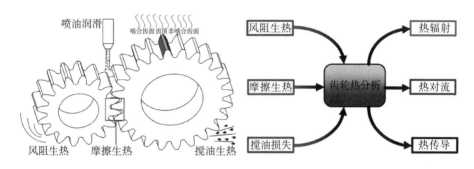

图 5-64　典型的齿轮产/换热分析示意图

以开展齿轮胶合承载能力试验中 FZG-A 型齿轮为例，对齿轮温度有限元仿真过程进行介绍。齿轮温度仿真技术路线图如图 5-65 所示，仿真方法基于 Abaqus 有限元分析平台。齿面温度一般认为由齿轮温度运行过程中的本体温度和啮合时产生的瞬态闪温两部分构成。对于齿轮稳态温度场有限元仿真，首先根据齿轮几何、材料参数建立二维的齿轮模型，进行齿轮啮合接触分析，获得齿轮接触力学响应。并计算齿轮齿面的摩擦系数，通过提取有限元模型中的接触压力和滑动位移来获取齿面摩擦热量，获取沿齿廓方向变化的稳态摩擦热流密度和瞬态摩擦热流密度。然后根据齿轮润滑、运行状态确定齿轮的热边界交换条件，并结合之前获取的齿轮摩擦热流建立齿轮稳态分析模型，以此来得到齿轮的温度场。

通过温度传感器测试可以获取齿轮运行过程中的本体温度，以验证有限元温度仿真的有效性。图 5-66 为 4～9 载荷级有限元仿真得到的齿轮稳态温度场变化图。由于试验齿轮在进行第 9 载荷级试验时发生了胶合失效,此时齿轮的本体温度尚未达到了稳定,仅对比 4～8 载荷级下齿轮试验测试与温度仿真结果。可以发现随载荷级的增大，齿轮温度仿真结果与试验测试结果变化趋势基本一致，且在胶合试验 4 载荷级、8 载荷级试验条件下温度仿真结果与试验测试结果高度吻合。齿轮温度仿真结果整体比试验测试偏小，这可能是随着齿轮胶合试验的进行，齿轮表面形貌随着齿轮的磨合产生了改变，齿轮的磨削加工痕迹消失，表面粗糙度发生了变化导致摩擦系数的变化，引起仿真与试验结果产生差异。对比每个载荷级下齿轮各温度传感器测试数据与温度仿真数据，在 5 载荷级温度传感器测得温度与对应温度仿真结果偏差最大，最大偏差为 5.4%。该对比结果验证了齿轮仿真模型的有效性，能够准确分析在试验条件下齿轮本体的稳态温度值。

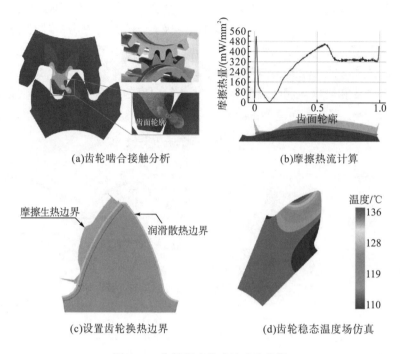

(a)齿轮啮合接触分析   (b)摩擦热流计算

(c)设置齿轮换热边界   (d)齿轮稳态温度场仿真

图 5-65　齿轮温度仿真技术路线图

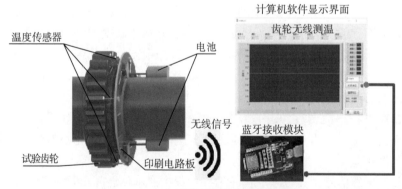

(a)齿轮无线温度测试原理图

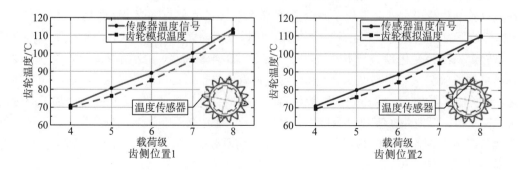

齿侧位置1   齿侧位置2

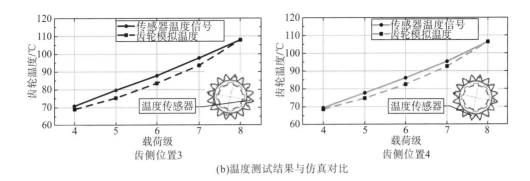

(b)温度测试结果与仿真对比

图 5-66　齿轮本体温度仿真与试验对比

Blok 闪温理论认为齿轮瞬间闪温为集中在齿轮摩擦表面的一层极薄的闪温层，针对一维方向上移动的带状热源，其最高闪温通常集中在热源中间到热源尾部之间。在热源的移动速度与材料的热传导速度相比足够快的条件下，齿轮摩擦所产生的热量会在表面聚集产生高温层。在啮合点分离的极短时间内闪温就会出现显著的消散，采用常规的温度检测方法(如热成像仪、热电偶等)难以准确获得齿轮表面闪温。通过 Blok 的近似求解公式可以较为准确地估计闪温，因此这一方法广泛应用于评价齿轮的抗胶合性能，并在齿轮胶合承载能力计算标准(ISO 6336-20《正齿轮和斜齿轮承载能力的计算第 20 部分：磨损载荷能力的计算》、ISO 6336-21-2017《正齿轮和斜齿轮承载能力的计算第 21 部分：胶合承载能力的计算积分温度法》、ISO 6413.1-2003《圆柱齿轮、锥齿和准双曲面齿轮胶合承载能力计算方法第 1 部分：闪温法》、ISO 6413.2-2003《圆柱齿轮、锥齿和准双曲面齿轮胶合承载能力计算方法第 2 部分：积分温度法》)中应用。通过 FEM 可以模拟齿轮在极短时间内热量产生并传递的过程，计算齿轮啮合瞬间表面闪温。

在有限元仿真模型中，将齿轮一次啮合过程中产生的热量在极短的时间内(5×10^{-4}s)施加给齿轮表面的齿廓，进行齿轮热传递分析，模拟齿轮啮合过程中齿廓表面的闪温分布情况，闪温分析模型如图 5-67 所示。根据齿轮接触模型计算过程中提取的数据分析，在接触时模型中每个齿轮齿面上每个节点平均经历过 20 个增量步，每个增量步的时间长度为 1×10^{-5}s。因此，在齿轮热传递模型中进行闪温分析时，设置齿轮闪温分析总时间长度为 2×10^{-4}s，一个增量步大小为 5×10^{-6}s，最大增量步为 100 步。由于齿轮闪温层极薄，为保证计算的准确性，对散热分析模型齿廓表面的局部网格进行细化，网格单元尺寸为 0.01mm，单元数量为 74748 个，网格单元类型为 DC2D4(四节点线性传热四边形单元)。

Blok 闪温理论中摩擦接触区域的温度由进入摩擦区的表面温度和摩擦接触后摩擦热引起的闪温组成。Blok 表面闪温计算公式为

$$T_{\text{flash}} = 1.11 \cdot \mu \cdot \frac{F_{\text{N}}}{b} \cdot \frac{\left| \sqrt{v_1} - \sqrt{v_2} \right|}{\sqrt{\lambda \cdot \rho \cdot C \cdot \omega}} \tag{5-69}$$

式中，μ 为摩擦系数；F_{N} 为啮合点的法向载荷(N)；b 为齿轮齿宽(mm)；v_1 为主动轮切向速度(mm/s)；v_2 为从动轮切向速度(mm/s)；λ 为材料导热系数 mW/(mm·K)；ρ 为材

料密度(tonne/m³)；C 为材料比热容(mJ/(tonne·K))；ω 为赫兹接触宽度(mm)。

图 5-68 为齿轮表面 Blok 闪温和有限元闪温结果对比。通过对比可以看出，有限元齿面最大闪温的计算结果与 Blok 闪温计算结果相差 7.78%，最大闪温位置均位于齿轮单双齿交替处。由于用 Blok 闪温计算公式计算时，其齿轮单双齿交替载荷分担变化采用理论公式推导近似计算，对于齿轮单双齿交替载荷的位置和载荷大小，有限元闪温计算结果比 Blok 闪温计算公式更为准确。而且有限元闪温计算结果考虑了齿轮在啮入和啮出位置处由于应力集中产生的局部高温，能够更加详细地反映齿廓表面几何参数对齿面闪温生热的影响。

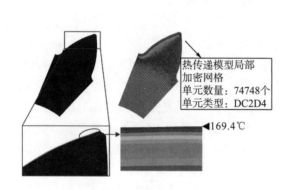

图 5-67　齿轮闪温分析模型

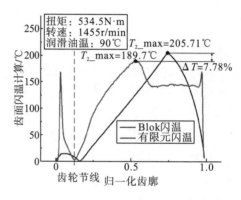

图 5-68　齿轮表面 Blok 闪温和有限元闪温结果对比

3)小结

齿轮胶合仿真的方法主要包括具有经验性质的闪温计算公式、PVT(接触应力-滑移速度-喷油温度)等准则；通过 FEM 实现不同工况下稳态和瞬态轮体温度及闪温的仿真模拟；基于弹流和混合润滑数值仿真的方法实现考虑润滑边界条件下的温度和胶合的预测。当前的齿轮喷丸强化胶合承载能力仿真主要通过粗糙度体现，将喷丸强化后齿轮的表面粗糙度引入胶合承载能力仿真模型中进行计算，不能完全体现喷丸强化对齿轮胶合承载能力的影响。其中，喷丸强化带来的齿轮硬度提升、微观形貌的重塑以及润滑油成膜特性优化等因素会改善齿轮抗胶合性能，已经在部分试验研究中有了一定的体现，但是目前仍然难以将这些特征纳入齿轮胶合仿真模型，关键在于齿轮胶合失效是一个涉及齿轮、润滑油、环境综合的复杂系统瞬态失稳破坏形式，难以衡量齿轮的部分表面完整性参数优化对整体系统性能的影响程度。因此，喷丸强化对齿轮胶合承载能力的仿真分析有待进一步的研究。

5.3　本 章 小 结

喷丸强化的仿真分析方法多种多样，解析法计算主要用于进行喷丸规律的基本探索，建立喷丸强化参数与残余应力间的基本关系，计算精度有限，且耗时耗力，不适用于喷丸工艺的指导工作；随机多弹丸喷丸强化模型充分考虑了喷丸过程中弹丸随机碰撞靶体的过程，且可以与 CFD、DEM、SPH 等方法进行耦合计算，具有较高的准确度，被广泛应用于喷丸强化的工艺参数及机理研究，且可用于指导工程实际；机器学习模型则能够通过现有的喷丸强化工艺参数与表面完整性参数数据集，对其他喷丸参数的喷丸效果进行预测，具有较高的准确度；齿轮的接触、弯曲及胶合承载能力仿真模型是研究喷丸强化后齿轮强度的重要手段，能够为齿轮试验节约成本和时间。

参 考 文 献

[1] Al-Obaid Y F. Shot peening mechanics: experimental and theoretical analysis[J]. Mechanics of Materials, 1995, 19(2-3): 251-260.

[2] Al-Hassani S. Mechanical aspect of residual stress development in shot-peening[C]. The First International Conferences on Shot Peening, Paris, 1981: 583-602.

[3] Tan L, Yao C F, Zhang D H, et al. Empirical modeling of compressive residual stress profile in shot peening TC17 alloy using characteristic parameters and sinusoidal decay function[J]. Proceedings of the Institution of Mechanical Engineers, Part B: Journal of Engineering Manufacture, 2018, 232(5): 855-866.

[4] 谭靓. 抗疲劳表面变质层的多工艺复合控制方法[D]. 西安: 西北工业大学, 2018.

[5] Li J K, Yao M, Wang D, et al. Mechanical approach to the residual stress field induced by shot peening[J]. Materials Science and Engineering: A, 1991, 147(2): 167-173.

[6] 李金魁, 姚枚, 王仁智. 喷丸残余应力场解析模型及其试验验证[J]. 航空学报, 1989, 10(11): 625-629.

[7] Johnson K L. Contact Mechanics[M]. Cambridge: Cambridge University Press, 1987.

[8] 肖旭东. 弹丸喷丸应力场建模与条带喷丸整体变形模拟[D]. 西安: 西北工业大学, 2015.

[9] 章珈彬. 复杂机翼壁板数控喷丸延展分析及材料疲劳性能研究[D]. 南京: 南京航空航天大学, 2019.

[10] Hill R. The mathematical theory of plasticity[M]. Oxford: Oxford University Press, 1998.

[11] Miao H, Zuo D, Wang M, et al. Numerical calculation and experimental research on residual stresses in precipitation-hardening layer of NAK80 steel for shot peening[J]. Chinese Journal of Mechanical Engineering, 2011, 24: 439-445.

[12] 华怡, 鲁世红, 高琳, 等. 单丸粒撞击金属靶材的有限元分析[J]. 材料科学与工程学报, 2011, 29(3): 420-424, 432.

[13] Shivpuri R, Cheng X M, Mao Y N. Elasto-plastic pseudo-dynamic numerical model for the design of shot peening process parameters[J]. Materials & Design, 2009, 30(8): 3112-3120.

[14] 伍刚. 汽车轴用 42CrMo 钢喷丸工艺参数优化及疲劳性能研究[D]. 武汉: 武汉理工大学, 2018.

[15] Mo S, Zhu S P, Jin G G, et al. Lubrication characteristics of gear after shot peening base on 25-pellet model[J]. Advances in Mechanical Engineering, 2018, 10(7): 168781401879065.

[16] 温飞娟, 董丽虹, 王海斗, 等. 42CrMo 曲轴钢喷丸强化有限元模拟[J]. 材料导报, 2018, 32(S1): 517-521, 528.

[17] 张少波, 布紫叶. 2024 铝合金随机多弹丸喷丸后残余应力场的有限元模拟[J]. 机械工程材料, 2016, 40(7): 87-90, 96.

[18] Miao H Y, Larose S, Perron C, et al. On the potential applications of a 3D random finite element model for the simulation of shot peening[J]. Advances in Engineering Software, 2009, 40(10): 1023-1038.

[19] Nordin E, Alfredsson B. Measuring shot peening media velocity by indent size comparison[J]. Journal of Materials Processing Technology, 2016, 235: 143-148.

[20] Teo A, Ahluwalia K, Aramcharoen A. Experimental investigation of shot peening: correlation of pressure and shot velocity to Almen intensity[J]. The International Journal of Advanced Manufacturing Technology, 2020, 106(11): 4859-4868.

[21] 龚中良, 郭华雄, 陶宇超, 等. 基于 Fluent 的均流孔板阻力特性数值模拟研究[J]. 液压与气动, 2020(6): 63-69.

[22] 刘世琦, 冀宏, 刘银水. 超高压水压泵柱塞副间隙泄漏占比的仿真计算[J]. 液压与气动, 2020(10): 19-25.

[23] 王金舜, 王虎, 熊伟, 等. 水下压缩空气储能系统储气装置的 CFD 数值模拟[J]. 液压与气动, 2021(1): 27-35.

[24] 袁聪, 张培铭, 宋锦春. 高压水射流数值模拟研究及冲击载荷分析[J]. 液压与气动, 2020(11): 81-86.

[25] 边飞龙, 朱有利, 杜晓坤, 等. 基于 CFD 方法的气动喷丸两相流场特性研究[J]. 计算机仿真, 2015, 32(1): 264-269.

[26] 曾国辉. 气动喷丸清理的数值分析及试验研究[D]. 重庆: 重庆理工大学, 2017.

[27] 贾光政, 曹玮, 聂志亮, 等. 气动喷砂喷嘴内颗粒运动特性分析[J]. 大庆石油学院学报, 2006, 30(1): 63-66, 129.

[28] 李红文, 张涛. 文丘里管内气固两相流离散相仿真模型优化[J]. 合肥工业大学学报(自然科学版), 2014, 37(1): 42-47.

[29] Nguyen V B, Poh H J, Zhang Y W. Predicting shot peening coverage using multiphase computational fluid dynamics simulations[J]. Powder Technology, 2014, 256: 100-112.

[30] 吴文海, 蓝天, 张霆, 等. 喷丸过程中颗粒在靶材上的分布特性[J]. 液压与气动, 2020(4): 91-96.

[31] 林勤杰. 喷丸对齿轮钢表面完整性影响的仿真与试验研究[D]. 重庆: 重庆大学, 2021.

[32] 刘雪梅, 顾佳巍, 祁国栋, 等. 基于 CFD-DEM 仿真的喷丸工艺参数优选[J]. 表面技术, 2018, 47(1): 8-15.

[33] 高爱云. 超音速喷丸气固双相流的仿真及试验研究[D]. 鞍山: 辽宁科技大学, 2021.

[34] Anderson J D. Fundamentals of Aerodynamics[M]. 4th ed. Boston: McGraw-Hill, 2007.

[35] Laín S, García J A. Study of four-way coupling on turbulent particle-laden jet flows[J]. Chemical Engineering Science, 2006, 61(20): 6775-6785.

[36] Ogawa K, Asano T, Saito A, et al. Measurement and analysis of shot velocity in pneumatic shot peening[J]. Transactions of the Japan Society of Mechanical Engineers Series C, 1994, 60(571): 1120-1125.

[37] White F M. Fluid Mechanics[M]. 6th ed. Boston: McGraw-Hill, 2008.

[38] Hassani-Gangaraj S M, Cho K S, Voigt H J L, et al. Experimental assessment and simulation of surface nanocrystallization by severe shot peening[J]. Acta Materialia, 2015, 97: 105-115.

[39] Wang C, Wang L, Wang X G, et al. Numerical study of grain refinement induced by severe shot peening[J]. International Journal of Mechanical Sciences, 2018, 146-147: 280-294.

[40] Lin Q J, Liu H J, Zhu C C, et al. Effects of different shot peening parameters on residual stress, surface roughness and cell size[J]. Surface and Coatings Technology, 2020, 398: 126054.

[41] Wang C, Lai Y B, Wang L, et al. Dislocation-based study on the influences of shot peening on fatigue resistance[J]. Surface and Coatings Technology, 2020, 383: 125247.

[42] Wang C, Wang L, Wang C L, et al. Dislocation density-based study of grain refinement induced by laser shock peening[J]. Optics & Laser Technology, 2020, 121: 105827.

[43] Ding H T, Shin Y C. Dislocation density-based modeling of subsurface grain refinement with laser-induced shock compression[J]. Computational Materials Science, 2012, 53(1): 79-88.

[44] Estrin Y, Molotnikov A, Davies C H J, et al. Strain gradient plasticity modelling of high-pressure torsion[J]. Journal of the Mechanics and Physics of Solids, 2008, 56(4): 1186-1202.

[45] Estrin Y, Vinogradov A. Extreme grain refinement by severe plastic deformation: A wealth of challenging science[J]. Acta Materialia, 2013, 61(3): 782-817.

[46] Xu G T, Hao M F, Qiao Y K, et al. Characterization of elastic-plastic properties of surface-modified layers introduced by carburizing[J]. Mechanics of Materials, 2020, 144: 103364.

[47] Lucy L B. A numerical approach to the testing of the fission hypothesis[J]. The Astronomical Journal, 1977, 82(12): 1013-1924.

[48] Gingold R A, Monaghan J J. Smoothed particle hydrodynamics: theory and application to non-spherical stars[J]. Monthly Notices of the Royal Astronomical Society, 1977, 181(3): 375-389.

[49] Monaghan J J. SPH and Riemann solvers[J]. Journal of Computational Physics, 1997, 136(2): 298-307.

[50] Wang J M, Liu F H, Yu F, et al. Shot peening simulation based on SPH method[J]. The International Journal of Advanced Manufacturing Technology, 2011, 56(5): 571-578.

[51] Ma L, Bao R H, Guo Y M. Waterjet penetration simulation by hybrid code of SPH and FEA[J]. International Journal of Impact Engineering, 2008, 35(9): 1035-1042.

[52] 张雄, 刘岩, 马上. 无网格法的理论及应用[J]. 力学进展, 2009, 39(1): 1-36.

[53] 刘飞宏. 基于光滑粒子流体动力学（SPH）法的喷丸强化数值模拟研究[D]. 济南: 山东大学, 2011.

[54] 李雁淮, 王飞, 吕坚, 等. 单丸粒喷丸模型和多丸粒喷丸模型的有限元模拟[J]. 西安交通大学学报, 2007, 41(3): 348-352.

[55] 王建明, 宫文军, 高娜. 基于 ALE 法的磨料水射流加工数值模拟[J]. 山东大学学报(工学版), 2010, 40(1): 48-52.

[56] Cundall P A, Strack O D L. Discussion: A discrete numerical model for granular assemblies[J]. Géotechnique, 1980, 30(3): 331-336.

[57] 熊天伦, 鲁录义. FEM-DEM 耦合模型在 ABAQUS 中的实现[C]. 中国力学大会-2017 暨庆祝中国力学学会成立 60 周年大会论文集. 北京, 2017: 378-391.

[58] 严宏志, 伊伟彬, 朱鹏飞, 等. 基于 FEM-DEM 的齿轮钢随机喷丸模型及残余应力仿真研究[J]. 制造业自动化, 2021, 43(6): 6-11.

[59] 张博宇, 刘怀举, 魏沛堂, 等. 基于 DEM-FEM 的微粒喷丸仿真分析[J]. 中国表面工程, 2022, 35(4): 204-212.

[60] Murugaratnam K, Utili S, Petrinic N. A combined DEM-FEM numerical method for shot peening parameter optimisation[J]. Advances in Engineering Software, 2015, 79: 13-26.

[61] Tu F B, Delbergue D, Miao H Y, et al. A sequential DEM-FEM coupling method for shot peening simulation[J]. Surface and Coatings Technology, 2017, 319: 200-212.

[62] 蔡晋, 闫雪, 李威, 等. 基于 DEM-FEM 耦合的超声喷丸强化数值分析[J]. 航空学报, 2022, 43(4): 525925.

[63] 南部紘一郎, 伊藤健一, 江上登. 微粒子衝突処理における圧縮性流体下の粒子速度に関する数値解析 (機械要素, 潤滑, 設計, 生産加工, 生産システムなど)[J]. 日本機械学会論文集 C 編, 2010, 76(772): 3728-3735.

[64] Kikuchi S, Nakamura Y, Nambu K, et al. Effect of shot peening using ultra-fine particles on fatigue properties of 5056 aluminum alloy under rotating bending[J]. Materials Science and Engineering: A, 2016, 652: 279-286.

[65] 吴少杰, 刘怀举, 张仁华, 等. 基于正交实验和数据驱动的喷丸表面完整性参数预测[J]. 表面技术, 2021, 50(4): 86-95.

[66] Prokhorenkova L, Gusev G, Vorobev A, et al. CatBoost: Unbiased boosting with categorical features[C]. Proceedings of the 32nd International Conference on Neural Information Processing Systems, New York, 2018: 6639-6649.

[67] Friedman J H. Stochastic gradient boosting[J]. Computational Statistics & Data Analysis, 2002, 38(4): 367-378.

[68] Kohavi R, Li C H. Oblivious decision trees, graphs, and top-down pruning[C]. Proceedings of the 14th International Joint Conference on Artificial Intelligence, San Francisco, 1995: 1071-1077.

[69] Willmott C J, Matsuura K. Advantages of the mean absolute error (MAE) over the root mean square error (RMSE) in assessing average model performance[J]. Climate Research, 2005, 30(1): 79-82.

[70] Conrado E, Gorla C. Contact fatigue limits of gears, railway wheels and rails determined by means of multiaxial fatigue criteria[J]. Procedia Engineering, 2011, 10: 965-970.

[71] Beretta S, Foletti S. Propagation of small cracks under RCF: A challenge to Multiaxial Fatigue Criteria[C]. Proceedings of the 4th International Conference on Crack Paths (CP 2012), Cassino, 2012: 15-28.

[72] Reis T, de Abreu Lima E, Bertelli F, et al. Progression of plastic strain on heavy-haul railway rail under random pure rolling and its influence on crack initiation[J]. Advances in Engineering Software, 2018, 124: 10-21.

[73] Brown M W, Miller K J. A theory for fatigue failure under multiaxial stress-strain conditions[J]. Proceedings of the Institution of Mechanical Engineers, 1973, 187(1): 745-755.

[74] Morrow J. Cyclic Plastic Strain Energy and Fatigue of Metals[M]. Philadelphia: ASTM Special Technical Publication, 1965.

[75] Zheng Z G, Sun T, Xu X Y, et al. Numerical simulation of steel wheel dynamic cornering fatigue test[J]. Engineering Failure Analysis, 2014, 39: 124-134.

[76] Tomažinčič D, Nečemer B, Vesenjak M, et al. Low-cycle fatigue life of thin-plate auxetic cellular structures made from aluminium alloy 7075-T651[J]. Fatigue & Fracture of Engineering Materials & Structures, 2019, 42(5): 1022-1036.

[77] Zhang B Y, Liu H J, Zhu C C, et al. Numerical simulation of competing mechanism between pitting and micro-pitting of a wind turbine gear considering surface roughness[J]. Engineering Failure Analysis, 2019, 104: 1-12.

[78] Fatemi A, Socie D F. A critical plane approach to multiaxial fatigue damage including out-of-phase loading[J]. Fatigue & Fracture of Engineering Materials & Structures, 1988, 11(3): 149-165.

[79] Sauvage P, Jacobs G, Sous C, et al. On an extension of the fatemi and socie equation for rolling contact in rolling bearings[C]. Proceedings of the 7th International Conference on Fracture Fatigue and Wear, Singapore, 2018: 438-457.

[80] Kiani M, Fry G T. Fatigue analysis of railway wheel using a multiaxial strain-based critical-plane index[J]. Fatigue & Fracture of Engineering Materials & Structures, 2018, 41(2): 412-424.

[81] Basan R, Marohnić T. Multiaxial fatigue life calculation model for components in rolling-sliding line contact with application to gears[J]. Fatigue & Fracture of Engineering Materials & Structures, 2019, 42(7): 1478-1493.

[82] Liu H J, Wang W, Zhu C C, et al. A microstructure sensitive contact fatigue model of a carburized gear[J]. Wear, 2019, 436-437: 203035.

[83] Lundberg G, Palmgren A. Dynamic capacity of rolling bearings[J]. Journal of Applied Mechanics, 1949, 16(2): 165-172.

[84] Ioannides E, Harris T A. A new fatigue life model for rolling bearings[J]. Journal of Tribology, 1985, 107(3): 367-377.

[85] Tallian T E. A data-fitted rolling bearing life prediction model—part I: Mathematical model[J]. Tribology Transactions, 1996, 39(2): 249-258.

[86] Zaretsky E V. Fatigue criterion to system design, life, and reliability[J]. Journal of Propulsion and Power, 1987, 3(1): 76-83.

[87] Epstein D, Yu T H, Wang Q J, et al. An efficient method of analyzing the effect of roughness on fatigue life in mixed-EHL contact[J]. Tribology Transactions, 2003, 46(2): 273-281.

[88] Coy J J, Townsend D P, Zaretsky E V. Dynamic capacity and surface fatigue life for spur and helical gears[J]. Journal of Lubrication Technology, 1976, 98(2): 267-274.

[89] Shalabi M M, Gortemaker A, van't Hof M A, et al. Implant surface roughness and bone healing: a systematic review[J]. Journal of Dental Research, 2006, 85(6): 496-500.

[90] Nwaogu U C, Tiedje N S, Hansen H N. A non-contact 3D method to characterize the surface roughness of castings[J]. Journal of Materials Processing Technology, 2013, 213(1): 59-68.

[91] Chaboche J L, Nouailhas D. Constitutive modeling of ratchetting effects—part II: Possibilities of some additional kinematic rules[J]. Journal of Engineering Materials and Technology, 1989, 111(4): 409-416.

[92] Lemaitre J, Chaboche J L, Maji A K. Mechanics of solid materials[J]. Journal of Engineering Mechanics, 1993, 119(3): 642-643.

[93] Xiao Y C, Li S, Gao Z. A continuum damage mechanics model for high cycle fatigue[J]. International Journal of Fatigue, 1998, 20(7): 503-508.

[94] Jiang Y. A fatigue criterion for general multiaxial loading[J]. Fatigue & Fracture of Engineering Materials & Structures, 2000, 23(1): 19-32.

[95] Ringsberg J W. Life prediction of rolling contact fatigue crack initiation[J]. International Journal of Fatigue, 2001, 23(7): 575-586.

[96] Kang G Z, Liu Y J, Ding J, et al. Uniaxial ratcheting and fatigue failure of tempered 42CrMo steel: damage evolution and damage-coupled visco-plastic constitutive model[J]. International Journal of Plasticity, 2009, 25(5): 838-860.

[97] Hojjati-Talemi R, Wahab M A, Giner E, et al. Numerical estimation of fretting fatigue lifetime using damage and fracture mechanics[J]. Tribology Letters, 2013, 52(1): 11-25.

[98] Zhan Z X, Hu W P, Meng Q C, et al. Continuum damage mechanics-based approach to the fatigue life prediction for 7050-T7451 aluminum alloy with impact pit[J]. International Journal of Damage Mechanics, 2016, 25(7): 943-966.

[99] Zhan Z X, Hu W P, Shen F, et al. Fatigue life calculation for a specimen with an impact pit considering impact damage, residual stress relaxation and elastic-plastic fatigue damage[J]. International Journal of Fatigue, 2017, 96: 208-223.

[100] Zhan Z X, Meng Q C, Hu W P, et al. Continuum damage mechanics based approach to study the effects of the scarf angle, surface friction and clamping force over the fatigue life of scarf bolted joints[J]. International Journal of Fatigue, 2017, 102: 59-78.

[101] Shen F, Zhao B, Li L, et al. Fatigue damage evolution and lifetime prediction of welded joints with the consideration of residual stresses and porosity[J]. International Journal of Fatigue, 2017, 103: 272-279.

[102] Ma L, Luo Y, Wang Y, et al. Constitutive and damage modelling of H11 subjected to low-cycle fatigue at high temperature[J]. Fatigue & Fracture of Engineering Materials & Structures, 2017, 40(12): 2107-2117.

[103] Guan J, Wang L Q, Zhang C W, et al. Effects of non-metallic inclusions on the crack propagation in bearing steel[J]. Tribology International, 2017, 106: 123-131.

[104] Raje N, Sadeghi F, Rateick R G Jr. A statistical damage mechanics model for subsurface initiated spalling in rolling contacts[J]. Journal of Tribology, 2008, 130(4): 042201.

[105] Jalalahmadi B, Sadeghi F. A voronoi FE fatigue damage model for life scatter in rolling contacts[J]. Journal of Tribology, 2010, 132(2): 021404.

[106] Walvekar A A, Morris D, Golmohammadi Z, et al. A novel modeling approach to simulate rolling contact fatigue and three-dimensional spalls[J]. Journal of Tribology, 2018, 140(3): 031101.

[107] Bomidi J A R, Sadeghi F. Three-dimensional finite element elastic–plastic model for subsurface initiated spalling in rolling contacts[J]. Journal of Tribology, 2014, 136(1): 011402.

[108] Golmohammadi Z, Walvekar A, Sadeghi F. A 3D efficient finite element model to simulate rolling contact fatigue under high loading conditions[J]. Tribology International, 2018, 126: 258-269.

[109] Shen Y, Moghadam S M, Sadeghi F, et al. Effect of retained austenite–Compressive residual stresses on rolling contact fatigue life of carburized AISI 8620 steel[J]. International Journal of Fatigue, 2015, 75: 135-144.

[110] Paulson N R, Evans N E, Bomidi J A R, et al. A finite element model for rolling contact fatigue of refurbished bearings[J]. Tribology International, 2015, 85: 1-9.

[111] Walvekar A A, Sadeghi F. Rolling contact fatigue of case carburized steels[J]. International Journal of Fatigue, 2017, 95: 264-281.

[112] Warhadpande A, Sadeghi F. Effects of surface defects on rolling contact fatigue of heavily loaded lubricated contacts[J]. Proceedings of the Institution of Mechanical Engineers, Part J: Journal of Engineering Tribology, 2010, 224(10): 1061-1077.

[113] Zhan Z X, Hu W P, Li B K, et al. Continuum damage mechanics combined with the extended finite element method for the total life prediction of a metallic component[J]. International Journal of Mechanical Sciences, 2017, 124-125: 48-58.

[114] He H F, Liu H J, Zhu C C, et al. Study on the gear fatigue behavior considering the effect of residual stress based on the continuum damage approach[J]. Engineering Failure Analysis, 2019, 104: 531-544.

[115] Zhou R S. Surface topography and fatigue life of rolling contact bearing[J]. Tribology Transactions, 1993, 36(3): 329-340.

[116] Singh A. An experimental investigation of bending fatigue initiation and propagation lives[J]. Journal of Mechanical Design, 2001, 123(3): 431-435.

[117] Podrug S, Jelaska D, Glodež S. Influence of different load models on gear crack path shapes and fatigue lives[J]. Fatigue & Fracture of Engineering Materials & Structures, 2008, 31(5): 327-339.

[118] Handschuh R F, Krantz T L, Lerch B A, et al. Investigation of low-cycle bending fatigue of AISI 9310 steel spur gears[C]. Proceedings of ASME 2007 International Design Engineering Technical Conferences and Computers and Information in Engineering Conference, Nevada，2007: 871-877.

[119] Mei B, Li Y G, Wang C A, et al. Rolling contact fatigue crack initiation in medium carbon bainitic steel[J]. Journal of Tsinghua University (Science and Technology), 2002, 42(12): 1569-1571.

[120] Rahman Z, Ohba H, Yoshioka T, et al. Incipient damage detection and its propagation monitoring of rolling contact fatigue by acoustic emission[J]. Tribology International, 2009, 42(6): 807-815.

[121] Lin Y L, Liu S R, Zhao X Y, et al. Fatigue life prediction of engaging spur gears using power density[J]. Proceedings of the Institution of Mechanical Engineers, Part C: Journal of Mechanical Engineering Science, 2018, 232(23): 4332-4341.

[122] Erdogan F, Sih G C. On the crack extension in plates under plane loading and transverse shear[J]. Journal of Basic Engineering, 1963, 85(4): 519-525.

[123] Ahmad J, Loo F. On the use of strain energy density fracture criterion in the design of gears using finite element method[J]. ASME Paper, 1977, No. 77-DET: 158.

[124] Honda H, Conway J C. An analysis by finite element techniques of the effects of a crack in the gear tooth fillet and its applicability to evaluating strength of the flawed gears[J]. Bulletin of JSME, 1979, 22(174): 1848-1855.

[125] Flasker J, Jezernik A. The comparative analysis of crack propagation in the gear tooth[C]. Application of Fracture Mechanics to Materials and Structures, Dordrecht, 1984: 971-982.

[126] Podrug S, Glodež S, Jelaska D. Numerical modelling of crack growth in a gear tooth root[J]. Strojniški Vestnik—Journal of Mechanical Engineering, 2011, 7-8(57): 579-586.

[127] Spievak L E, Wawrzynek P A, Ingraffea A R, et al. Simulating fatigue crack growth in spiral bevel gears[J]. Engineering Fracture Mechanics, 2001, 68(1): 53-76.

[128] Pandya Y, Parey A. Simulation of crack propagation in spur gear tooth for different gear parameter and its influence on mesh stiffness[J]. Engineering Failure Analysis, 2013, 30: 124-137.

[129] Nenadic N G, Wodenscheck J A, Thurston M G, et al. Seeding Cracks Using a Fatigue Tester for Accelerated Gear Tooth Breaking[M]. New York: Springer New York, 2011.

[130] 石万凯, 汤庆儒. 基于裂纹扩展的齿轮弯曲疲劳寿命仿真分析[J]. 兰州理工大学学报, 2012, 38(6): 30-33.

[131] Zhang X, Li L, Qi X, et al. Experimental and numerical investigation of fatigue crack growth in the cracked gear tooth[J]. Fatigue & Fracture of Engineering Materials & Structures, 2017, 40(7): 1037-1047.

[132] Patil V, Chouhan V, Pandya Y. Geometrical complexity and crack trajectory based fatigue life prediction for a spur gear having tooth root crack[J]. Engineering Failure Analysis, 2019, 105: 444-465.

[133] Ciavarella M, Demelio G. Numerical methods for the optimisation of specific sliding, stress concentration and fatigue life of gears[J]. International Journal of Fatigue, 1999, 21(5): 465-474.

[134] Moës N, Dolbow J, Belytschko T. A finite element method for crack growth without remeshing[J]. International Journal for Numerical Methods in Engineering, 1999, 46(1): 131-150.

[135] Daux C, Moës N, Dolbow J, et al. Arbitrary branched and intersecting cracks with the extended finite element method[J]. International Journal for Numerical Methods in Engineering, 2000, 48(12): 1741-1760.

[136] Curà F, Mura A, Rosso C. Effect of rim and web interaction on crack propagation paths in gears by means of XFEM technique[J]. Fatigue & Fracture of Engineering Materials & Structures, 2015, 38(10): 1237-1245.

[137] Curà F, Mura A, Rosso C. Influence of high speed on crack propagation path in thin rim gears[J]. Fatigue & Fracture of Engineering Materials & Structures, 2017, 40(1): 120-129.

[138] Verma J G, Kumar S, Kankar P K. Crack growth modeling in spur gear tooth and its effect on mesh stiffness using extended finite element method[J]. Engineering Failure Analysis, 2018, 94: 109-120.

[139] Wang X, Yang Y S, Wang W J, et al. Simulating coupling behavior of spur gear meshing and fatigue crack propagation in tooth root[J]. International Journal of Fatigue, 2020, 134: 105381.

[140] Wei Y, Jiang Y. Fatigue fracture analysis of gear teeth using XFEM[J]. Transactions of Nonferrous Metals Society of China, 2019, 29(10): 2099-2108.

[141] Handschuh R F. Thermal behavior of spiral bevel gears[D]. Cleveland: Case Western Reserve University, 1993.

[142] Jie L, Lei Z, Qi Z. Comparison and analysis on different finite element models of gear interfacial contact temperature[C]. 2010 Second International Conference on Computer Modeling and Simulation, Sanya, 2010: 132-136.

[143] Lee S C, Chen H L. Experimental validation of critical temperature-pressure theory of scuffing[J]. Tribology Transactions, 1995, 38(3): 738-742.

[144] Li S, Kahraman A. A scuffing model for spur gear contacts[J]. Mechanism and Machine Theory, 2021, 156: 104161.

[145] Fatourehchi E, Shahmohamadi H, Mohammadpour M, et al. Thermal analysis of an oil jet-dry sump transmission gear under mixed-elastohydrodynamic conditions[J]. Journal of Tribology, 2018, 140(5): 051502.

[146] Castro J, Seabra J. Influence of mass temperature on gear scuffing[J]. Tribology International, 2018, 119: 27-37.

[147] Xiao Z L, Zhou C J, Li Z D, et al. Thermo-mechanical characteristics of high-speed and heavy-load modified gears with elasto-hydrodynamic contacts[J]. Tribology International, 2019, 131: 406-414.

[148] 甘来, 蒲伟, 肖科, 等. 混合润滑下螺旋锥齿轮抗胶合能力分析[J]. 摩擦学学报, 2019, 39(4): 426-433.

[149] 王红. 基于 MASTA 圆柱齿轮胶合特性研究[J]. 煤矿机械, 2020, 41(11): 59-61.

[150] 闵佳音, 汪忠来, 张小玲. 基于 Matlab 的渐开线齿轮载荷系数多级模糊综合评判[J]. 机械, 2008, 35(4): 26-30.

[151] 王文健, 唐亮, 刘忠伟, 等. 喷丸对重载齿轮用 18CrNiMo7-6 钢抗胶合性能的影响[J]. 机械工程材料, 2019, 43(2): 43-46, 52.

[152] Fernandes C M C G, Rocha D M P, Martins R C, et al. Finite element method model to predict bulk and flash temperatures on polymer gears[J]. Tribology International, 2018, 120: 255-268.

[153] 余国达, 刘怀举, 朱才朝, 等. 基于摩擦热流-滞后热通量多热源的塑料齿轮啮合温度研究[J]. 机械传动, 2021, 45(2): 6-15.

[154] 宋青鹏. 重载齿轮胶合性能及影响因素研究[D]. 成都: 西南交通大学, 2016.

[155] Wang K. Thermal elastohydrodynamic lubrication of spur gears[D]. Evanston: Northwestern University, 1976.

[156] Patir N, Cheng H S. Prediction of the bulk temperature in spur gears based on finite element temperature analysis[J]. Asle Transactions, 2008, 22(1): 25-36.

[157] Chen T M, Zhu C C, Liu H J, et al. Simulation and experiment of carburized gear scuffing under oil jet lubrication[J]. Engineering Failure Analysis, 2022, 139: 106406.

第6章 齿轮喷丸工艺数据库与软件开发

6.1 引 言

喷丸强化过程涉及大量工艺参数，会产生大量的喷丸工艺数据，若能建立一个喷丸工艺数据库系统，将这些数据应用数据库技术进行系统化、规范化的科学管理，则能实现对工艺文件的设计、维护、查询与管理。设计人员从中查询所需要的工艺数据作为参考，并将所设计满足加工要求的工艺数据再次保存到数据库中，达到扩充完善工艺数据的目的，将有利于实现喷丸工艺标准化以及提高喷丸的效率及质量。

齿轮喷丸工艺数据库属于一种典型的工业数据库。工业数据库诞生于欧美等发达国家，为形成工业基础优势提供了有力支撑。1964 年，美国空军加工性数据中心研发出了世界上第一个切削数据库 Cutdata[1]，该数据库涵盖 3750 余种材料数据以及 10 万余条旋转和进给速度推荐值；1971 年，德国建立了欧洲第一个切削数据库 Infos[2]，包含多达 200 万个可加工性信息数据；1986 年，Ketabchi[3]研究和开发了多层次和分布式数据库管理系统(distributed data base management system，DDBMS)，可以按照零件、项目和用户 3 种结构进行数据管理，支持多用户并发 CAD 项目管理和计算机辅助制造；1995 年，Kiesel 等[4]基于 C++语言编写了非标准格式的图形数据库系统 Gras(graph storage)，该数据库系统支持派生数据的增量计算、数据上传、数据撤销、数据修改、错误恢复以及版本控制功能，能有效整合管理工业设计中文档、位图等复杂的对象结构数据；1999 年，瑞士 Key to Metals 公司推出全球最全面的材料性能数据库 Total Materia[5]，该数据库为航空、航天、汽车、精密仪器等领域提供了基础信息服务，涵盖全球 ISO、AGMA(美国齿轮制造商协会)、GB 等 74 种标准，收录了 45 万余种材料牌号和 2000 万余条详细性能数据。工业数据库为 CAX 等工业软件提供关键数据支撑，SolidWorks 软件内置了计算机集成制造(computer integrated manufacturing，CIM)数据库，波音公司开发了面向航天飞行器设计综合计划工程系统中的 IPIP 工程数据管理系统。

国内有大量的科研院所和企业针对工业数据库进行了研究。20 世纪 90 年代，成都工具研究所有限公司研发了"试验性车削数据库 TRN 10"，并在引进 Infos 的基础上开发了 Windows 系统下的 Ctrn 90 车削数据库，实现了工件材料、刀具、机床加工参数的有效管理[6]；2002 年，王君等[7]利用 Delphi 语言开发了基于 Web 的 ADO/MTS/COM+应用系统的工装数据库，图 6-1 为 ADO/MTS/COM+应用系统的工装数据库的显示界面，实现了工件号、设备号、工具状态、CAD 文件、平面号等工装信息的管理。刘怀举等[8]针对我国高性能齿轮传动基础数据管理不规范、齿轮传动数据库和设计软件功能欠缺等问题，开发了高性能齿轮传动数据库软件，图 6-2 为该软件的操作界面，实现了齿轮材料、工艺、结构、性能等基础数据的高效流程管理和科学数据分析，成功应用于齿轮传动系统减重、重载齿轮数据库开发等，为高性能齿轮传动行业提供自主可控的有效工具支撑。王遵彤[9]在 SQL Server 2000 的平台上建立了基于实例推理的高速切削数据库 Hiscut。

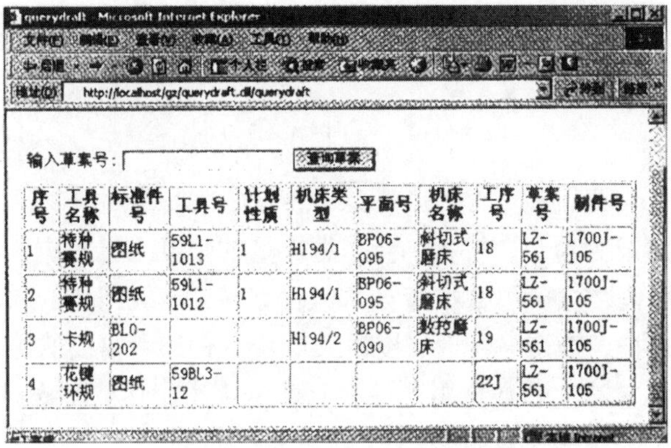

图 6-1　ADO/MTS/COM+应用系统的工装数据库[7]

图 6-2　高性能齿轮传动数据库软件界面[8]

　　相克俊[10]开发了浏览器/服务器(browser/server，B/S)模式的高速切削数据库，实现了车削、铣削、孔加工等数据库结构的规则和实例的混合推理，提出了工件和刀具材料相似切削速度的计算方法。北京亚控科技发展有限公司推出了工业实时/历史数据库平台 KingHistorian[11]，提供 Apiodbc、Oledb 等 150 个以上应用程序接口(application program interface，API)，支持跨平台的数据访问和操作，为企业将数据转化为有用信息提供了稳定的数据支撑平台。中国科学院物理研究所牵头研发的 Atomly 数据库[12,13]包含 30 多万个无机材料的高质量数据，在工业方面有较高的研究价值，为我国物质科学发展提供了优质的基础数据及平台。吴疆[14]提出了一种基于知识的可配置设计流程总体模型，开发的采油机涡轮增压器工程数据库系统可对企业积累的设计经验进行集成和管理。阳春华等[15]提出了基于 Modeling 架构的元建模方法，设计了基于工业互联网和知识图谱的有色金属智能模型数据库。图 6-3 为国内外工业数据库发展历程。然而，目前市面上少有指导喷丸工艺设计及优化的数据库软件，极大地限制了喷丸工艺的参数选取，降低了喷丸强化的实施效率。

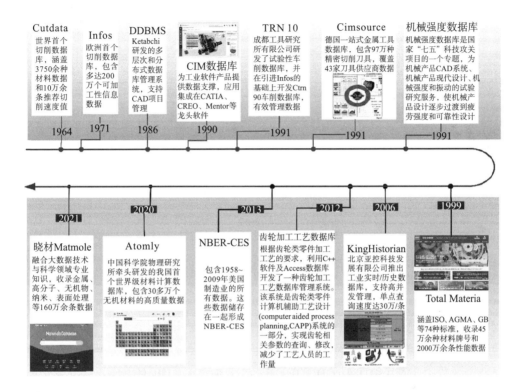

图 6-3　国内外工业数据库发展历程

针对齿轮喷丸工艺数据管理不规范、数据间关联性不强、数据分析处理方法不足等问题，开发面向喷丸工艺设计技术人员的齿轮喷丸工艺数据库与优化软件，为其提供喷丸工艺参数和喷丸性能数据信息指导。图 6-4 为齿轮喷丸工艺数据库与优化软件开发需求，围绕"建立涵盖面向多目标优化和数据驱动的齿轮喷丸工艺评价方法的数据库平台"的研究目标，构建包含喷丸设备参数、材料性能数据、表面完整性参数的齿轮喷丸工艺数据库，数据库满足数据增删查改等基本功能，同时基于数据驱动方法开发齿轮喷丸性能预测及工艺参数优化模块。因此，所开发的齿轮喷丸工艺数据库与优化软件具有以下特点：界面简洁、操作简单；数据完整丰富、易于查询维护；能够满足喷丸强化工艺人员的需求；能便捷地查询喷丸强化相关工艺参数、喷丸设备信息及相关资料。同时，在数据驱动方法替代传统试错法成为主流的新形势下，亟须建立包含数据驱动的齿轮喷丸工艺评价方法的数据库平台。

面对严峻的形势，重庆大学高端装备机械传动全国重点实验室联合陕西法士特齿轮有限责任公司、三一集团索特传动设备有限公司等国内龙头企业致力于国产齿轮喷丸工艺数据库与优化软件的自主可控开发。该软件于 2022 年 6 月 30 日发布 V1.0 版，实现了数据库管理、齿轮喷丸性能预测与优化两大子系统，包括数据库管理、齿轮喷丸后残余应力和硬度预测等功能，软件代码总计 1 万行。

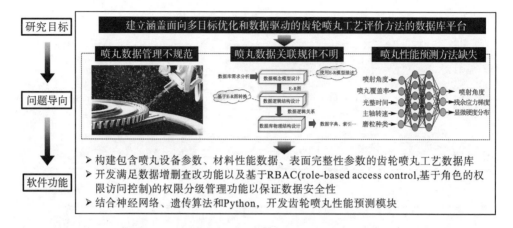

图 6-4　齿轮喷丸工艺数据库与优化软件开发需求

6.2　齿轮喷丸工艺数据库与优化软件开发平台

6.2.1　齿轮喷丸工艺数据库与优化软件开发语言

工艺数据库与优化软件基于开源计算机语言 C++及 Python 开发。C++程序语言基于 Visual Studio(VS)软件集成开发环境(integrated development environment，IDE)平台进行软件开发，充分利用 VS 完善的调试功能、快速响应能力，结合 C++语言功能强大、运行灵活高效的特点，实现软件的高效开发。利用 VS 的可扩展性，配置扩展工具 Qt designer 开发环境，进行软件可视化人机交互界面制作[16]。为进一步提高开发效率，借助 Python 功能强大的第三方库(C/Python 混合编程)，完成复杂计算和图形绘制的相关程序开发。

6.2.2　齿轮喷丸工艺数据库与优化软件界面设计平台

齿轮喷丸工艺数据库与优化软件在图形用户界面(graphical user interface，GUI)上通常可以选择直接手敲代码编程实现，然而其会导致工作量倍增，且在代码运行之前并不能得知所设计出界面的直观效果。Qt 作为 C++GUI 应用程序框架，具有完善的图形界面开发功能，能够快速构建应用程序，开发效率高，且容易扩展，支持 Visaul Studio IDE，通过安装配置 Qt 扩展工具，允许开发人员在 VS 上使用 Qt 的标准开发环境。利用 Qt 包含的 Qt designer 跨平台 GUI 布局和格式构建器，通过拖拽添加控件，快速构建软件界面设计。采用 Qt 支持的 SQLite 一款轻量型数据库，实现高效管理和存储软件用户信息及轴承型号数据。充分利用 Qt 提供的界面开发功能，完成软件可视化人机交互界面的设计[17]。图 6-5 为齿轮喷丸工艺数据库与优化软件的开发平台架构图。

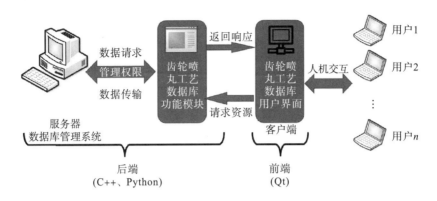

图 6-5　齿轮喷丸工艺数据库与优化软件开发平台架构图

6.2.3　齿轮喷丸工艺数据库设计平台

为了程序轻量化以及提升程序的可移植性，齿轮喷丸工艺数据库软件采用开源嵌入式数据库 SQLite，与其他数据库相比，SQLite 可以很好地支持关系型数据库所具备的一些基本特征，如标准结构查询语言(structure query language，SQL)语法、事务、数据表和索引等[18,19]。SQLite 的主要优点如下：

（1）零配置。SQLite 本身并不需要任何初始化配置文件，也没有安装和卸载的过程，当然也不存在服务器实例的启动和停止。在使用的过程中，也无需创建用户和划分权限。在系统出现灾难时，如电源问题、主机问题等，对于 SQLite，不需要进行任何操作。

（2）不需要部署独立的服务器。与其他关系型数据库不同的是，SQLite 没有单独的服务器进程，以供客户端程序访问并提供相关的服务。SQLite 作为一种嵌入式数据库，其运行环境与主程序位于同一进程空间，因此它们之间的通信完全是进程内通信，相比于进程间通信，其效率更高。然而需要特别指出的是，该种结构在实际运行时存在保护性较差的问题，如应用程序出现问题导致进程崩溃，由于 SQLite 与其所依赖的进程位于同一进程空间，此时 SQLite 也将随之退出。但是对于独立的服务器进程，不会有此问题，它们将在密闭性更好的环境下完成工作。

（3）单一磁盘文件。SQLite 的数据库被存放在文件系统的单一磁盘文件内，只要有权限便可随意访问和复制，这样带来的主要好处是便于携带和共享。其他数据库引擎基本都会将数据库存放在一个磁盘目录下，然后由该目录下的一组文件构成该数据库的数据文件。尽管可以直接访问这些文件，但是我们的程序却无法操作它们，只有数据库实例进程才可以做到。这样的好处是带来了更高的安全性和更好的性能，但是也付出了安装和维护复杂的代价。

（4）平台适应性强。与 SQLite 相比，很多数据库引擎在备份数据时不能通过该方式直接备份，只能通过数据库系统提供的各种 dump 和 restore 工具，将数据库中的数据先导出到本地文件中，再下载到目标数据库中。这种方式存在显而易见的效率问题，首先需要导出到另外一个文件，如果数据量较大，导出的过程将会比较耗时。然而这只是该操作的一小部分，因为数据导入往往需要更多的时间。数据在导入时需要很多的验证过程，在存储时，也并非简单地顺序存储，而是需要按照一定的数据结构、算法和策略存放在不同的文件位置。

（5）SQL 语句编译成虚拟机代码。很多数据库产品会将 SQL 语句解析成复杂的、相互嵌套的数据结构，再交予执行器遍历该数据结构完成指定的操作。相比于此，SQLite 会将 SQL 语句先编译成字节码，再交由其自带的虚拟机去执行。该方式提供了更好的性能和更出色的调试能力。利用 SQLite 提供 SQL 特征，可以完成简单的数据统计分析的功能。当需要给客户进行展示时，使用 SQLite 作为后台数据库，与其他关系型数据库相比，使用 SQLite 可以减少大量的系统部署时间。

常用的数据库可视化管理工具有 DBeaver、Navicat Premium、SQLyog、MySQL 等。图 6-6 为 Navicat Premium 的操作界面，用户单击左上角"连接"可以连接 MySQL、SQLite、Oracle、DB2、阿里云、腾讯云等丰富的数据库，是开发人员中使用最多的一款数据库可视化管理工具。本章采用 Navicat Premium 进行相关数据表、数据结构的设计。

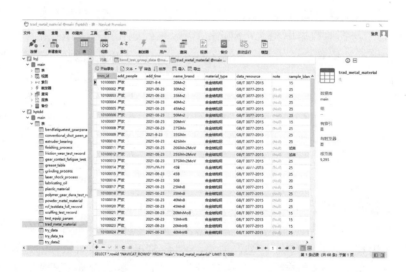

图 6-6 Navicat Premium 的操作界面

6.3 齿轮喷丸工艺数据库与优化软件总体设计

6.3.1 齿轮喷丸工艺数据库与优化软件结构设计

根据齿轮喷丸工艺数据库与优化软件的设计流程，以提高传动系统设计分析效率、优化传动系统性能、确保设计结果的准确性、搭建对用户友好且操作简单的可视化人机交互界面为目的，将齿轮喷丸工艺数据库与优化软件分为用户管理、材料性能数据库、喷丸工艺数据库、喷丸工艺优化等四个模块，软件总体设计框架如图 6-7 所示。

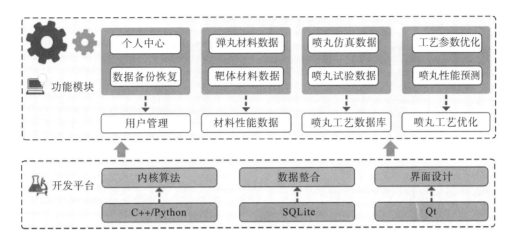

图 6-7　喷丸工艺数据库软件总体设计框架

通过对齿轮喷丸工艺数据库进行分析，有以下几个方面的功能及性能需求：①支持齿轮喷丸工艺参数数据，喷丸设备型号，弹丸材料数据，靶体材料数据的查询、添加及修改等；②支持表面粗糙度、残余应力、表面显微硬度等表面完整性参数的预测；③在不进行齿轮喷丸工艺试验的情况下，能够对齿轮喷丸后的表面完整性参数进行预测，从而使设计人员可以减少喷丸工艺试验的盲试次数，提高齿轮喷丸工艺效率；④支持齿轮喷丸工艺参数的优化；⑤数据库系统设计应该拥有更高的人机交互性能，方便设计人员的操作与应用；⑥齿轮喷丸工艺数据库要有更高的安全性。数据库系统的安全性具有重要的意义，涉及企业的机密数据，对于不同的用户应设置不同的访问权限。

齿轮喷丸工艺数据库共有设备数据表、齿轮喷丸试验工艺参数表、弹丸材料表、靶体材料表、齿轮喷丸仿真工艺参数表。在喷丸设备数据表中，主要包括设备型号、适合介质、喷射流量、喷射压力、零件最大尺寸、应用领域等数据，如图 6-8 所示。

靶体材料数据包括材料类型、靶体硬度、屈服强度、弹性模量、泊松比、靶体密度、应用领域，如图 6-9 所示。

图 6-8　喷丸设备数据

图 6-9　靶体材料数据

弹丸材料数据包括材料类型、弹丸硬度、屈服强度、弹性模量、泊松比、弹丸密度、弹丸直径、应用领域，如图 6-10 所示。

图 6-10　弹丸材料数据

喷丸仿真数据包括靶体材料、靶体几何类型、弹丸材料、弹丸直径、喷射角度、喷丸速度、喷丸覆盖率、表面粗糙度、最大残余应力，如图 6-11 所示。

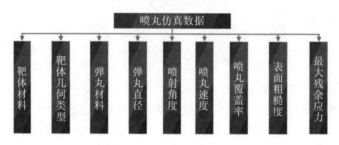

图 6-11　喷丸仿真数据

喷丸试验数据包括靶体材料、靶体几何类型、弹丸材料、弹丸直径、弹丸硬度、靶体硬度、喷丸强度、喷丸覆盖率、表面粗糙度、最大残余应力，如图 6-12 所示。

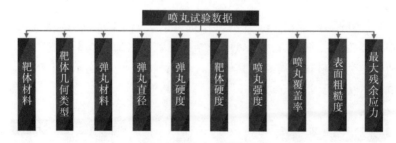

图 6-12　喷丸试验数据

6.3.2　齿轮喷丸工艺数据库与优化软件功能模块设计

齿轮喷丸工艺数据库与优化软件具有用户管理、材料性能数据、表面完整性参数、喷丸设备、喷丸性能智能分析等 5 个部分，图 6-13 和表 6-1 分别显示了齿轮喷丸工艺数据库与优化软件的分类以及软件开发的重要时间节点。

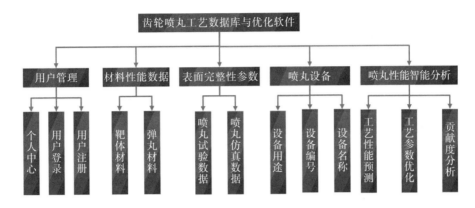

图 6-13 齿轮喷丸工艺数据库与优化软件分类图

表 6-1 齿轮喷丸工艺数据库与优化软件开发重要时间节点

时间	开发或完善内容	开发人员	详情介绍
2022 年 9～10 月	确定齿轮喷丸工艺数据库与优化软件框架	贾晨帆、李扬	无
2022 年 11～12 月	收集数据库中数据信息	团队全体人员	无
2023 年 1～2 月	开发用户管理模块	张洪春、刘桂源	用于管理各级用户的信息,并能够为各级用户赋予一定的权限
2023 年 1～3 月	开发数据库模块	李扬、罗莉	形成了喷丸设备、靶体材料、弹丸材料、喷丸仿真、喷丸试验 5 类数据库
2023 年 3～5 月	开发喷丸性能智能分析模块	贾晨帆、罗莉	实现残余应力、表面粗糙度等预测以及贡献度分析功能
2023 年 6 月	团队试用	无	无

(1)用户管理:用户管理主要功能为普通用户及管理员的信息查询与管理,主要有添加、修改、查询等功能。

(2)材料性能数据:材料性能数据为用户对靶体材料及弹丸材料的相关参数进行查询,主要有弹性模量、泊松比、靶体密度、屈服强度等参数。

(3)表面完整性参数:表面完整性参数主要是记录所进行的喷丸仿真与试验过程中所产生的喷丸工艺参数及表面完整性结果,主要有靶体材料、弹丸材料、弹丸直径、残余应力、表面粗糙度等。

(4)喷丸设备:喷丸设备参数提供喷丸强化工艺中所需要用到的喷丸设备数据,便于对喷丸设备的数据进行查询与维护,该界面提供的数据包括设备型号、喷射流量、喷射压力、适合介质以及喷丸设备详细信息等。

(5)喷丸性能智能分析:喷丸性能智能分析将所获得的齿轮喷丸工艺参数数据采用 BP 神经网络建立喷丸工艺参数与表面完整性参数之间的关联规律,进行残余应力、表面粗糙度等的预测。

6.4 齿轮喷丸工艺数据库软件开发

根据齿轮喷丸工艺数据库与优化软件的设计流程,将齿轮喷丸工艺数据库与优化软件分为用户管理、数据库、智能分析 3 个部分。软件总体运行流程图如图 6-14 所示,用户需要拥有软件的使用账号才可以进入软件进行使用,当身份信息通过时,用户可以在人机交互界面进行操作。

6.4.1 用户管理模块

本齿轮喷丸工艺数据库与优化软件的登录界面如图 6-15 所示,标注了开发单位(重庆大学机械传动国家重点实验室)、版本号、使用说明等,同时用户可以通过登录界面进入软件功能界面。

登录用户分三级管理:①超级管理员 1 个,由软件最初设置;②普通管理员多个;③普通用户多个。普通用户申请账号步骤如下:①登录界面单击 Register 发送注册普通用户账号的信息给超级管理员和普通管理员;②超级管理员、普通管理员添加,申请之后需超级管理员、普通管理员同意才生效,普通管理员通过超级管理员添加。账号形式为英文字母(区分大小写),密码的管理采用 MD5 不可逆算法加密,忘记密码时普通管理员可重置。

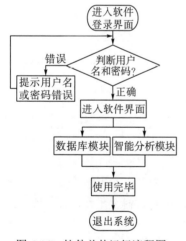

图 6-14 软件总体运行流程图

图 6-15 齿轮喷丸工艺数据库与优化软件登录界面

用户登录后软件的主界面如图 6-16 所示。最顶部是该软件的名称,即"齿轮喷丸强化工艺数据库",软件界面左侧有四个按钮,对应软件的四大功能模块,分别是材料性能数据、喷丸设备、表面完整性参数库以及喷丸性能预测,分别单击对应的按钮即可进入相应的功能模块中。

图 6-16　齿轮喷丸工艺数据库与优化软件主界面

6.4.2　齿轮喷丸工艺数据库模块

数据库是齿轮喷丸工艺数据库与优化软件功能模块稳定运行的基础,需要满足齿轮工艺、表面完整性等大量数据的存取、查询、删改、导出等管理需求,因此需要对齿轮喷丸工艺数据库与优化软件中的数据库进行全面且仔细的设计[18]。按照软件开发流程,在明确软件功能需求后,需要对软件系统的数据库进行详细设计。

图 6-17 为数据库一般设计流程图,数据库设计的三大主要流程分别为数据库概念模型设计、数据库逻辑结构设计以及数据库物理结构设计[19]。在确定数据库需求后,对软件数据库概念模型进行设计,工程上常用实体-关系(entity relationship,E-R)模型进行描述。基于概念模型向逻辑结构模型的转换规则,对数据库逻辑结构进行设计,将概念模型设计输出的 E-R 图转换为更为详细具体的数据关系结构,采用数据逻辑关系图进行表示。在得到数据逻辑关系结构后,通过数据物理结构设计确定数据库具体的数据字典、索引等属性。

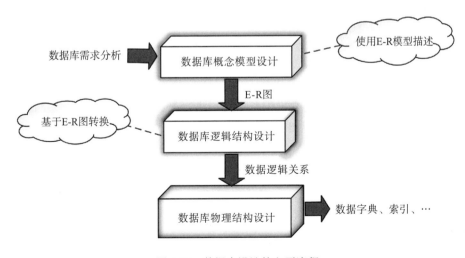

图 6-17　数据库设计的主要流程

齿轮喷丸工艺数据包括以齿轮表面完整性参数为中心的齿轮材料、工艺、服役性能、设备等数据，其中主要包含的实体集有靶体材料、弹丸材料等。实体集的属性主要包含弹丸直径、弹丸硬度、靶体材料、靶体硬度等。建立齿轮复杂数据间的实体关系和映射关系，绘制出如图 6-18 所示的齿轮喷丸工艺数据 E-R 图，在该 E-R 模型中定义了齿轮喷丸工艺主要实体间的关系。

数据库逻辑结构设计是按照逻辑设计的基本准则、数据的约束关联等转换规则，将概念模型结构转换成具体数据库管理系统(data base management system，DBMS)所支持的数据模型[20]。本章选择前面介绍的 SQLite 作为齿轮喷丸工艺数据库与优化软件的数据存储管理系统。不同于概念模型设计的是，在逻辑结构设计阶段，需要将概念模型设计中得到的 E-R 图进一步转换为 SQLite 支持的数据模型，要尽量详细地表述业务对象的数据项和数据关系，分析各表之间的相互关联关系以及表中的参数类型，设置齿轮喷丸工艺数据库中各个实体的属性、主键(primary key，PK)以及外键(foreign key，FK)。其中，主键表示齿轮实体数据在数据库中的唯一性，并使用外键将各表相互关联起来，进而建立数据实体间的逻辑关系。

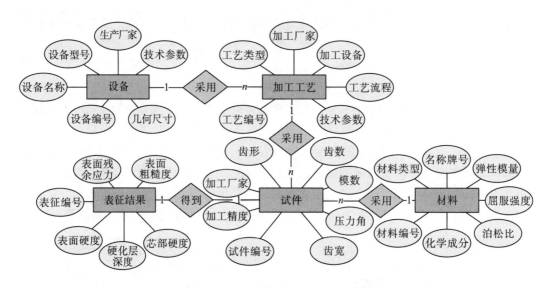

图 6-18　齿轮喷丸工艺数据 E-R 图

分析图 6-18，对齿轮喷丸工艺数据的逻辑结构进行设计。其中，试件实体和材料实体、试件和加工工艺、试验实体和试件实体、试验实体和设备实体、试验实体和润滑剂实体为多对一关系，只需要将关系放到试件实体和试验实体中即可表示两者关系。

数据库物理结构设计是建立在数据库逻辑结构设计基础之上的，该结构设计过程主要需要确定齿轮喷丸工艺数据库的数据存储结构、数据字段、数据索引类型及各种数据约束。表 6-2 为齿轮喷丸工艺数据库数据表清单，包含了 5 张数据表的名称以及字段数量。清单中的 5 张数据表是根据齿轮喷丸工艺数据逻辑关系图建立的，分别是设备参数数据表、靶体材料数据表、弹丸材料数据表、喷丸仿真数据表、喷丸试验数据表。

表 6-2　齿轮喷丸工艺数据库数据表清单

序号	数据表名称	字段数量
1	设备参数数据表	9
2	靶体材料数据表	11
3	弹丸材料数据表	13
4	喷丸仿真数据表	12
5	喷丸试验数据表	13

表 6-3 为喷丸设备参数数据库设计表，表 6-4 为靶体材料数据库设计表，表 6-5 为弹丸材料数据库设计表，表 6-6 为喷丸仿真数据库设计表，表 6-7 为喷丸试验数据库设计表。

表 6-3　喷丸设备参数数据库设计表

序号	字段名	数据类型/精度	是否可空	约束类型
1	tmm_id	int	×	试件存储 ID，主键
2	equipType	text	×	设备型号
3	applyArea	text	√	应用领域
4	media	text	√	适用介质
5	maxDia	text	√	工件最大直径
6	maxHeight	real	√	工件最大高度
7	maxWeight	real	√	工件最大重量
8	flowRate	real	√	喷射流量
9	injectionPre	real	√	喷射压力

注：√表示可空；×表示不可空，下同。

表 6-4　靶体材料数据库设计表

序号	字段名	数据类型/精度	是否可空	约束类型
1	tmm_id	int	×	试件存储 ID，主键
2	addperson	text	×	添加人员
3	test_time	text	√	添加时间
4	name	text	√	材料名称
5	area	text	√	应用领域
6	tieldStrength	real	√	屈服强度
7	targetHardness	real	√	靶体硬度
8	plasticModulus	real	√	塑性模量
9	elasticModulus	real	√	弹性模量
10	poisson_radio	real	√	泊松比
11	density	real	√	密度

表 6-5　弹丸材料数据库设计表

序号	字段名	数据类型/精度	是否可空	约束类型
1	tmm_id	int	×	试件存储 ID，主键
2	addperson	text	×	添加人员
3	test_time	text	√	添加时间
4	name	text	√	材料名称
5	area	text	√	应用领域
6	tieldStrength	real	√	屈服强度
7	projectileHardness	real	√	弹丸硬度
8	plasticModulus	real	√	塑性模量
9	diameterRange	real	√	直径范围
10	elasticModulus	real	√	弹性模量
11	poisson_radio	real	√	泊松比
12	density	real	√	密度
13	charact	real	√	特点

表 6-6　喷丸仿真数据库设计表

序号	字段名	数据类型/精度	是否可空	约束类型
1	tmm_id	int	×	试件存储 ID，主键
2	addperson	text	×	添加人员
3	test_time	text	√	添加时间
4	targetMaterial	text	√	靶体材料
5	targetType	text	√	靶体几何类型
6	projectileMaterial	text	√	弹丸材料
7	projectileDiameter	real	√	弹丸直径
8	spraySpeed	real	√	喷丸速度
9	sprayAngle	real	√	喷射角度
10	coverage	real	√	覆盖率
11	surfaceRoughness	real	√	表面粗糙度
12	maxStress	real	√	最大残余应力

表 6-7　喷丸试验数据库设计表

序号	字段名	数据类型/精度	是否可空	约束类型
1	tmm_id	int	×	试件存储 ID，主键
2	addperson	text	×	添加人员
3	test_time	text	√	添加时间
4	targetMaterial	text	√	靶体材料
5	targetType	text	√	靶体几何类型

续表

序号	字段名	数据类型/精度	是否可空	约束类型
6	projectileMaterial	text	√	弹丸材料
7	projectileDiameter	real	√	弹丸直径
8	projectileHardness	real	√	弹丸硬度
9	cbStrength	real	√	喷丸强度
10	targetHardness	real	√	靶体硬度
11	coverage	real	√	覆盖率
12	surfaceRoughness	real	√	表面粗糙度
13	maxStress	real	√	最大残余应力

在设计完数据库概念模型、数据库逻辑结构以及数据库物理结构后即可进行齿轮喷丸工艺数据库功能模块的开发。齿轮喷丸工艺数据库中包括材料性能数据、喷丸设备、表面完整性参数三大模块，接下来对每个模块中的详细内容进行介绍。

1. 材料性能数据模块

材料性能数据模块主要包括靶体材料、弹丸材料两个子模块。

1) 靶体材料子模块

靶体材料子模块主要参数为材料名、屈服强度、靶体硬度、塑性模量、弹性模量、泊松比、密度，共 6 组数据，如图 6-19 所示。管理员可以对靶体材料信息进行查询、修改、添加、删除操作，普通用户仅能对靶体材料信息进行查询。当用户需要查询某一个靶体材料信息时，只需在搜索框输入想要查找的靶体名称并单击搜索，后台的程序会根据关键字进行靶体材料信息的精准搜索。

图 6-19　靶体材料界面

（1）靶体材料数据查询。该功能支持按不同的参数项对靶体材料进行模糊查询。首先，单击最左侧的下拉框，选择需要查询的参数项（默认为数据表中首个参数项——数据来源），然后在后面输入框中输入需要查询的数据，下面显示框中会显示出符合该查询条件的所有数据。

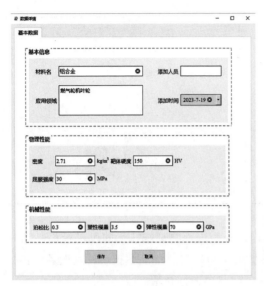

图 6-20　添加靶体材料数据界面

(2)靶体材料数据统计。该功能是统计显示数据量。如图 6-19 所示的"共 6 条"则表示当前靶体材料数据库数据量共为 6 条，后续需要添加数据则可以使用"添加材料"按钮进行添加。

(3)添加靶体材料数据。该功能用于向数据库中添加数据。单击"添加材料"按钮，弹出如图 6-20 所示的靶体材料数据详细情况窗口。用户在该窗口中按照提示填入相应的数据，单击最下方的"保存"按钮，即可将数据添加到该数据库中，单击"取消"按钮则可以取消本次数据添加。

(4)靶体材料数据删除功能。该功能用于删除数据库中需要清理的数据。勾选中一条或多条数据，单击"删除材料"按钮，弹出如图 6-21 所示的删除提示窗口，单击"Yes"，即可删除所选喷丸试验数据，单击"No"则可以取消本次数据删除。

图 6-21　靶体材料数据删除功能

(5)靶体材料数据导出功能。该功能用于导出当前数据库中的数据。如图 6-22 所示，用户可以导出当前参数库中的所有数据，也可以只导出复选框中选中的数据，导出格式支持".xls"和".txt"，用户分别可以用 Excel 和记事本打开导出文件，用户可以自定义导出文件存储的位置，导出成功后弹出对话框提示导出的数据量。

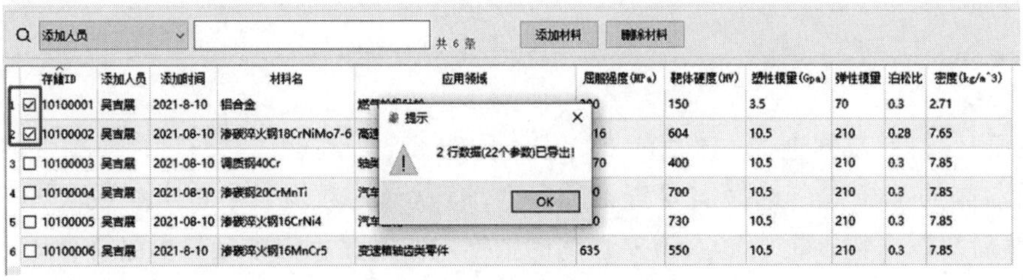

图 6-22　靶体材料数据导出功能

2) 弹丸材料子模块

弹丸材料子模块主要参数为材料名、弹性模量、泊松比、密度、屈服强度、弹丸硬度、塑性模量、直径范围，共 2 组，如图 6-23 所示。管理员可以对靶体材料信息进行查询、修改、添加、删除操作，普通用户仅能对弹丸材料进行查询。当用户需要查询某一个弹丸材料信息时，只需在搜索框输入想要查找的弹丸名称并单击搜索，后台的程序会根据关键字进行弹丸信息的精准搜索。

弹丸材料子模块具备靶体材料子模块中的增删查改以及数据导出功能，在此不进行赘述。

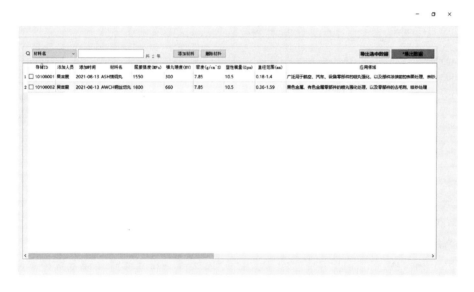

图 6-23　弹丸材料界面

2. 喷丸设备模块

喷丸设备模块如图 6-24 所示，分为左侧设备详细信息显示区和右侧设备列表。单击设备列表，设备详细信息显示区则会显示对应的设备信息。设备信息主要包括设备名称、设备编号、负责人、分类、型号、规格、制造厂商、所属单位、存放地址、主要功能、主要技术指标。在设备详细信息显示区中有"保存"和"上传/更新图片"功能。用户单击相应的试验设备，则可以查看相应设备详细信息。若想对设备信息进行修改，则可以直接修改相应输入框中的信息，以及通过"上传/更新图片"按钮修改图片，修改完毕后单击"保存"按钮，弹出修改确认框，单击"Yes"则完成数据库中设备信息修改。

3. 表面完整性参数模块

表面完整性参数模块主要是记录所进行的喷丸仿真与试验过程中所产生的喷丸工艺参数及表面完整性结果。在表面完整性库中，现有喷丸工艺数据共 13 组，后续将继续向

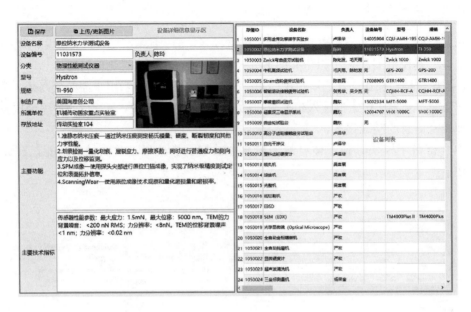

图 6-24　喷丸设备模块界面

数据库中增添数据。管理员可以对表面完整性参数信息进行查询、修改、添加、删除操作，普通用户仅能对表面完整性参数进行查询。当用户需要查询某一组表面完整性参数信息时，只需在搜索框输入想要查找的这一组表面完整性参数的任意字段名称并单击"搜索"，后台的程序会根据关键字进行精准搜索。

喷丸工艺参数包括存储 ID、添加人员、靶体材料、弹丸材料、弹丸直径、最大残余应力、表面粗糙度等，如图 6-25 所示。管理员可以对喷丸试验数据信息进行查询、修改、添加、删除操作，普通用户仅能对喷丸试验数据进行查询。当用户需要查询某一条试验数据信息时，只需在搜索框输入想要查找的试验信息并单击"搜索"，后台的程序会根据关键字进行喷丸试验信息的精准搜索。

(1)喷丸工艺数据查询。该功能支持按不同的参数项对喷丸试验进行模糊查询。首先，单击最左侧的下拉框，选择需要查询的参数项(默认为数据表中首个参数项——数据来源)，然后在后面输入框中输入需要查询的数据，下面显示框中会显示出符合该查询条件的所有数据。

(2)喷丸工艺数据统计。该功能是统计显示数据量。如图 6-25 所示的"共 6 条"则表示当前喷丸试验数据库数据量共为 6 条，后续需要添加数据则可以单击"添加材料"按钮进行添加。

(3)添加喷丸工艺数据。该功能用于向数据库中添加数据。单击"添加材料"按钮，弹出如图 6-26 所示的喷丸试验数据详细情况窗口。用户在该窗口中按照提示填入相应的数据，单击最下方的"保存"按钮，即可将数据添加到该数据库中，单击"取消"按钮则可以取消本次数据添加。

图 6-25　喷丸工艺数据库　　　　　　　　　　图 6-26　添加喷丸试验数据界面

(4)喷丸工艺数据删除功能。该功能用于删除数据库中需要清理的数据。勾选中一条或多条数据，单击"删除材料"按钮，弹出如图 6-27 所示的删除提示窗口，单击"Yes"按钮，即可删除所选喷丸试验数据，单击"No"按钮则可以取消本次数据删除。

图 6-27　喷丸试验数据删除功能

(5)喷丸工艺数据导出功能。该功能用于导出当前数据库中的数据。如图 6-28 所示，用户可以导出当前参数库中的所有数据，也可以只导出复选框中选中的数据，导出格式支持".xls"和".txt"，用户分别可以用 Excel 和记事本打开导出文件，用户可以自定义导出文件存储的位置，导出成功后弹出对话框提示导出的数据量。

图 6-28　喷丸试验数据导出功能

6.4.3　齿轮喷丸工艺性能分析模块

工艺参数预测及优化模块将神经网络、遗传算法和 Python 结合起来，预测出喷丸后的表面粗糙度和残余应力，以表面粗糙度和残余应力为优化目标来优化喷丸工艺参数，分为喷丸表面完整性参数预测和工艺参数优化两个子模块。

采用 GA-BP 神经网络算法编写齿轮喷丸性能预测模块。BP 神经网络是一种根据误差反向传播进行训练的多层前馈神经网络，由输入层、隐藏层、输出层组成，具有强大的映射能力，在处理复杂非线性的预测回归时具有良好的性能，被广泛应用于各种工程问题。BP 神经网络的隐藏层数和节点数决定着神经网络模型的预测精度。虽然一个隐藏层的神经网络可以任意逼近非线性函数，但具有两个隐藏层的神经网络的预测精度明显高于只含有一个隐藏层的神经网络。然而，随着隐藏层数的增加，神经网络的训练时间也随之变长，因此综合考虑训练时间与预测精度这两个要素，本研究中神经网络的隐藏层数取为 2。图 6-29 为典型双隐藏层 BP 神经网络结构拓扑图。

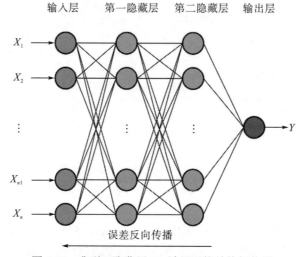

图 6-29　典型双隐藏层 BP 神经网络结构拓扑图

基于神经网络模型建立喷丸表面完整性预测模型，并开发喷丸工艺参数预测模块，通过输入弹丸材料、靶体材料、弹丸直径、喷射流量、喷射角度、喷射压力、喷丸时间、喷射距离、靶体硬度、弹丸材料硬度等参数，单击"预测"按钮，后台程序就会进行残余应力梯度、表面粗糙度的预测。预测的案例结果如图 6-30 所示，单击"导出"按钮可以将预测的残余应力梯度数据导出。

采用遗传算法开发齿轮喷丸工艺参数优化模块，遗传算法是一种模拟自然界遗传机制和生物进化论而成的一种并行随机搜索最优化方法，常用于解决复杂优化问题，在求解大型非线性多目标优化数学模型中表现出了良好的性能，适合解决本节中喷丸强化工艺参数的优化研究。遗传算法包括种群初始化、确定适应度函数、遗传等操作，其基本步骤如下：

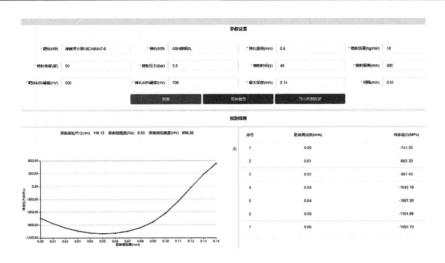

图 6-30　喷丸表面完整性参数预测案例结果

(1)种群初始化，即设置种群数目，把初始化的种群作为第一代父代，并对种群中的个体进行编码。

(2)确定适应度函数，即用于评价种群中个体的优劣性，是遗传算法中至关重要的一部分。

(3)遗传操作，即对个体进行选择、交叉、变异操作。

(4)终止条件判断，即判断是否满足终止条件，如果没有，则继续迭代。

基于遗传算法和神经网络的喷丸强化工艺参数优化流程如图 6-31 所示。

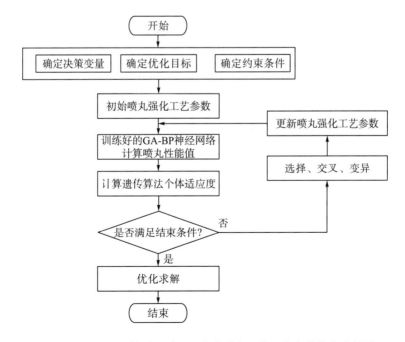

图 6-31　基于遗传算法和神经网络的喷丸强化工艺参数优化流程图

本次工艺参数决策变量为喷射流量、喷丸压力及喷丸时间，而如弹丸直径、弹丸材料等参数根据经验预先设定为固定值，如表 6-8 所示。根据常用工艺参数设置范围及固定值，如喷射流量为 2～15kg/min，喷丸压力为 1～6bar，喷丸时间为 10～400s。

表 6-8　喷丸工艺固定参数

参数	靶体材料	弹丸材料	靶体硬度/HV	弹丸硬度/HV	弹丸直径/mm	喷射角度/(°)
取值	18CrNiMo7-6	铸钢丸	640	660	0.6	90

将训练好的基于 GA-BP 神经网络的喷丸性能预测模型保存并导入遗传算法中，计算初始喷丸工艺参数下的表面残余应力及粗糙度。通过输入弹丸材料、靶体材料、靶体硬度、弹丸硬度、弹丸直径、喷射角度等固定参数，喷丸时间、喷射流量、喷射压力等优化参数初始范围，表面残余应力、粗糙度等优化目标要求，单击"优化"按钮可获得喷丸参数优化结果及该结果下对应的表面粗糙度、表面残余应力，如图 6-32 所示。工艺参数预测及优化模块克服了基于模型研究方法需要建立精确的模型、大量假设等缺点，实现了对喷丸强化工艺后的齿轮随表面深度变化的残余应力及表面粗糙度的预测，以及在给定参数范围内高效选择最优喷丸工艺参数，对提高零件的服役性能、生产降本增效具有重要的工程意义。

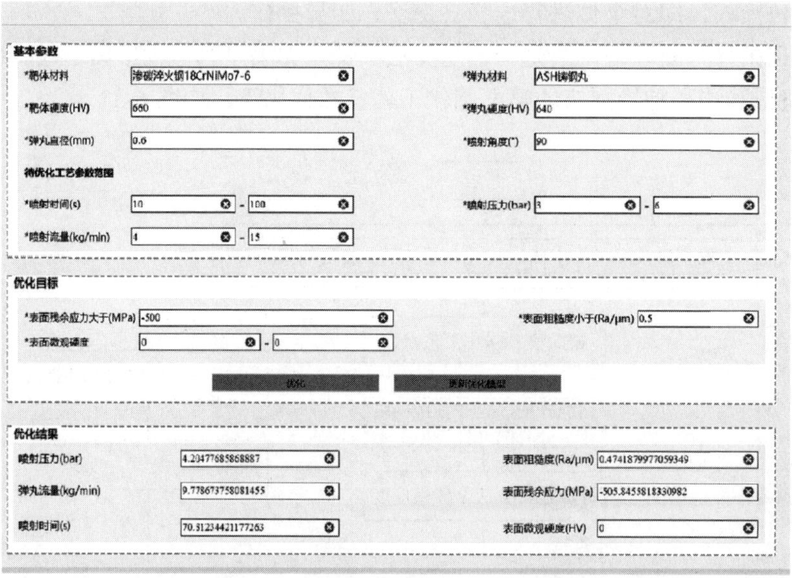

图 6-32　喷丸工艺参数优化应用案例

贡献度分析模块采用集成学习中的 RF 算法对体系中各参数对残余应力等性能参数的影响进行贡献度分析。将该方法与喷丸工艺数据相结合，构建基于 Python 语言的 RF 预测模型，判断各个特征在 RF 中各学习器上的贡献值。通过比较各特征值之间的影响对数据可用性进行排序,特征重要性能够在一定程度上对特征进行筛选,从而增强模型的鲁棒性,揭示材料工艺等参数与残余应力等性能参数之间的关联规律,实现齿轮喷丸工艺数据的精确评价。

影响齿轮接触疲劳性能的表面完整性参数众多,且参数之间存在一定的关联性,需采取相关性分析方法去除参数之间的多重共线性。本书相关性分析选用 Pearson 相关系数计算方法,其公式如下[21]:

$$\rho_{X,Y} = \frac{\sum(X-\bar{X})(Y-\bar{Y})}{\sqrt{\sum(X-\bar{X})^2 \sum(Y-\bar{Y})^2}} \tag{6-1}$$

式中,$\rho_{X,Y}$ 为相关系数;X、Y 为变量;$\bar{X}$、$\bar{Y}$ 分别为 X、Y 的均值。

采用 RF 算法[22]计算喷丸工艺参数对残余应力等性能参数的贡献度,其贡献度评分公式如下:

$$\text{VIM}(X) = \frac{1}{N} \sum_{i=1}^{N_{\text{tree}}} (\text{ER}_i - \text{ER}_i') \tag{6-2}$$

式中,N_{tree} 为 RF 中树的棵数;ER_i 为特征 X 扰动前第 i 棵树对应的预测误差;ER_i' 为特征 X 扰动后第 i 棵树对应的预测误差。

贡献度分析模块界面如图 6-33 所示,该模块包括相关性分析和贡献度分析两个功能,将需要分析的数据导入软件模块中,单击"拟合热力图"按钮,即可实现数据参数的相关性分析。

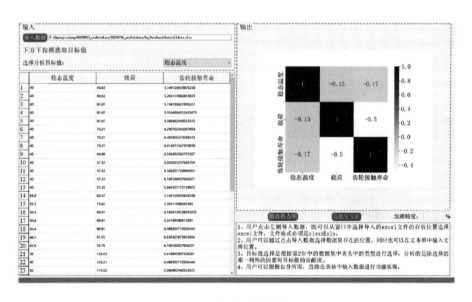

图 6-33 贡献度分析模块界面

如图 6-34 所示,用户将数据集导入软件模块中,单击"贡献度分析"按钮,即可实现数据参数的贡献度分析。

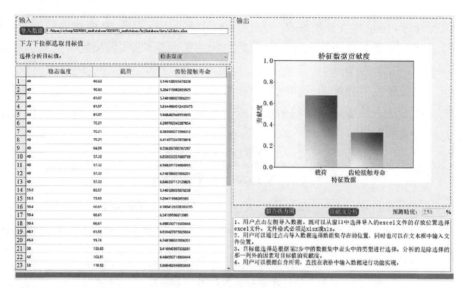

图 6-34 贡献度分析结果

6.4.4 齿轮喷丸工艺数据库软件应用案例

齿轮喷丸工艺数据是高性能齿轮正向研发的基础，齿轮基础数据建设耗时耗力，采用科学良好的数据统计分析方法，将齿轮喷丸数据高效利用起来，是实现高性能齿轮正向设计的有效手段。基于齿轮喷丸仿真和试验数据，采用软件中包含的喷丸数据处理子功能模块，实现对齿轮喷丸数据的分析处理。因此，为了探究齿轮喷丸影响规律对表面完整性参数的影响规律，开展齿轮喷丸仿真研究以获得初始数据集，并将数据集存储到齿轮喷丸工艺数据库与优化软件中，通过存入的数据实现喷丸性能的预测。

在齿轮随机多弹丸喷丸有限元模型中，为计算不同弹丸直径、不同喷射角度和不同喷丸速度情况下覆盖率达到 100%时所需要的弹丸个数，在 Abaqus 软件中先建立一个与齿轮受喷区域一样大小的方块，方块大小设置为 1mm×1mm×1.5mm，然后对其正中心采用

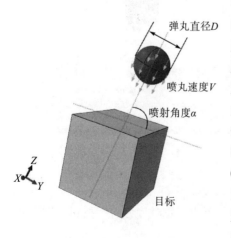

图 6-35 单弹丸喷丸模型

单弹丸进行冲击，测量出表面弹痕的直径 D，再计算出总弹丸数 N_{shots}，具体的单弹丸喷丸模型如图 6-35 所示。其中在改变弹丸直径时，其喷射角度和喷丸速度保持不变，分别为 90°和 100m/s，弹丸直径分别设置为 0.3mm、0.5mm、0.7mm、0.9mm；当改变喷射角度时，弹丸直径和喷丸速度分别为 0.5mm 和 100m/s保持不变，喷射角度为 45°、60°、75°、90°；当改变喷丸速度时，弹丸直径和喷射角度不变，分别为 0.5mm 和 90°，喷丸速度为 80m/s、90m/s、100m/s、110m/s。材料的参数值如表 6-9 所示，工艺参数的设置如表 6-10 所示。各项系数设置好后，利用软件中的显示动力学模块进行单弹丸模型计算。

表 6-9　弹丸及靶体参数

类型	弹丸	靶体
材料	铸钢	18CrNiMo7-6
本构模型	各向同性	随动强化
弹性模量/GPa	210	210
泊松比	0.3	0.3
屈服强度/MPa	1550	1300

表 6-10　单弹丸参数变化范围

工艺参数	不变值	改变值
弹丸直径 D	喷射角度为 90°，喷丸速度为 100m/s	0.3mm、0.5mm、0.7mm、0.9mm
喷射角度 α	弹丸直径为 0.5mm，喷丸速度为 100m/s	45°、60°、75°、90°
喷丸速度 V	弹丸直径为 0.5mm，喷射角度为 90°	80m/s、90m/s、100m/s、110m/s

　　通过提取位移-靶体表面宽度曲线，测量靶体位移不变时最近两点之间的距离，将该距离视为弹痕直径 d，发现弹丸直径从 0.3mm 增加到 0.9mm，弹痕直径从 0.1481mm 逐渐增加到 0.4829mm，随着弹丸直径的增加，弹痕直径呈现出增加趋势，如图 6-36 所示。

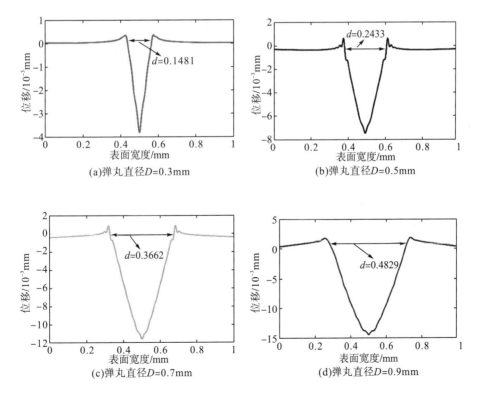

图 6-36　单弹丸不同弹丸直径的弹痕直径

随着喷射角度的变化，位移-靶体表面宽度曲线并不对称，但靶体表面弹痕直径的大小仍然是靶体表面位移不变时最近两点之间的距离，如图 6-37 所示。通过该距离可计算出弹痕直径的大小，发现喷射角度分别为 45°、60°、75°、90°时，弹痕直径分别为 0.2181mm、0.2301mm、0.2371mm、0.2433mm。随着喷射角度的增加，弹痕直径会缓慢增加。

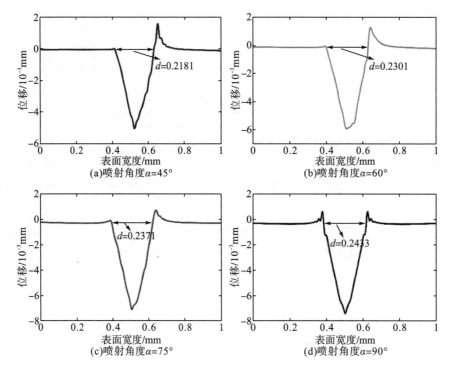

图 6-37 单弹丸不同喷射角度的弹痕直径

此外，研究了喷丸速度对弹痕直径的影响，发现随着喷丸速度从 80m/s 增加到 110m/s，弹痕直径从 0.2251mm 逐渐增加到 0.2631mm，如图 6-38 所示。

计算不同工艺下覆盖率达到 100%所需的弹丸数目，结果如图 6-39 所示。发现弹丸直径从 0.3mm 增加到 0.9mm，达到 100%覆盖率时弹丸数目变化较大，从 228 个弹丸减少到 22 个；但是喷射角度从 45°增加至 90°和喷丸速度从 80m/s 增加到 110m/s 时，弹丸数目变化不大，分别减小 21 个和 26 个。由此可见，弹丸直径对覆盖率具有显著影响。

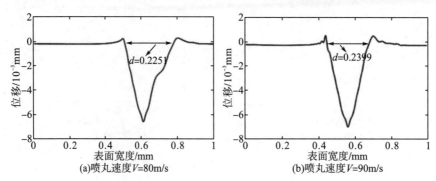

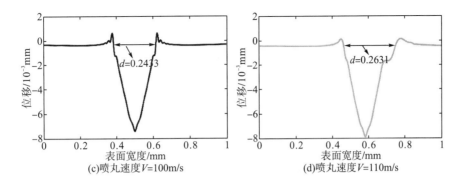

图 6-38　单弹丸不同喷丸速度的弹痕直径

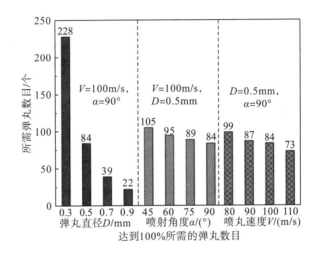

图 6-39　不同工艺下覆盖率达到 100%所需的弹丸数目

　　在喷丸过程中，弹丸在空间中呈随机分布，为了模拟随机多弹丸对齿轮的撞击效果，使用 Python 进行二次开发，来建立随机多弹丸模型。通过使用 Random 随机函数生成随机多弹丸，然后设置弹丸喷丸表面的接触，赋予喷丸速度实现冲击模拟。试件直齿轮具体参数如表 6-11 所示。

表 6-11　直齿轮几何参数

参数	齿数/个	模数/mm	压力角/(°)	齿宽/mm
数值	24	2	20	3

　　随机多弹丸模型可控制的输入参数包括弹丸数目(N)、弹丸直径(D)、喷射角度(α)、喷丸速度(V)，仿真过程如图 6-40 所示。所建立的随机多弹丸模型有以下几点假设：①所有弹丸都是半径相同的标准球体；②弹丸与齿轮之间的碰撞只有一次；③不考虑弹丸之间的碰撞；④所有弹丸的速度相等，且在撞击齿轮前不变；⑤齿轮初始表面为光滑表面，且不考虑初始残余应力。

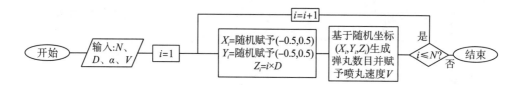

图 6-40 随机多弹丸齿轮喷丸建模流程图

为反映齿轮喷丸后性能的改变，将喷丸设置在齿轮的节圆区域，如图 6-41 所示。弹丸与齿轮接触的切向库仑摩擦系数设为 0.2[23]，法向设置为硬摩擦[24]，弹丸和齿轮设置为 C3D8R 类型的六面体网格，接触区域进行网格细化。

通过上述模型累计获得 600 余组齿轮喷丸仿真数据，将此数据保存至齿轮喷丸工艺数据库软件的仿真试验数据库中，为后续喷丸性能预测及优化提供可靠的数据支撑。数据的增加、删除等权限只对管理员账号开放，因此需通过登录管理员账号对喷丸仿真数据进行修改、添加等操作。图 6-42 为齿轮喷丸仿真数据添加界面，可单条添加，若数据量过大，也可批量导入数据。单击"保存"后，软件自动跳出提示框显示数据添加成功界面，此时用户将仿真得到的数据保存到数据库中，如图 6-43 所示，同时数据实时更新并显示在喷丸仿真数据库中。

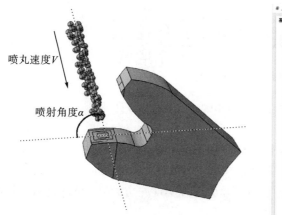

图 6-41 齿轮喷丸模型

图 6-42 齿轮喷丸仿真数据添加界面

存储ID	添加人员	添加时间	靶体材料	靶体几何类型	弹丸材料	弹丸直径(mm)	喷射角度(度)	喷射速度(m/s)	覆盖率	表面粗糙度(Ra)	最大残余应力(MPa)
1	10100001	吴吉展	2023-4-12	渗碳淬火钢18CrNiMo7-6	平面	ASH铸钢丸	0.5	90	100	100	0.5	-799
2	10100002	吴吉展	2021-8-20	渗碳淬火钢18CrNiMo7-6	平面	ASH铸钢丸	0.5	90	100	100	0.569236	-858
3	10100003	吴吉展	2021-8-20	渗碳淬火钢18C		0.7	90	100	100	0.5	-885
4	10100004	吴吉展	2021-8-20	渗碳淬火钢18C		0.9	90	100	100	1.374	-900
5	10100005	吴吉展	2021-8-20	渗碳淬火钢18C		0.5	90	80	100		-785
6	10100006	吴吉展	2021-8-20	渗碳淬火钢18C		0.5	90	90		0.54	-832
7	10100007	吴吉展	2021-8-20	渗碳淬火钢18CrNiMo7-6	平面	ASH铸钢丸	0.5	90	100	100	0.569	-857

图 6-43 仿真数据添加成功界面

采用上述 600 余组齿轮喷丸仿真数据测试数据库功能，包括增删查改以及喷丸性能预测等功能。其中数据查询功能以喷丸速度参数为例进行查找，在左侧下拉框中选择喷射速度选项，输入数值为 100，然后界面显示如图 6-44 所示，可以发现，软件将喷射速度为100m/s 的数据全部挑选并显示在界面中。

	存储ID	添加人员	添加时间	靶体材料	靶体几何类型	弹丸材料	弹丸直径(mm)	喷射角度(度)	喷射速度(m/s)	覆盖率	表面粗糙度(Ra)	最大残余应力(MPa)
1	☐ 10100001	吴言晨	2023-4-12	渗碳淬火钢18CrNiMo7-6	平面	ASH铸钢丸	0.5	90	100	100	0.5	-799
2	☐ 10100002	吴言晨	2021-8-20	渗碳淬火钢18CrNiMo7-6	平面	ASH铸钢丸	0.5	90	100	100	0.569236	-858
3	☐ 10100003	吴言晨	2021-8-20	渗碳淬火钢18CrNiMo7-6	平面	ASH铸钢丸	0.7	90	100	100	0.569	-885
4	☐ 10100004	吴言晨	2021-8-20	渗碳淬火钢18CrNiMo7-6	平面	ASH铸钢丸	0.9	90	100	100	1.374	-900
5	☐ 10100007	吴言晨	2021-8-20	渗碳淬火钢18CrNiMo7-6	平面	ASH铸钢丸	0.5	90	100	100	0.569	-857
6	☐ 10100008	吴言晨	2023-7-26	渗碳淬火钢18CrNiMo7-6	平面	ASH铸钢丸	0.5	90	100	100	0.5336	-820

图 6-44　数据查询功能显示界面

同样，以上述 600 余组的齿轮喷丸仿真数据为算例，将 600 余组仿真数据导入图 6-45(a)所示的喷丸工艺参数预测模块，将靶体材料、靶体材料硬度、弹丸材料、弹丸硬度、弹丸直径、喷射角度、喷丸时间、喷射流量以及喷射压力作为输入，将训练数据集代入喷丸残余应力预测模型，得到图 6-45(b)所示的不同距表面深度下的残余应力预测结果，由图可知，残余压应力随着距表面深度的增大呈现先升高再下降的趋势，残余压应力在距表面深度为 0.35mm 时达到最大，此时最大残余压应力为 780MPa 左右，当距表面深度达到 1mm 时，残余应力数值趋近于 0。该结果符合喷丸后残余压应力的分布，可以将该软件应用到喷丸后齿轮残余应力分布的预测。该软件模块的应用大幅提高了齿轮行业喷丸工艺数据建设和分析效率，在航空、风电、汽车等行业，齿轮企业得到良好应用。

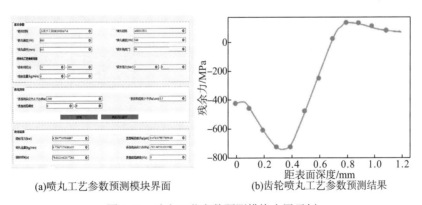

(a)喷丸工艺参数预测模块界面　　　　(b)齿轮喷丸工艺参数预测结果

图 6-45　喷丸工艺参数预测模块应用示例

仍然以 600 余组齿轮喷丸仿真数据作为输入数据集导入特征数据处理模块中，如图 6-46 所示，通过 QTableWidget 数据可视化表格显示各组参数相应特征值，可根据数据分析需求，直接在表格中补充或移除数据，进一步确保模块功能的灵活可操作性，更好地衡量特征参数的贡献度影响。

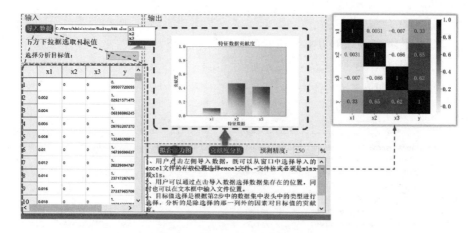

图 6-46　特征数据处理模块界面

单击"拟合热力图"用以拟合并生成如图 6-47 所示的相关性热力图，由图可知，可视化呈现导入各特征参数与目标值的相关性影响，单击"贡献度分析"运行基于 RF 算法构架的预测模型内核程序，以此确定各个特征变量的贡献度，由图可知，三个变量的贡献度分别是 0.11、0.47、0.42。

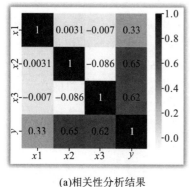

(a)相关性分析结果

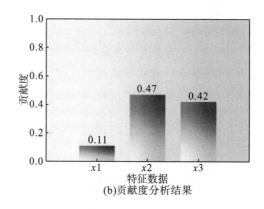

(b)贡献度分析结果

图 6-47　相关性热力图

6.5　本 章 小 结

本章基于 C++/Qt/Python 语言，设计并开发了一个齿轮喷丸工艺数据库与优化软件。基于 C++语言的 Qt 跨平台 GUI 开发软件框架，并利用 Python 语言编写算法模型，基于神经网络可以实现喷丸后齿轮表面完整性参数的预测。该软件包括用户管理模块、齿轮喷丸数据库模块以及喷丸工艺参数优化模块，提供了一个较为全面的齿轮喷丸数据分析平台，可推广应用至航空、航天、汽车、风电等领域。

参 考 文 献

[1] 赵凯, 秦闯, 刘战强. 汽车零配件工艺特征切削加工数据系统的开发[J]. 机床与液压, 2015, 43(23): 109-112.

[2] 刘战强, 黄传真, 万熠, 等. 切削数据库的研究现状与发展[J]. 计算机集成制造系统-CIMS, 2003, 9(11): 937-943.

[3] Ketabchi M A. Object-oriented data models and management of CAD databases[C]. Proceedings on the 1986 International Workshop on Object-oriented Database Systems, Washington, 1986: 223-224.

[4] Kiesel N, Schürr A, Westfechtel B. GRAS, a graph-oriented(software) engineering database system[J]. Information Systems, 1995, 20(1): 21-51.

[5] Shymchenko A, Tereshchenko V, Ryabov Y, et al. Review of the computational approaches to advanced materials simulation in accordance with modern advanced manufacturing trends[J]. Materials Physics and Mechanics, 2017, 32(3): 328-352.

[6] 胡贤金, 陈章林. 微机金属切削数据库的研究[J]. 工具技术, 1998, 32(2): 3-6.

[7] 王君, 陈诚, 王文, 等. 基于三层结构和 Web 的工装管理系统[J]. 机械制造, 2002, 40(10): 48-50.

[8] 刘怀举, 张洪春, 魏沛堂, 等. 高性能齿轮传动数据库软件设计与开发[J]. 计算机集成制造系统, 2023, 29(8): 2513-2523.

[9] 王遵彤. 基于实例推理的高速切削数据库系统 HISCUT 的研究[D]. 济南: 山东大学, 2003.

[10] 相克俊. 混合推理高速切削数据库系统的研究与开发[D]. 济南: 山东大学, 2007.

[11] 王栋. 企业信息网与工业控制网集成技术的研究[D]. 青岛: 青岛大学, 2012.

[12] 刘淼, 孟胜. Atomly. net 数据平台及其在无机化学中的应用[J]. 中国科学: 化学, 2023, 53(1): 19-25.

[13] Xu Y J, Liu X, Cao X, et al. Artificial intelligence: A powerful paradigm for scientific research[J]. The Innovation, 2021, 2(4): 100179.

[14] 吴疆. 船用柴油机涡轮增压器工程数据库系统研发[D]. 重庆: 重庆大学, 2020.

[15] 阳春华, 刘一顺, 黄科科, 等. 有色金属工业智能模型库构建方法及应用[J]. 中国工程科学, 2022, 24(4): 188-201.

[16] Berton D. Qt designer: Code generation and GUI design[J]. C - C++ Users Journal, 2004, 22(7): 34-37.

[17] 康谦泽, 李桂林, 李佳萌, 等. 基于 Qt 的埋设机探测器上位机设计与实现[J]. 工业控制计算机, 2022, 35(5): 13-14, 17.

[18] 易帅, 李乾, 胡雪丽, 等. SQLite 数据库删除记录恢复方法[J]. 信息工程大学学报, 2015, 16(3): 378-384.

[19] 梁宝华, 张冲. 数据库原理及应用[M]. 合肥: 中国科学技术大学出版社, 2017: 70-100.

[20] Storey V C. Relational database design based on the entity-relationship model[J]. Data & Knowledge Engineering, 1991, 7(1): 47-83.

[21] Benesty J, Chen J D, Huang Y T, et al. Noise Reduction in Speech Processing[M]. Berlin: Springer Science & Business Media, 2009.

[22] Han H, Guo X L, Yu H. Variable selection using mean decrease accuracy and mean decrease gini based on random forest[C]. 2016 7th IEEE International Conference on Software Engineering and Service Science, Beijing, 2016: 219-224.

[23] Lin Q J, Liu H J, Zhu C C, et al. Investigation on the effect of shot peening coverage on the surface integrity[J]. Applied Surface Science, 2019, 489, (2): 66-72.

[24] 闫五柱, 张嘉振, 周振功. 喷丸过程中的摩擦影响研究[J]. 热加工工艺, 2014, 43(18): 134-136, 139.

第7章　其他零件的喷丸强化

7.1　引　　言

喷丸技术可有效改善零件表面状态,提高疲劳强度和抗应力腐蚀能力。在航空工业中,几乎所有重要承力件均采用了喷丸加工,在改善疲劳可靠性的同时有效降低了飞机重量。在汽车工业中,一些造价比较低的构件失效后可以通过换件快速更新,而相对造价较高和较危险的部件难以做到,可通过喷丸等表面强化工艺实现轻量化并降低换件成本。在压力容器工业中,喷丸能有效增加压力件的疲劳强度和疲劳寿命,提高压力容器的可靠性。在汽轮机工业中,喷丸主要应用于轴、叶轮等较危险的部件,有效提高了整机的使用寿命和使用可靠性。因此,除高性能齿轮外,较为重要的弹簧、叶片、轴承、连杆、传动轴以及焊缝件常采用喷丸强化技术改善其疲劳性能。

7.2　弹　簧　喷　丸

弹簧可利用自身的弹性来控制机械结构的运动、势能储存、缓冲减振、力学测量等,被广泛应用于各类机械、仪表中。当弹簧受载时,能产生较大的弹性变形,把机械能转变为弹性势能,而卸载后,弹簧的弹性变形恢复,弹性势能转变为机械能。按受力性质,弹簧可分为拉伸弹簧、压缩弹簧、扭转弹簧和弯曲弹簧,按形状可分为碟形弹簧、环形弹簧、钢板弹簧、螺旋弹簧、扭杆弹簧等。以汽车(重卡)的钢板弹簧为例,其作用是将车架与车桥用悬挂的方式连接在一起,承受车轮给车架带来的载荷冲击,从而消减车身的剧烈振动,保持车架能在颠簸的路段平稳行驶。钢板弹簧自身承受着较大的车体重量,且在开放的空间服役,容易受到外界气温变化、灰尘、泥土、雨水的侵入等多种不利因素的影响,同时还要面临路面颠簸带来的冲击载荷。因此,钢板弹簧本身需具备较高的承载能力、服役寿命与可靠性,否则将严重影响车辆的行驶安全与动态服役特性。

钢板弹簧的主体由若干片等宽但长短不一的钢片组装而成(图7-1),其中最长的一片称为主片簧,其余较短的称为副片簧,每个片簧都由专用的弹簧钢加工而成。由于钢板弹簧在服役过程中面临较大的载荷和严峻的服役工况,要求钢板弹簧钢需要具有优良的综合性能,如力学性能(弹性极限、强度极限、屈强比、冲击韧性)、抗弹减振性能、疲劳性能、淬透性、物理化学性能(耐热、耐低温、抗氧化、耐腐蚀)等。近年来,国内外用户对整车的性能要求越来越高,对钢板弹簧的承载能力和寿命的要求也与日俱增,从最初的几吨载重能力、数万小时的使用寿命，到现在几十甚至几百吨的载重能力、数十万小时的使用寿命。同时，为了降低制造成本和弹簧自重，对钢板弹簧的设计者和制造商提出了严格的要求。钢板弹簧经过喷丸处理后，不仅能够满足减小片簧数量、轻量化的目的，还能够大大提升弹簧的使用寿命。

钢板弹簧的失效形式主要是片簧的疲劳断裂，如图 7-2 所示，而喷丸强化处理工艺能有效提高其疲劳寿命[1,2]。因此，为了提升钢板弹簧的抗疲劳性能，除了改进弹簧设计和选材，在制造工艺过程中必须采用喷丸强化工艺[3]。汽车行业规定，喷丸强化处理工艺在钢板弹簧生产过程中必不可少。目前钢板弹簧喷丸工艺主要可以分为自由喷丸和预应力喷丸两类。其中，预应力喷丸是采用弹性加载夹具对钢板弹簧进行的向加载，使钢板弹簧表面形成预应力，在钢板弹簧受载的情况下对其表面进行喷丸处理，喷丸结束后释放预应力。一般情况下，钢板弹簧的预应力喷丸能比自由喷丸引入更大的表面残余应力[4]，从而更有效地预防钢板弹簧断裂。

图 7-1　汽车钢板弹簧

(a)失效的钢板弹簧

(b)失效断面图

图 7-2　钢板弹簧疲劳断裂[5]

弹簧喷丸技术在国外起步较早，开发了大量专用的弹簧喷丸设备，并在该领域中保持技术优势。自 20 世纪 40 年代初，Boerger 首次将喷丸技术应用于弹簧、齿轮、起落架等零件的表面强化以及零件成形，大幅度提升并极大拓宽了喷丸技术的应用范围[6]。此后喷丸强化逐渐成为了弹簧制造领域不可或缺的一道重要工序。70～80 年代，国外相继开发出大量专用的弹簧喷丸设备，并在该领域中保持技术优势[7]。2000 年前后，国外一些著名的重卡制造厂商，如沃尔沃、奔驰等，在钢板弹簧喷丸强化处理方面取得较大的进步，将预应力喷丸等技术应用到汽车钢板弹簧的强化过程中[8]。2010 年，由荷兰设计生产的机器人数控喷丸设备能够根据不同的需求切换弹丸类型、尺寸，并且能够精准地控制喷射流量，实现喷丸过程的高效率和全自动化，为汽车钢板弹簧的研究提供强大的硬件支持[9,10]。目前，国外钢板弹簧制造已普遍采用 50CrV4、51CrV4 等具有高淬透性、高韧性及高纯净度弹簧材料，并在生产过程中应用了变截面轧制技术、高能喷丸、二次喷丸等先进工艺，使得弹簧寿命大幅度提升[11,12]。国内的喷丸强化技术起步较晚，关于钢板弹簧的喷丸强化效果，国内学者开展了相关研究。早在 1983 年，王致复[13]开展了钢板弹簧的喷丸工艺试验，并对比了喷丸前后钢板弹簧的寿命，发现喷丸将疲劳寿命提高了 25%；1990 年，黄静秋[14]

通过工艺试验，对喷丸强化处理汽车钢板弹簧中的作用进行了定性和定量的分析，试验表明汽车钢板弹簧经喷丸处理后，其疲劳寿命提高 1～3 倍；1998 年，田文春[15]简述了喷丸对钢板弹簧疲劳寿命的影响机理，分析了影响预应力喷丸效果的因素，指出增大预应力能显著提升表面残余压应力，将钢板弹簧的疲劳极限由 605MPa 提升到 910MPa。2017 年，胥洲等[16]通过研究预应力喷丸工艺参数对钢板弹簧表面残余应力、最大残余应力等特征量的影响，优化喷丸后的残余应力场，如图 7-3 所示，并研究了影响钢板弹簧喷丸效果的主要因素[17]，发现增大喷丸强度和喷丸覆盖率能进一步提升钢板弹簧疲劳寿命。目前，虽然我国的钢板弹簧生产厂家都设有喷丸强化这道工序，但是仍存在喷丸强化工艺参数难选择、喷丸强度难检测、弹丸品质难保障等诸多不利因素。

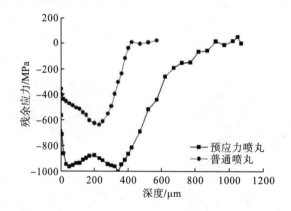

图 7-3　预应力喷丸对残余应力的影响[16]

7.3　叶　片　喷　丸

　　叶片是航空发动机的核心部件之一。发动机依靠叶片完成对气体的压缩和膨胀，从而产生强大的动力推动飞机前进，发动机及叶片如图 7-4 所示。叶片形状复杂、尺寸跨度大（长度为 20～800mm）、受力恶劣，且在高温、高压和高转速的工况下运转，常面临失效问题。在航空事故历史中，因为发动机叶片损坏引发的飞机事故屡见不鲜。2014 年，我国南方航空集团有限公司 CZ3739 航班飞机引擎空中着火，事后调查显示发生故障的发动机进口处的压气机风扇的叶片有断裂。据推测，有可能是叶片断掉后进入发动机，损伤发动机进气流场，导致后者发生"畸变"。2016 年 8 月 27 日，一架中国国际航空公司西南分公司的波音 737-700 型客机在执飞新奥尔良飞奥兰多的航班时，CFM56-7B 型发动机的风扇叶片发生非包容性故障，所幸此次事故中客机安全降落。据不完全统计，在我国空军现役飞行的发动机事故中，80%都与发动机叶片断裂失效有关。一旦叶片发生断裂失效，对发动机乃至整个飞机的损害往往都是致命性的。目前，叶片疲劳断裂是航空发动机问题的主要体现之一，提高航空叶片表面质量、增强叶片疲劳强度是预防疲劳断裂的有效手段。

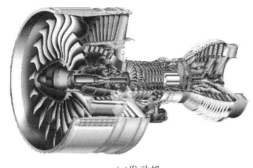
(a)发动机

(b)叶片

图 7-4　航空发动机及叶片

　　为满足发动机高性能、可靠性及长寿命的要求，叶片通常选用合金化程度很高的钛合金、高温合金等材料制成。同时，由于叶片空气动力学特性的要求，叶型必须具有精确的尺寸、准确的形状和严格的表面完整性。航空叶片的表面质量对其疲劳寿命影响显著，拥有良好的表面质量意味着叶片具有长寿命、高精度、高硬度、强耐磨性以及高可靠性等性能，因此许多科研机构都在大力发展各种航空叶片表面强化技术的研究和应用。目前航空叶片表面强化手段主要分为热障涂层、喷丸强化以及激光冲击强化。

　　热障涂层是一层陶瓷涂层，它沉积在高温金属或超合金的表面用于保护基底材料，使得用其制成的发动机涡轮叶片能在 1600℃的高温下运行。热障涂层具有提高工作温度和抗腐蚀能力、减少冷却空气量、延长工作寿命、降低耗油率以及简化结构等特点。热障涂层由基材、黏结涂层、热生长氧化物和陶瓷面漆制成，如图 7-5 所示。常用的热障涂层材料有稀土氧化物掺杂氧化锆、稀土锆酸盐、钙钛矿结构、磁铁铅矿六方镧铝酸盐、萤石结构等[18]。NASA 研究发现在氧化锆中掺杂 2 种或 2 种以上稀土氧化物后热导率明显降低，热循环寿命也比掺杂相同含量的 Y_2O_3 有所提高[19,20]。Białas[21]进行了热障涂层系统内裂纹发展的数值模拟，研究了热生长氧化物/黏结涂层界面处的循环载荷和母材蠕变对接近粗糙度的应力分布的影响，发现在热障涂层内形成微裂纹，随后的热生长氧化物的生长导致

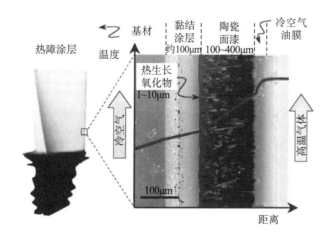

图 7-5　电子束物理蒸气沉积热障涂层的横截面扫描电子显微照片[22]

氧化层内存在张力区，通过热生长氧化物/黏结涂层界面处和热障涂层内的微裂纹可能导致晶胞中的涂层分层。

在航空发动机叶片的强化方法中，喷丸强化最为常见。通过喷丸强化，叶片表层发生塑性变形，形成一定厚度的强化层。强化层内形成较高的残余压应力，叶片承受载荷时可以抵消一部分拉应力，从而提高叶片的疲劳强度。目前，国内外针对钛合金喷丸强化后的表面完整性和疲劳寿命进行了积极的研究。Tsuji 等[23]研究发现，采用 70μm 工具钢弹丸，在 0.3MPa 气压和 200%覆盖率下，TC4 钛合金喷丸强化后表面粗糙度 Ra 达到 1.7μm，残余压应力层深度约为 100μm。Tan 等[24]研究了喷丸强度和覆盖率对 TC17 钛合金残余应力场的影响，并建立了喷丸强化残余应力场的预测模型。图 7-6 为喷丸强化后 TC17 钛合金表面形貌，可以看出，随着喷丸强度的增加，弹坑周围塑性流变明显，出现局部褶皱和轻微脱层，造成轻微表面局部损伤。当喷丸强度为 0.3mmN 时，陶瓷丸喷丸后表面形貌良好；玻璃丸喷丸后表面未出现较大和较深的弹坑；铸钢丸喷丸后表面弹坑尺寸和深度较大，有大量褶皱隆起和明显局部脱层，这是由塑性变形层径向延伸受到邻近区域限制而引起的[25]。温爱玲[26]发现经 2h 和 8h 喷丸处理后，TC4 钛合金旋转弯曲疲劳极限分别提高 14.4%和 20%。喷丸表面强化具有低成本、能耗小、设备简单、操作方便、生产率高、适应性广等显著特点。但喷丸在强化叶片时，可能面临着残余应力较小、残余应力层较浅以及表面粗糙度较大的问题。

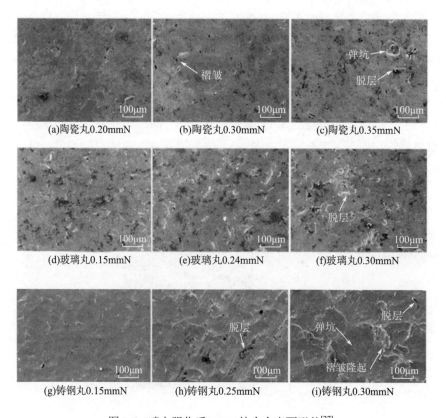

(a)陶瓷丸0.20mmN   (b)陶瓷丸0.30mmN   (c)陶瓷丸0.35mmN

(d)玻璃丸0.15mmN   (e)玻璃丸0.24mmN   (f)玻璃丸0.30mmN

(g)铸钢丸0.15mmN   (h)铸钢丸0.25mmN   (i)铸钢丸0.30mmN

图 7-6   喷丸强化后 TC17 钛合金表面形貌[27]

采用激光冲击强化处理航空发动机叶片可以追溯到 1972 年。美国巴特尔学院首次用高功率脉冲激光诱导的冲击波来改变 7075 铝合金的显微结构组织和力学性能,从而拉开了铝合金激光冲击强化的序幕。1998 年后,美国 GE 公司已开始利用激光对涡轮叶片和 F110-GE 100、F110-GE 129 的风扇第 I 级工作叶片进行冲击强化,以提高叶片表面压应力,防止叶片产生裂纹,取得了理想的效果。激光冲击强化通过残余应力来平衡叶片工作拉应力、抑制裂纹萌生,改变裂纹尖端应力强度因子、减缓裂纹扩展速率[28]。Shepard 等[29]通过试验测试获得了不同功率密度和冲击次数对钛合金模拟叶片残余应力分布的影响规律,功率密度和冲击次数的增加有利于形成更大的残余压应力、更深的残余压应力层。Nie 等[30-32]先后针对 TC6、TC11 和 TC17 钛合金,开展了不同工艺参数对残余应力、微观组织和疲劳性能的影响规律及抗疲劳机理研究,激光冲击强化后的 TC17 钛合金残余应力梯度特征如图 7-7 所示。发现增加激光功率密度可显著提升表面残余压应力,但残余压应力层深度变化不明显;而增加激光冲击次数对表面残余压应力提升效果不显著,更有利于提升残余压应力层深度。在微观组织方面,钛合金作为高层错能金属材料,主要是通过位错运动进行塑性变形,因此激光冲击强化后钛合金内部形成大量高位错密度组织。聂祥樊等[33]研究激光冲击强化 TC11 合金的微观组织和力学性能,研究表明激光冲击强化诱导 TC11 合金表层高位错密度、位错胞和纳米晶,并使 TC11 合金的疲劳极限由基体材料的 483MPa 增至 593MPa。Pan 等[34]和 Jiao 等[35]针对叶片局部截面过渡区域吸收保护层难以施加的问题,采用无吸收保护层激光冲击方式,同样可以形成较高残余压应力和高位错密度组织,疲劳极限提高幅度可达 20%左右。

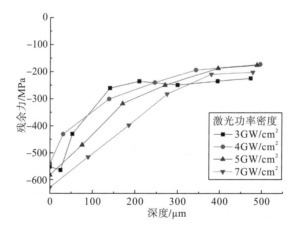

图 7-7　激光冲击强化后的 TC17 钛合金残余应力梯度特征[32]

7.4　焊缝件喷丸

焊接是金属材料加工方法之一,在现代航空航天、石油化工、海洋工程、潜艇和核电等领域占有重要的地位,图 7-8 为铝合金焊接件在轨道交通中的应用。焊接时局部不均匀的加热和冷却是直接导致焊接温度场分布不均匀的重要原因,使得焊件不同部位产生不同程度的膨胀与收缩，产生复杂的焊接残余应力。焊接残余应力很大程度上决定了焊接接头结构性能和制造工艺，引起焊接结构的裂纹、脆性断裂和韧性断裂等各种失稳破坏[36]，还会引起焊接结构形变，从而影响焊接结构的尺寸精度性与稳定性[37]。因此，消除焊接残余拉应力成为焊接领域内备受关注与研究的重要课题。

(a)轨道交通车体   (b)铝合金焊接件

图 7-8　铝合金焊接件在轨道交通中的应用[38]

　　喷丸是消除焊接残余拉应力的有效方法，在喷丸冲击焊接接头时，在焊接接头的表层部分将发生一定程度的弹塑性变形，进而促使焊接接头表层的形态、残余应力以及组织结构发生改变，最终通过增加位错密度和引入的残余压应力实现提高焊接接头的使用性能。对于焊接接头的高能喷丸表面改性处理，国内外诸多学者进行了相关研究。南健等[39]采用激光熔覆技术对故障区域进行局部修复，并通过喷丸强化形成表面压应力层。结果表明，采用激光熔覆和喷丸强化复合技术对飞机半轴表面的损伤故障进行维修是可行的。激光熔覆工艺对母材的影响很小，母材熔化平均深度仅为 0.08mm，且熔覆接头组织较为均匀，无气孔、夹渣、裂纹、未熔合等缺陷；维修后区域室温的拉伸强度为 1517MPa，达到了母材的 92%，冲击性能超过了母材，其中接头的抗拉强度达到了 1370～1500MPa，满足了半轴的维修要求。激光熔覆区通过喷丸强化处理后，焊缝及母材的表面应力得到了极大改善。逯瑶等[40]对 7A52 铝合金焊接接头进行了高能喷丸处理，并对高能喷丸处理前后材料的表面微观组织、晶粒尺寸、变形层厚度、显微硬度和耐磨性进行了对比分析。结果发现，经过高能喷丸处理之后，母材、焊缝以及热影响区的表面平均晶粒尺寸达到纳米级，焊接接头表面变形层厚度达到 37nm，各区域的表面显微硬度均有所提高，磨损率也大大减小，是高能喷丸处理前的 29.9%。

　　孙永强[37]采用母材为 AZ31B 镁合金板、304 不锈钢以及 TC4 钛合金板进行喷丸前后的焊接试验性能探究。为了使得液态镁合金容易在不锈钢板和钛合金板上铺展开形成熔池，同时为简化焊接接头中间层的复杂程度，试验过程中采用与母材 AZ31B 镁合金板成分相同的焊丝，焊丝直径为 1.6mm。在进行镁合金与镁合金的钨极氩弧焊焊接时，采用对接接头的方式，在镁合金板的下方垫一块在中间开有 U 形凹槽的铜板，铜板可以加速熔池的冷却，有利于焊缝熔合区的晶粒细化，同时 U 形凹槽有利于焊缝的背面成形。在整个焊接过程中，焊枪位于镁合金板接头位置的正上方 3mm 左右，焊丝保持在焊枪前方匀速运动。焊后及时用酒精除去焊接接头表面的污染物，待焊接试件冷却之后装入密封袋保存，防止焊接接头表面被氧化而影响试验结果。把所得到的焊接接头分成两组，一组用来表征喷丸强化处理前焊接接头的各项性能，另一组用来表征喷丸强化处理后焊接接头的各项性能以及对接头微观组织及性能的影响，其喷丸强化处理过程示意图如图 7-9 所示。

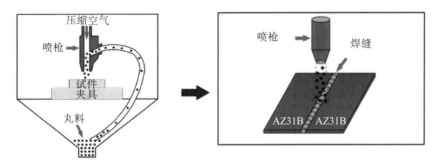

图 7-9　同种镁合金焊接接头的喷丸强化处理过程示意图[37]

图 7-10 为焊接接头在进行喷丸处理前后焊缝的外观与表面形貌，可发现当焊接电流为 90A 时，接头连接良好，焊缝表面均匀平滑，无明显的裂纹及其他缺陷，呈现出均匀的鱼鳞状。当焊缝经过喷丸处理后，焊缝表面布满了密密麻麻的压痕，这是在喷丸过程中，高速运动的弹丸在表面撞击造成的。可以看到，未经喷丸的焊缝表面凹凸不平，分布着大量的氧化物，同时还存在一些长度约为 15μm 的裂纹。相对于未喷丸处理前的样品，表面的氧化皮在喷丸过程中被击落掉，同时表面裂纹和孔洞也得到了闭合。这说明高能喷丸处理可以清除焊缝表面的氧化物，使焊缝表面微裂纹发生闭合，降低了表面粗糙度，这在一定程度上阻碍了裂纹的起源与扩展，提高了焊接接头的综合性能。

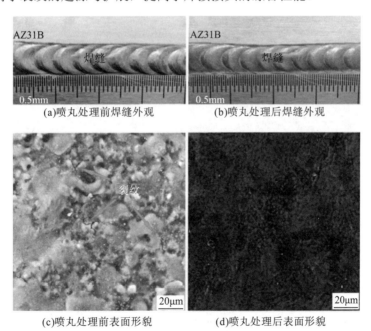

图 7-10　喷丸处理前后焊缝的外观与表面形貌对比[37]

图 7-11 显示了高能喷丸处理前后 AZ31B/TC4 接头熔合区横截面微观组织形貌。在未经高能喷丸处理的接头处，AZ31B/TC4 接头熔合区中存在许多粗大的晶粒，熔合区柱状晶粒的最大晶粒尺寸接近 200μm，这往往会导致 AZ31B/TC4 接头的机械性能劣化。在高能喷丸过程中，接头表面产生的高速应变在一定程度上破坏了原始晶界，从而导致晶粒细化。随着喷丸强度增加到 0.24mmN，接头粗晶粒的尺寸和形态得到明显改善。熔合区的平均晶粒尺寸从 71μm 逐渐减小到 48μm，并且晶粒形态由原来的柱状晶转化为等轴晶，提高了 AZ31B/TC4 接头的力学性能，在所有 AZ31B/TC4 接头的熔合区均有 Mg17Al12 沉淀相存在，并且高能喷丸处理工艺对 Mg17Al12 沉淀相没有明显的影响。

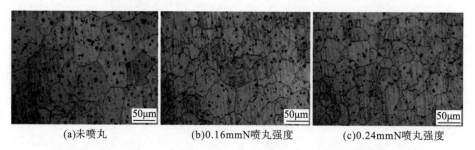

(a)未喷丸   (b)0.16mmN喷丸强度   (c)0.24mmN喷丸强度

图 7-11   高能喷丸处理前后 AZ31B/TC4 接头熔合区横截面微观组织形貌

未经处理的 AZ31B/TC4 接头和经过喷丸处理接头的表面形貌如图 7-12 所示。从图中可以看出，随着喷丸强度的增加，由高能喷丸处理引起的表面塑性变形明显增加。当喷丸强度高于 0.12mmN 时，用不锈钢弹丸喷丸处理的 AZ31B/TC4 接头产生了严重的表面塑性变形。

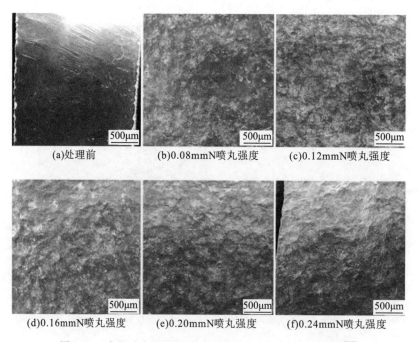

(a)处理前   (b)0.08mmN喷丸强度   (c)0.12mmN喷丸强度

(d)0.16mmN喷丸强度   (e)0.20mmN喷丸强度   (f)0.24mmN喷丸强度

图 7-12   高能喷丸处理前后 AZ31B/TC4 接头的表面形貌[37]

7.5　连　杆　喷　丸

　　连杆一般用于连接活塞和曲轴，将活塞所受作用力传给曲轴，带动曲轴的旋转运动。连杆组由连杆体、连杆大头、连杆小头衬套、连杆大头轴瓦和连杆螺栓（或螺钉）等组成，如图 7-13 所示。连杆组承受活塞销传来的气体作用力及其本身摆动和活塞往复惯性力的作用，这些力的大小和方向都是周期性变化的。因此，连杆受到压缩、拉伸等交变载荷作用，连杆必须有足够的疲劳强度和结构刚度。疲劳强度不足，往往会造成连杆体或连杆螺栓断裂，进而产生整机破坏的重大事故。若结构刚度不足，则会造成连杆体弯曲变形及连杆大头的失圆变形，导致活塞、汽缸、轴承和曲柄销等的偏磨。

图 7-13　连杆示意图

　　连杆作为发动机传递动力时的主要构件，发生失效破坏的原因主要也是外部交变载荷。连杆发生破坏时，如果发现及时，可能只需要更换连杆就可以保证发动机正常工作；如果发现较晚，连杆疲劳断裂可能会撞击缸体，造成缸体破口，严重时就需要更换发动机。因此，要保证连杆具有较高的耐久性能，降低连杆的破坏概率[41,42]。某公司采用高性能中碳棒材钢 46MnVS5 生产汽车连杆，在装配发动机后，进行发动机台架试验，在磨合 22h、110kW 可靠性试验 6h 时台架数据显示机油压力正常、扭矩突然下降，出现第三连杆大头断裂，第三连杆大头轴瓦扭曲变形，如图 7-14 所示。

(a)连杆大头击穿壳体　(b)连杆大头破损　　(c)曲轴轴瓦变形　　　(d)活塞销座破损

图 7-14　某发动机连杆失效图

现在汽车等装备的各种零件要求轻量化，但对可靠性要求越来越高。连杆承受直接和弯曲载荷，需要较高的疲劳强度以避免失效，连杆试件疲劳失效往往是由于连杆表面的残余压应力值不足。而如果对其进行喷丸处理以产生残余压应力，有助于提高大负荷疲劳循环期间的抗裂性，从而提高试件的动态承载能力。与喷丸清理工艺不同的是，喷丸强化工艺通过对喷丸过程进行控制，保证每一个零件的表面质量均得到有效改善。因此，与采用酸洗工艺或喷丸清理工艺生产的连杆相比，采用喷丸强化工艺生产的连杆在结构上可进行进一步优化，以减轻连杆质量。通过喷丸强化工艺的应用，提高了发动机连杆的抗疲劳性能，针对喷丸强化连杆的特点，对连杆结构进行优化，以减轻连杆质量。因此，连杆喷抛丸强化已经成为目前发动机制造业中必不可少的工艺环节[43]。

如图 7-15 所示，Gerin 等[44]为研究表面完整性对热锻 C70 钢连杆疲劳行为的影响，采用喷丸工艺对热锻 C70 钢连杆进行了处理，对硬度、残余应力和微结构梯度等表面完整性参数进行了表征，并进行了疲劳测试，疲劳测试结果表明，喷抛丸后由于引入了较大的残余压应力，疲劳强度显著提高。此外，锻造过程引入了较大的缺陷，对疲劳强度也有影响，通过对锻造表面进行喷丸处理来产生良好的表面状态，将会显著增强锻造连杆的疲劳强度[45,46]。Mirzazadeh[47]研究喷丸强化对碳钢疲劳行为的影响，喷丸处理将表面粗糙度从 $0.26\pm0.03\mu m$ 提高到 $3.60\pm0.44\mu m$。喷丸引起的残余压应力在 0.1mm 深度处达到最大值——463.9MPa。比较未喷丸和喷丸试件的疲劳极限($N\approx10^6$ 次循环)和显微硬度分布，喷丸强化对 C70S6 钢的拉伸疲劳极限影响很小(−2.1%)，对 AISI 1141AC 钢的影响较小(6.0%)。然而，喷丸对 AISI 1151QT 和 PM 钢的影响更为明显。PM 钢的疲劳极限提高了14.0%。Chernenkoff 等[48]为了量化喷丸处理所带来的改进，对粉末锻造连杆和来自基材(2%铜钢)的测试棒在无应力(未喷丸处理)和表面处理(喷丸处理)条件下的疲劳行为进行了比较。疲劳数据与表面产生的残余应力相关，使用 X 射线衍射分析确定应力大小和深度，还确定了喷丸处理的最佳工艺参数。结果表明，与未经喷丸处理的棒材相比，经喷丸处理的试件和连杆的疲劳强度显著提高。在对于连杆零件的喷丸仿真方面，学者们也开展了一系列研究，Honarvar 等[49]将采用基于 $\sin^2\psi$ 法通过 X 射线衍射测量得到的残余应力导入 ANSYS 软件，进行循环加载，结果表明喷丸提高了粉末锻造连杆的疲劳寿命。

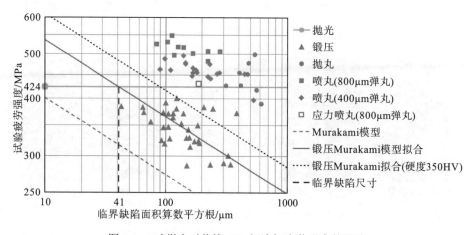

图 7-15 喷抛丸对热锻 C70 钢连杆疲劳强度的影响

　　喷丸对连杆疲劳性能具有一定的提升作用已得到大量实践证明，而具体的强化效果还取决于喷丸工艺参数。为此学者们针对连杆喷丸，也开展了一系列工艺参数研究。Bai 等[50]针对发动机连杆在高负荷工作过程中承受巨大的燃烧压力和惯性这一问题，利用工艺仿真技术建立有限元喷丸模型，得到了喷丸时间、喷丸速度、喷射角度、弹丸直径等参数对连杆表面完整性的影响规律。如图 7-16 所示，连杆喷丸强化试验验证了仿真的正确性。喷丸强化是在试件表面产生压缩残余应力并改变其机械性能的过程，这取决于正确选择喷丸参数。制造商总是需要提高生产力和降低成本。Dounde 等[51]通过各种多属性决策(multiple attribute decision making，MADM)技术(如逼近理想解排序法(technique for order preference by similarity to an ideal solution，TOPSIS)、灰色关联分析法(grey relational analysis，GRA)、Saw 和期望方法)来优化喷丸工艺参数，发现 21A 的喷射强度和 120s 的喷丸时间是喷丸参数的最佳设置。

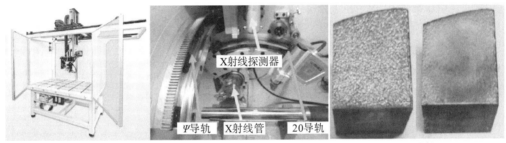

(a)iXRD X射线应力测试仪　　　　　　　　　(b)试件

图 7-16　连杆喷丸试验验证[50]

　　除了喷丸工艺，抛丸工艺也是常用的连杆强化技术。如图 7-17 所示，徐永刚[52]以 Rosler 抛丸机为对象，通过仿真研究抛丸机在不同工艺参数下的工况和采用正交试验法确定最佳抛丸强化工艺参数组合，得出影响抛丸强化工艺的主要因素为抛丸速度和弹丸直径。仿真分析弹丸直径、分丸轮转速、抛丸角度不同时抛丸速度的变化规律，运用正交试验法对抛丸强化工艺参数进行优化，确定弹丸直径、分丸轮转速、抛丸角度的最佳搭配得出影响抛丸速度的首要因素为分丸轮转速，其次为弹丸直径和抛丸角度，并且得出粉锻连杆抛丸强化最优工艺方案为分丸轮转速 2800r/min，弹丸直径 0.7mm，抛丸角度 10°。

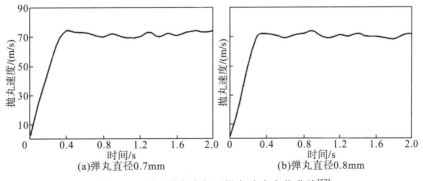

(a)弹丸直径0.7mm　　　　　　　　　(b)弹丸直径0.8mm

图 7-17　不同弹丸直径下抛丸速度变化曲线[52]

在连杆喷丸应用方面，相关学者也进行了相关研究。Kuratomi 等[53]研究了在保持良好生产率的同时开发更轻连杆的可能性。因此，开发了一种由低碳马氏体钢制成的新型轻质连杆。由于该材料不需要回火，屈曲强度得到改善，并使用喷丸处理来提高疲劳极限，并为日产新 VQ 发动机开发了轻质连杆，有助于提高 V6 发动机的性能。

在合理控制参数的情况下，喷丸与抛丸对连杆的抗疲劳、抗磨损等性能具有突出的提升作用。但由于现阶段连杆喷丸应用较少，如何实现喷丸参数最优化、连杆性能最大化将是未来连杆喷丸一大发展趋势。

7.6 轴 承 喷 丸

轴承是机器轴系结构中的重要支撑部件，其作用是支撑轴及轴上的零件，并保持轴的旋转精度和减少轴与支承面的摩擦和磨损，被称为"工业的关节"[54]。滚动轴承具有摩擦阻力小、启动快、效率高、润滑和维护方便、易于互换、运转精度高、组合结构较简单等优点，广泛应用于国民经济和国防事业各个领域的机械设备之中。滚动轴承的基本结构由内圈、外圈、滚动体和保持架组成，如图 7-18 所示[55]。

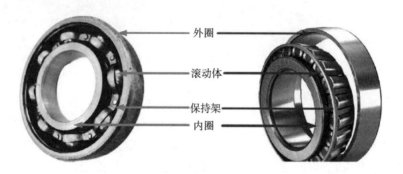

图 7-18　滚动轴承的基本结构[55]

滚动轴承在各类机械、设备和仪表中被广泛使用，常工作于各种交变负载下。由于大的工作负荷及恶劣的工作环境，滚动轴承内外滚道和滚动体在使用过程常常因磨损、疲劳、腐蚀而发生失效。一旦轴承失效，轻则使整个机械设备失去精度，严重时甚至可能引起整个设备的破坏。有统计结果表明，在使用滚动轴承的旋转机械中，大约有 30%的机械故障都是由滚动轴承引起的，感应电机故障中的滚动轴承故障占电机故障的 40%左右，齿轮箱类零件中滚动轴承的轴承故障率为 19%，仅次于齿轮失效。随着科学技术的进步，特别是航空、航天事业的发展，对轴承的性能提出了越来越高的要求[56]。

滚动轴承的常见失效形式有接触疲劳失效、磨损失效、断裂失效和游隙变化失效等。接触疲劳失效是由于轴承滚道的工作面在循环载荷长期作用下发生的材料疲劳失效，常表现为滚道表面的点蚀和疲劳剥落。轴承运转时，轴承内外圈受到来自滚动体法向载荷挤压和切向载荷的反复作用，在长轴接触区域的次表层最大交变切应力处最易产生疲劳裂纹，裂纹产生后不断连接并扩展至表面，最终发生不同形状的剥落。图 7-19 为轴承滚道工作面的点蚀和麻点剥落现象，滚道表面最先发生浅层的小面积剥落，并逐步向滚道深层进行侵蚀，导致滚道深层区域也发生疲劳剥落，加剧滚动接触疲劳失效的破坏程度[57]。

　　磨损失效是指两个接触表面之间的滚动或滑动摩擦引起的工作面失效，主要有磨粒磨损和黏着磨损等形式。轴承的内外圈和滚动体之间的相互滚动会产生磨屑，如果磨屑黏附在滚动体表面，轴承在继续转动的过程中内外圈滚道就会产生犁钩状的划痕。若此时润滑条件较差，附在滚动体表面的磨屑滚动就会产生热量，导致接触区域的变形加剧并出现局部焊合。轴承进一步转动时，磨屑在接触表面会熔化，在接触区域切向力的作用下从滚道撕裂，造成更大的疲劳破坏。图 7-20 为磨损失效的不同阶段，包括微观下犁钩状擦伤和黏着撕裂磨损结果[57]。

　　游隙变化失效是指轴承在工作过程中，由于外部或内部因素的影响，原有的配合间隙改变、精度降低，乃至造成轴承的"咬死"现象。导致游隙变化失效的外部原因有过盈量过大、安装不到位、温升引起的膨胀和瞬时过载等，内部原因有残余奥氏体和残余应力处于不稳定状态等[58]。

(a)点蚀　　　　　　　　　　　　　　　　　(b)剥落

图 7-19　滚动轴承接触疲劳失效[57]

(a)犁钩状擦伤　　　　　　　　　　　　　　(b)黏着损伤

图 7-20　滚动轴承磨损失效[57]

　　由于滚动轴承存在众多的失效形式，失效机理复杂，成为了限制设备服役性能的重要瓶颈。为了提高轴承的使用寿命，可以对轴承内外圈的工作表面以及滚动体进行强化处理，使得工作表面产生有益的残余压应力或强化层，以此来改善轴承内圈的综合力学性能。现阶段轴承表面强化处理技术众多，主要包括表面化学热处理、淬火、涂层和机械强化等[59]。其中机械强化技术主要包括机械喷丸、抛光等方法，通过冲击或者挤压，让零件材料表面出现塑性变形，从而在零件材料表面引入残余压应力，同时使零件材料表面晶粒得到细化，进而减缓工件材料表面疲劳裂纹的萌生与扩展，能够有效提高工件的疲劳寿命[59]。

柔性轴承内圈的特点是壁厚较薄、刚度较弱，在不均匀的应力场中易发生变形，造成零件尺寸超差而报废，不但影响正常使用，而且可能会引发重大事故，造成无法挽回的损失，因此有必要对残余应力场与宏观变形进行优化。江苏大学的孙谨[59]以 GCr15 柔性轴承内圈为研究对象，采用不同激光能量对柔性轴承内圈滚道进行激光喷丸强化试验，检测了残余应力、显微硬度、表面形貌和粗糙度以及金相组织和 X 射线衍射图谱，如图 7-21 与图 7-22 所示。研究发现，激光喷丸强化提高了轴承内圈滚道表面的显微硬度，在激光能量为 3J、5J、7J 的情况下，显微硬度依次是 798HV、836HV 与 872HV，相对于强化前基体硬度值 760HV，依次增大 5%、10%和 14.7%，同时硬度值沿着轴承内圈壁厚深度方向逐渐降低，硬化层深度约为 160μm。轴承内圈滚道硬度提高的主要原因是激光喷丸引起的内圈滚道表层材料晶粒细化和内部材料位错密度的增加。

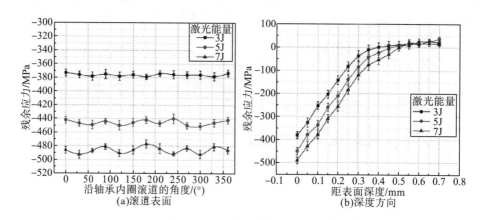

图 7-21   不同激光能量下残余应力分布曲线

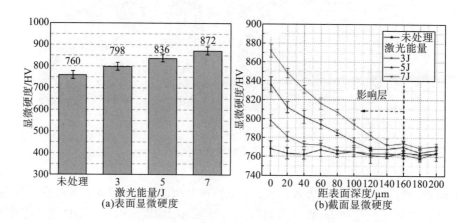

图 7-22   不同激光能量下试件显微硬度分布

随着航空发动机不断更新换代，对发动机主轴的转速和承载要求越来越高，使用温度将超过 300℃。GCr15 作为传统的轴承钢材料，工作温度应控制在 176.7℃以下，且在高载荷作用下极易发生失效。为了提高滚动轴承在高温、高速和重载等工况下的使用性能，M50 钢已经在航空领域得到了广泛的应用[60]。M50 钢属于高温轴承钢，其回火温度达到 500～550℃，可进行升温离子注入处理。在升温条件下对 M50 钢经过氮等离子注渗后，耐磨性有了明显提高[61]。有研究认为[62,63]，预喷丸对气体渗氮、等离子渗氮均有催渗的效果，因此在氮等离子注渗前进行喷丸预处理将具有可行性。目前对残余应力的研究主要集中于表面残余应力对材料性能的影响等方面[64,65]，而对残余应力随材料深度变化的研究较少。

哈尔滨工业大学的孙佩玲[56]系统地研究了 M50 钢经氮等离子体离子注入后改性层的结构与性能，将喷丸强化技术与等离子体离子注入技术结合起来。M50 钢试件经过喷丸强化后，其残余压应力随深度的变化如图 7-23 所示，残余压应力产生的原因是喷丸作用下表层马氏体发生强烈不均匀塑性变形，从图中可以看出最大的残余压应力深度在 50μm左右，最大残余压应力为 625MPa，表面残余应力异常，可能是由于喷丸前的磨削加工造成的。由于喷丸会增加表面的粗糙度，不利于高精度的工件，需要在喷丸后再进行一次研磨，还可以看出，再一次研磨后在喷丸试件表层又引入了残余压应力，使表面残余压应力从 453MPa 增大到 914MPa，同时由于研磨了一定厚度，使基体的残余压应力除表层外比未研磨前减小了，同时分布深度也减小了。

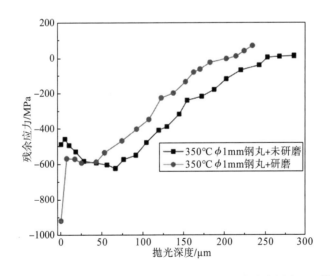

图 7-23　喷丸后 M50 钢试件研磨与未研磨的残余应力梯度对比[56]

7.7　传动轴喷丸

在重载车辆中，传动轴是传递动力的重要部件，如图 7-24 所示。它将齿轮与驱动桥一起将发动机的动力传递给车轮，使车辆产生驱动力[66]，其性能的优劣直接影响重载车辆的整体质量稳定性。

图 7-24　典型传动轴

由于传动轴与驱动桥、凸轮等传动零件存在着相对运动，两者摩擦副之间不可避免地存在摩擦、磨损与接触疲劳等失效。此外，轴在高速运转的过程中会承受剧烈的冲击，甚至产生振动，长期的交变载荷作用会引起轴类零件产生过量的变形，最终导致其发生疲劳断裂失效。可以通过表面强化技术提高传动轴的表面质量，从而提高其耐磨性和抗疲劳性能，延长零件的服役寿命。因此，有学者针对喷丸对传动轴表面完整性状态、磨损及疲劳性能的影响展开了研究。Zhang 等[67]对 17Cr2Ni2MoVNb 钢进行了不同工艺参数的喷丸处理，并对喷丸试件的显微硬度、表面形貌和摩擦学行为进行了研究和评估。结果表明，残余压应力与喷丸速度成正比。在摩擦测试中发现与未经处理的试件相比，喷丸试件可获得更低的摩擦系数和更好的耐磨性。此外，未经处理和经 SP 处理的试件的磨损机理分别为犁磨和磨料磨损。Karademir 等[68]对 S500MC 高强度低合金汽车钢通过约束沟槽压制经受块状严重塑性变形，并通过剧烈喷丸处理和超声纳米晶表面改性进行处理。研究发现，剧烈喷丸处理和超声纳米晶表面改性可以在距表面 50～100μm 的地方形成纳米结晶层。Silva 等[69]研究了经喷丸处理后轴钢奥氏体球墨铸铁的干滑动磨损行为，结果表明喷丸处理增大了材料的表面粗糙度与表面显微硬度，由于表面粗糙度的增加，材料的摩擦系数增大，耐磨性降低；通过去除距材料表面 20μm 的喷丸强化层后，可以有效降低材料的表面粗糙度，同时还保留硬化层的有效深度，材料的耐磨性得以改善。

秦海迪[70]对淬火与低温回火处理后的 25CrNi2MoV 传动轴钢材进行喷丸处理，选取的喷射气压分别为 0.2MPa、0.4MPa 与 0.6MPa，覆盖率分别为 100%、200% 与 300%，弹丸直径分别为 0.4mm、0.6mm 与 0.8mm。进行正交试验，其因素与水平如表 7-1 所示。采用极差分析法与方差分析法分析试验结果后，发现影响 25CrNi2MoV 钢表面粗糙度与表面显微硬度的主次因素依次为喷射气压、弹丸直径与覆盖率。其中，喷射气压的影响具有显著性，弹丸直径与覆盖率的影响不显著。

表 7-1 喷丸强化工艺参数的因素与水平[70]

水平	因素			表面粗糙度 Ra	表面显微硬度 /HV
	喷射气压/MPa	喷丸覆盖率/%	弹丸直径/mm		
1	0.2	100	0.4	0.904	553.7
2	0.2	200	0.6	0.932	564.5
3	0.2	300	0.8	0.986	572.1
4	0.4	100	0.6	1.381	581.9
5	0.4	200	0.8	1.395	590.2
6	0.4	300	0.4	1.206	569.0
7	0.6	100	0.8	1.624	593.1
8	0.6	200	0.4	1.513	586.6
9	0.6	300	0.6	1.587	603.4

秦海迪[70]进一步采用滑动磨损试验机测试喷丸处理前后轴用钢的滑动磨损性能，发现喷丸后，摩擦系数有所减小，随着喷丸强度的增大，喷丸处理试件的平均摩擦系数逐渐增大；采用微动磨损试验机测试喷丸处理前后 25CrNi2MoV 钢的微动磨损性能，发现喷丸处理可有效降低试件的微动摩擦系数，提高其耐磨性。图 7-25 为原始试件与喷丸处理试件的微动磨损形貌，可发现原始试件表面分布着少量与微动磨损方向一致的犁沟，由于在微动磨损试验过程中，轴承钢球的硬度远高于 25CrNi2MoV 钢试件，从而将试件表面微凸体沿着磨损方向推向磨损区域的两侧，此时大块磨屑粒子从试件表面脱落。在后续试验中，磨屑继续被压入试件表面参与摩擦，最终在轴承钢球的推动下，在试件表面犁出沟槽[71]。此外，还发现试件磨损表面存在大量小块的黏结层，这是因为在试验载荷的作用下，原始试件表面产生了较高的接触应力，此时，新产生的磨屑被压入犁沟，形成黏着磨损[72]。并在黏结层的周围还出现少量的剥落坑，总结可发现喷丸处理能有效降低 25CrNi2MoV 钢的摩擦系数与磨损体积。经喷丸处理后，试件的微动磨损机制由以黏着磨损为主转变为以磨粒磨损为主。

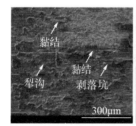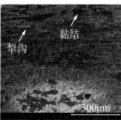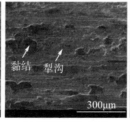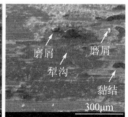

(a)原始试件　(b)喷射气压0.2MPa,覆盖率300%,弹丸直径0.4mm,喷丸强度0.326mmA　(c)喷射气压0.4MPa,覆盖率300%,弹丸直径0.8mm,喷丸强度0.423mmA　(d)喷射气压0.6MPa,覆盖率300%,弹丸直径0.8mm,喷丸强度0.495mmA

图 7-25 原始试件与喷丸处理试件的微动磨损形貌[70]

7.8 本章小结

常规喷丸技术发展至今,已经有百余年历史,广泛应用至各个行业内的关键零件强化中,如齿轮、弹簧、叶片、轴承等,并取得了良好的强化效果。然而喷丸强化的过程是一种能量传递的过程,其机理十分复杂,且参数众多,目前仍依赖于经验制定工艺参数方案。因此,还需要进一步推进对其强化机理、参数优化方法以及新喷丸技术的探究,进一步打造我国关键核心基础件科创高地,推动我国由"制造大国"向"制造强国"的迈进。

参 考 文 献

[1] 栾伟玲, 涂善东. 喷丸表面改性技术的研究进展[J]. 中国机械工程, 2005, 16(15): 1405-1409.

[2] 董星, 段雄. 喷丸强化机械及技术的发展[J]. 矿山机械, 2004, 32(7): 66-68, 5.

[3] 赵华芳, 刘卫东, 杨爱华. 变截面钢板弹簧的制造技术[C]. 第四届全国弹簧失效分析学术讨论会论文, 北京, 1995: 13-17.

[4] 尚建勤, 曾元松. 喷丸成形技术及未来发展与思考[J]. 航空制造技术, 2010, 53(16): 26-29.

[5] 张艳霞, 王长朋, 高立强, 等. 汽车用钢板弹簧失效分析[J]. 装备环境工程, 2021, 18(11): 129-136.

[6] Eckersey J S, Champaigne J. Shot peening: Theory and applications[J]. NASA STI/Recon Technical Report A, 1991, 92: 40400.

[7] Champaigne J. Shot peening overview[J]. Metal Improvement Company, 2001.

[8] 侯红亮, 余肖放, 曾元松. 国内航空钣金装备技术现状与发展[J]. 航空制造技术, 2009, 52(1): 34-39.

[9] Hu Z Z, Ma L H, Cao S Z. A study of shear fatigue crack mechanisms[J]. Fatigue & Fracture of Engineering Materials & Structures, 1992, 15(6): 563-572.

[10] Yamada Y. Materials for Springs[M]. Berlin: Springer Science & Business Media, 2007.

[11] 张炜, 鹿云, 杨福平, 等. 国外某重型车少片变截面钢板弹簧材料和制造工艺的研究[J]. 汽车工艺与材料, 2014, (2): 1-5.

[12] 张继魁, 张爱军, 崔振杰, 等. 国外重型汽车少片变截面钢板弹簧材料及喷丸强化性能的研究[J]. 汽车技术, 2009, (4): 57-60.

[13] 王致复. 汽车钢板弹簧圆角冲压与喷丸对疲劳寿命的影响[J]. 汽车技术, 1983, (5): 44-48.

[14] 黄静秋. 喷丸强化可提高汽车钢板弹簧的疲劳寿命[J]. 机械工程材料, 1990, 14(2): 40-42, 36.

[15] 田文春. 喷丸对钢板弹簧疲劳寿命的影响[J]. 汽车研究与开发, 1998, (1): 48-50.

[16] 胥洲, 李润哲, 曹玉博. 汽车钢板弹簧喷丸强化处理后应力分析[J]. 汽车工艺与材料, 2017, 1(5): 52-54, 58.

[17] 胥洲, 李润哲, 张炜, 等. 汽车钢板弹簧喷丸强化处理研究[J]. 汽车工艺与材料, 2022, (7): 36-41.

[18] 郭洪波, 宫声凯, 徐惠彬. 先进航空发动机热障涂层技术研究进展[J]. 中国材料进展, 2009, 28(S2): 18-26.

[19] Zhu D, Miller R A. Thermal conductivity and sintering behavior of advanced thermal barrier coatings[J]. Ceramic Engineering and Science Proceedings, 2002, 23(4): 457-468.

[20] Zhu D M, Miller R A. Development of advanced low conductivity thermal barrier coatings[J]. International Journal of Applied Ceramic Technology, 2004, 1(1): 86-94.

[21] Białas M. Finite element analysis of stress distribution in thermal barrier coatings[J]. Surface and Coatings Technology, 2008, 202(24): 6002-6010.

[22] Padture N P, Gell M, Jordan E H. Thermal barrier coatings for gas-turbine engine applications[J]. Science, 2002, 296(5566): 280-284.

[23] Tsuji N, Tanaka S, Takasugi T. Effects of combined plasma-carburizing and shot-peening on fatigue and wear properties of Ti-6Al-4V alloy[J]. Surface and Coatings Technology, 2009, 203(10-11): 1400-1405.

[24] Tan L A, Yao C F, Zhang D H, et al. Empirical modeling of compressive residual stress profile in shot peening TC17 alloy using characteristic parameters and sinusoidal decay function[J]. Proceedings of the Institution of Mechanical Engineers, Part B: Journal of Engineering Manufacture, 2018, 232(5): 855-866.

[25] 夏明莉, 刘道新, 杜东兴, 等. 喷丸强化对 TC4 钛合金表面完整性及疲劳性能的影响[J]. 机械科学与技术, 2012, 31(8): 1349-1353, 1358.

[26] 温爱玲. 表面纳米化对钛及其合金疲劳性能的影响[D]. 大连: 大连交通大学, 2011.

[27] 张少平, 谈军, 谭靓, 等. 喷丸强化对 TC17 钛合金表面完整性及疲劳寿命的影响[J]. 航空制造技术, 2018, 61(5): 89-94.

[28] 聂祥樊, 李应红, 何卫锋, 等. 航空发动机部件激光冲击强化研究进展与展望[J]. 机械工程学报, 2021, 57(16): 293-305.

[29] Shepard M J, Smith P R, Amer M S. Introduction of compressive residual stresses in Ti-6Al-4V simulated airfoils via laser shock processing[J]. Journal of Materials Engineering and Performance, 2001, 10(6): 670-678.

[30] Nie X F, He W F, Zhou L C, et al. Experiment investigation of laser shock peening on TC6 titanium alloy to improve high cycle fatigue performance[J]. Materials Science and Engineering: A, 2014, 594: 161-167.

[31] Nie X F, He W F, Zang S L, et al. Effect study and application to improve high cycle fatigue resistance of TC11 titanium alloy by laser shock peening with multiple impacts[J]. Surface and Coatings Technology, 2014, 253: 68-75.

[32] Nie X F, He W F, Li Q P, et al. Experiment investigation on microstructure and mechanical properties of TC17 titanium alloy treated by laser shock peening with different laser fluence[J]. Journal of Laser Applications, 2013, 25(4): 042001.

[33] 聂祥樊, 何卫锋, 臧顺来, 等. 激光喷丸提高 TC11 钛合金高周疲劳性能的试验研究[J]. 中国激光, 2013, 40(8): 81-87.

[34] Pan X L, Li X A, Zhou L C, et al. Effect of residual stress on S-N curves and fracture morphology of Ti6Al4V titanium alloy after laser shock peening without protective coating[J]. Materials, 2019, 12(22): 3799.

[35] Jiao Y, He W F, Shen X J. Enhanced high cycle fatigue resistance of Ti-17 titanium alloy after multiple laser peening without coating[J]. The International Journal of Advanced Manufacturing Technology, 2019, 104(1): 1333-1343.

[36] Li R, Yuan X J, Li T, et al. Effect of high energy shot peening on the microstructure and mechanical property of AZ31B Mg alloy/HSLA350 steel lap joints[J]. International Journal of Precision Engineering and Manufacturing, 2021, 22(5): 831-841.

[37] 孙永强. 高能喷丸对同种与异种金属材料的 TIG 焊接接头的组织和性能的影响[D]. 重庆: 重庆大学, 2018.

[38] 苏纯. 激光温喷丸强化铝合金焊接件的疲劳性能及延寿机理研究[D]. 镇江: 江苏大学, 2017.

[39] 南健, 孙兵兵, 张学军, 等. 飞机半轴激光熔覆及喷丸强化修复[J]. 航空维修与工程, 2020, (6): 66-69.

[40] 逯瑶, 陈芙蓉, 解瑞军. 7A52 铝合金焊接接头表面纳米化前后的性能分析[J]. 焊接学报, 2011, 31(1): 57-60, 116.

[41] 冯志远. 柴油机连杆高周疲劳寿命预测方法研究[D]. 太原: 中北大学, 2015.

[42] 侯政良, 白龙, 王东军. 某型柴油机连杆工艺改进研究[J]. 柴油机, 2014, 36(4): 47-49.

[43] 张先国. 发动机连杆结构工艺优化及可靠性试验[J]. 汽车科技, 2003, (6): 35-36.

[44] Gerin B, Pessard E, Morel F, et al. Influence of surface integrity on the fatigue behaviour of a hot-forged and shot-peened C70 steel component[J]. Materials Science and Engineering: A, 2017, 686: 121-133.

[45] Gerin B, Pessard E, Morel F, et al. Characterising the impact of surface integrity on the fatigue behaviour of a shot-peened connecting rod[C]. International Conference on Shot Peening, Goslar, 2014: 1-6.

[46] Gerin B, Pessard E, Morel F, et al. Competition between surface defects and residual stresses on fatigue behaviour of shot peened forged components[J]. Procedia Structural Integrity, 2016, 2: 3226-3232.

[47] Mirzazadeh M M. The effect of shot-peening on the fatigue limits of four connecting rod steels[D]. Waterloo: University of Waterloo, 2010.

[48] Chernenkoff R A, Mocarski S, Yeager D A. Increased fatigue strength of powder-forged connecting rods by optimized shot peening[C]. SAE International Congress and Exposition, Warrendale, 1995: 272-278.

[49] Honarvar G E, Babakhanian A, Haerian A. Study and simulation of shot peening effect on fatigue life of a powder forged connecting rod[J]. Automotive Science and Engineering, 2014, 4(1): 654-663.

[50] Bai L, Chen J J, Liang G X, et al. Simulation analysis of shot peening on the surface of high-load connecting rod[J]. IOP Conference Series: Materials Science and Engineering, 2020, 892(1): 012074.

[51] Dounde A A, Seemikeri C Y, Kamthe S G. Optimisation of shot peening process for AISI 4140H forged connecting rod using MADM techniques[J]. International Journal of Manufacturing Technology and Management, 2018, 32(4-5): 316-335.

[52] 徐永刚. 粉锻连杆抛丸强化工艺参数优化[D]. 青岛: 青岛理工大学, 2014.

[53] Kuratomi H, Takahashi M, Houkita T, et al. Development of connecting rod of the new V6 twin-cam VQ engine: Application of low-carbon marutensite steel and shot peening technique[J]. JSAE Review, 1995, 16(1): 112.

[54] 李良军. 机械设计[M]. 2 版. 北京: 高等教育出版社, 2020.

[55] 李伟龙. 基于深度学习的滚动轴承故障诊断的方法研究[D]. 哈尔滨: 哈尔滨理工大学, 2022.

[56] 孙佩玲. M50 钢喷丸与等离子体离子注入复合改性层组织结构及性能[D]. 哈尔滨: 哈尔滨工业大学, 2015.

[57] 胡振耀. 激光喷丸强化 GCr15 轴承内圈应力与疲劳性能研究[D]. 镇江: 江苏大学, 2021.

[58] 魏新棒. 游隙变化失效导致的轴承故障分析处理[J]. 机电信息, 2014, (27): 55-56.

[59] 孙谨. 激光喷丸强化轴承内圈残余应力场分布与宏观变形规律研究[D]. 镇江: 江苏大学, 2021.

[60] 关健. 航空滚动轴承用 M50 钢的接触疲劳损伤行为研究[D]. 哈尔滨: 哈尔滨工业大学, 2019.

[61] 孙跃, 马欣新, 徐淑艳, 等. 轴承钢等离子体基升温注渗层耐磨性研究[C]. 第七届全国摩擦学大会论文集(二), 兰州, 2002: 126-128.

[62] 陈玉华, 吴晓春, 汪宏斌. 喷丸对 H13 钢等离子渗氮处理的影响[J]. 金属热处理, 2008, 33(6): 47-49.

[63] 汪新衡, 李淑英, 匡建新. 强力喷丸对 4Cr5MoSiVl 钢离子渗氮的影响[J]. 热加工工艺, 2010, 39(22): 182-184.

[64] 陈志斌, 刘晓初, 李文雄, 等. 轴承套圈强化研磨表面残余应力试验研究[J]. 机电工程技术, 2013, 42(12): 76-78.

[65] 高玉魁. 超高强度钢喷丸表面残余应力在疲劳过程中的松弛规律[J]. 材料热处理学报, 2007, 28(S1): 102-105.

[66] 杨磊. 重型卡车传动轴匹配及优化[D]. 长沙: 湖南大学, 2016.

[67] Zhang Y L, Lai F Q, Qu S G, et al. Effect of shot peening on residual stress distribution and tribological behaviors of 17Cr2Ni2MoVNb steel[J]. Surface and Coatings Technology, 2020, 386: 125497.

[68] Karademir I, Celik M B, Husem F Z, et al. Effects of constrained groove pressing, severe shot peening and ultrasonic nanocrystal surface modification on microstructure and mechanical behavior of S500MC high strength low alloy automotive steel[J]. Applied Surface Science, 2021, 538: 147935.

[69] Silva K H S, Carneiro J R, Coelho R S, et al. Influence of shot peening on residual stresses and tribological behavior of cast and austempered ductile iron[J]. Wear, 2019, 440-441: 203099.

[70] 秦海迪. 新型轴用钢喷丸强化机理及摩擦磨损和接触疲劳性能研究[D]. 广州: 华南理工大学, 2020.

[71] Rai P K, Shekhar S, Mondal K. Effects of grain size gradients on the fretting wear of a specially-processed low carbon steel against AISI E52100 bearing steel[J]. Wear, 2018, 412-413: 1-13.

[72] 马红帅, 梁国星, 吕明, 等. AISI 4340 钢干滑动摩擦磨损特性研究[J]. 摩擦学学报, 2018, 38(1): 59-66.